New Wun Ching Developmental Publishing Co., Ltd.

New Age · New Choice · The Best Selected Educational Publications—NEW WCDP

第 **2** 版

圖解式
生物
統計學
以EXCEL為例

李宏謨 / 總校閱

王祥光 / 著

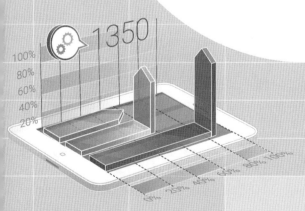

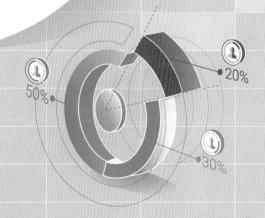

SECOND EDITION

ILLUSTRATED BIOSTATISTICS COMPLEMENTED
WITH MICROSOFT EXCEL

總校閱序

　　生物統計學幾乎是大學醫學、護理、生命科學及生物相關系所的必修課程，以協助大學生進行資料的分析及科學上的判斷。長久以來，學生似乎對於某些統計上的觀念及計算，有時很難立即從課文的內容瞭解。王祥光老師有鑑於此，經由其過去累積的教學經驗，以及其生物物理學的背景，費時多年完成這本圖解式的生物統計學，期盼能協助大學生很容易的學習這門科目。本人有幸擔任本書的總校閱，誠心推薦這本書給全國的大學生。

李宏謨 謹識

作者二版序

　　筆者過去教授生物統計學發現，現在的大學生透過單純文字的描述，似乎很難理解生物統計學的內涵，因此藉由圖解的教學方式，應是學習生物統計學一種不錯的選擇。事實上，一個適當的圖解說明，可能勝過冗長的文字敘述，而且也可能更吸引學生的注意力。故在考量學生的學習效率，以及適合各種學習成就的大學生，特別撰寫本書。除此之外，本書搭配微軟公司所出版的 Excel 軟體，以幫助學生理解生物統計學的分析方法以及應用，如此也可解決學生購買其他昂貴專業統計軟體的不便，而且也是相當實用的教學輔助模式，尤其 Excel 軟體的普及也是重要原因之一。另外，為適用於醫學院、普通大學以及技職校院的大學生，本書涵蓋了生物統計學絕大部分的核心內容，因此教師可選擇適當的主題授課，以因應不同程度、不同需求的學生；而學生也很容易自學以準備國家考試、一般的研究所考試，或是增加自我的生物統計能力等。

　　本書初版獲得許多老師正面的回饋及指正，所以於第二版更正了一些排版的錯誤，或是加註說明一些可能產生混淆的內容，並且附上大部分的課後習題答案。由於筆者能力有限，雖盡求內容的精確與完整，但疏漏在所難免，因此期待這個領域的先進前輩，能不吝給予指正，定當感激不盡。

王祥光 謹識

AUTHOR

作者簡介

王祥光

學歷｜ 美國南加大醫學院生理學暨生物物理學博士(Ph.D., Department of
　　　Physiology and Biophysics, University of Southern California School
　　　of Medicine)

經歷｜ 國家衛生研究院博士後研究員
　　　唐誠生技製藥股份有限公司 Group leader（唐誠生技公司為美國
　　　Tanox 生技公司的子公司，Tanox 在西元 2007 年為 Genentech 生
　　　技公司所併購）

現職｜ 中臺科技大學醫學檢驗生物技術系／所專任副教授

目 錄
CONTENTS

CONTENTS

緒 論
Introduction

Chapter **01**

 LEARNING OBJECTIVES

- 明白統計分析的意義
- 瞭解生物統計學的簡史與應用範疇
- 熟悉生物統計學常用的專業英文詞彙
- 比較回溯性研究與前瞻性研究的差異

1.1　什麼是統計？

統計是一門與資料的收集(collection)、整理(organization)、分析(analysis)、解釋(interpretation)以及呈現(presentation)有關的學問,包括如問卷調查和實驗設計等各個面向的資料處理。

↘ 圖 1.1　統計學的內容

1.2　什麼是生物統計？

顧名思義,生物統計學(biostatistics)就是將統計方法應用到各種生物學主題的整合性學問,有時也稱為 *biometry* 或是 *biometrics*。其中目前應用最廣的主題是公共衛生(public health)、醫學(medicine)和生物學(biology),並拓展延伸至農業、畜牧業、食品科學、生技產業和漁業等領域。

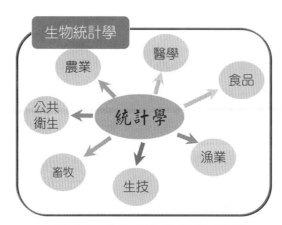

↘ 圖 1.2　生物統計學的應用範疇

1.3　生物統計學的簡史

　　生物統計學的推論與模型的建立，為現代生物學重要的立論基礎。在 20 世紀初，由於孟德爾遺傳論的再發現，導致達爾文的進化論與遺傳學間出現鴻溝，引起生物數學家(biometricians)Walter Weldon (1860-1906)與 Karl Pearson (1857-1936)，和擁護孟德爾論的學者(Mendelians) Charles Davenport (1866-1944)、William Bateson (1861-1926)與 Wilhelm Johannsen (1857-1927)等人間激烈的論戰。這其間的爭議，最終在 1930 年代以統計學與統計模型的建立而平息，並且產生新達爾文主義的現代演化統合(Neo-Darwinian modern evolutionary synthesis)。

　　當時這些參與統合的科學家主要有下列三位：

1. Sir Ronald A. Fisher (1890-1962)：發展出基礎的統計方法，來支持他建立的《天擇遺傳論》(*The Genetical Theory of Natural Selection*)。

2. Sewall G. Wright (1889-1988)：利用統計來建立現代群體遺傳學(population genetics)。

3. J. B. S Haldane (1892-1964)：在他名為《*The Causes of Evolution*（進化緣由）》的書中，重新建立天擇(natural selection)為生物進化的主要動力，可視為是孟德爾遺傳學(Mendelian genetics)的數學成果。

　　這些科學家和其他的生物統計學家、數學生物學家和遺傳學家共同整合演化生物學和遺傳學，成為一門連貫的學問，用來建立量化的模型。同時，蘇格蘭的生物學暨數學家 D'Arcy Thompson (1860-1948)所著的《*On Growth and Form*》也對計量生物學的教育有所貢獻。生物統計學家 (biostatistician)與一般統計學家(statistician)主要之不同，在於前者必須具備流行病學(epidemiology)和基礎生物學的知識，不過其數理基礎也較為薄弱。

Walter Weldon	Karl Pearson	Ronald A. Fisher
Sewall G. Wright	J. B. S Haldane	ON GROWTH AND FORM The Complete Revised Edition D'Arcy Wentworth Thompson

↘ 圖 1.3　統計學家群像

1.4　生物統計學的應用範疇

生物統計學主要的應用範疇如下：

1. 公共衛生 (public health)：包括流行病學 (epidemiology)、營養學、健康保險政策的擬定與管理、環境健康、衛生服務研究等。

2. 臨床試驗的設計與資料分析。

3. 生態學(ecology)。

4. 基因體學(genomics)和蛋白質體學(proteomics)的資料分析。

5. 系統生物學(systems biology)：基因網絡或訊息傳導途徑的研究分析。

生物統計學的應用範疇

公共衛生	臨床試驗
群體遺傳學	農漁畜牧業
基因體學	蛋白質體學
生態學	系統生物學

↘ 圖 1.4　生物統計學的應用範疇

6. 群體遺傳學(population genetics)：利用統計學來分析群體基因遺傳及盛行的學問；通常與統計遺傳學(statistical genetics)結合，以分析基因型(genotype)與表現型(phenotype)之間的差異。

7. 農漁畜牧業。

1.5 人體臨床試驗的啟蒙

近代人體臨床試驗中，生物統計學扮演關鍵且決定性的角色。人體臨床試驗的定義為："*... any form of planned experiment which involves patients and is designed to elucidate the most appropriate treatment of future patients with a given medical condition.*" Pocock, from 《*Clinical Trials: A Practical Approach*》(1984).

（…任何經事先設計與病人有關的試驗，其目的是為了將來給予病人最適當的治療）

有紀錄可循的人體臨床試驗可回溯至西元 1747 年，當時在一艘名為 "Salisbury"船上的醫師 James F. Lind，為了治療某些船員不明原因的掉齒、流鼻血、持續性腹瀉以及皮膚出現紫斑等病症，他將 12 名患病的船員分成 6 組，每組 2 位船員，各組分別給予醋、海水、柳丁與檸檬…等 6 種不同的治療方式。經過一段時間的治療後，發現食用柳丁與檸檬的那一組船員，很快恢復健康，其餘的船員則無起色（圖 1.5）。現在我們已經曉得當時船員得到的疾病是缺乏維生素 C 的壞血病(scurvy)。James F. Lind 醫師的治療成為現今已知最早有記載的臨床試驗。

↘ 圖 1.5　Salisbury 船上的醫師 James F. Lind 與病患

（資料來源：www.jameslindlibrary.org）

1.6　生物統計學與臨床試驗

西元 1920 年，統計學家 R.A. Fisher 首次將隨機抽樣的方法引進實驗的設計中。之後，西元 1947 至 1948 年間執行首例的隨機對照臨床試驗 (randomized controlled clinical trial, RCT)，用來試驗鏈黴素 (streptomycin) 治療肺結核 (tuberculosis)的功效。這次試驗由統計學家 Sir Austin Bradford Hill 在英國醫學研究理事會 (British Medical Research Council)執行，並將結果發表於 1948 年的期刊《British Medical Journal》（圖 1.6）。自此，隨機對照臨床試驗成為臨床試驗的標準程序。

↘ 圖 1.6　統計學家 R.A. Fisher 發表在期刊《*British Medical Journal*》的文章首頁（資料來源：www. jameslindlibrary.org）

1.7　人體臨床試驗與醫療產品的開發

人體臨床試驗通常應用於以下醫療產品的開發：

1. 藥物。

2. 生技產品（包括蛋白質藥物、疫苗及血液產品等生物製劑）。

3. 醫療器材（如血糖機、電子血壓機、心導管與支架、放射儀器、心律調整器…等）。

其中藥物的人體臨床試驗，依序包括以下幾個階段：

(1) 臨床前試驗(Pre-Clinical Trial)：包括體外(*in vitro*)和體內(*in vivo*)試驗。

(2) 臨床試驗審查(Investigational New Drug Application, IND)。

(3) 第一期臨床試驗(Phase I)：通常以自願之健康受試驗者或某些特定受試驗者族群為試驗對象，屬於非治療目的之人體藥理試驗。召募人數約為 15~20 人，主要研究藥物在人體內的藥物動力學(pharmacokinetics, PK)、評估藥物的安全性(safety)，並決定新藥最大的耐受劑量(maximum tolerated dose, MTD)。

(4) 第二期臨床試驗(Phase II)：主要目的在於對某一適應症的療效和安全性評估，並且決定第三期臨床試驗使用之劑量及治療方式；通常召募約 50~200 個經過嚴格篩選之同質性高的病患族群，以單劑量逐漸增加及多劑量方式(multiple doses)進行。此階段為藥品的治療探索期(Exploratory Phase)。

(5) 第三期臨床試驗(Phase III)：以確認第二期臨床試驗中所使用之新藥物的安全性及有效性為目的，並提供新藥物未來上市之審核依據，通常召募比第二期臨床試驗更大的族群。美國食品藥物管理局(FDA)通常要求進行至少 2 次的試驗，而且此階段的統計顯著性需達到 $p<0.05$。如果只進行一次簡單且較大的試驗，則此統計顯著性需達到 $p<0.01$ 或是 $p<0.001$。此期臨床試驗為藥品的治療確認期(Confirmatory Phase)。

(6) 新藥查驗登記／藥證申請 New Drug Application (NDA)/Product License Application (PLA)。

(7) 第四期臨床試驗 Phase IV-Post Marketing（上市藥品監督）：藥物核准上市之後，具有正確科學目的的試驗，如對藥品的流行病學研究。

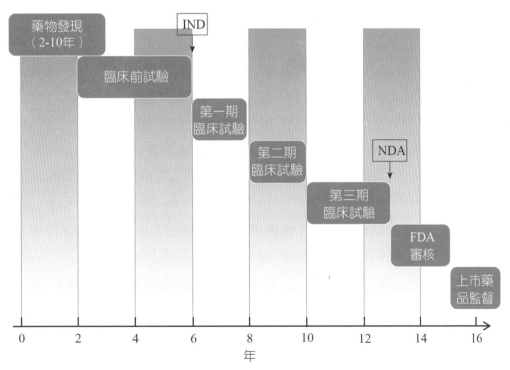

↘ 圖 1.7　藥物的人體臨床試驗程序與時程

1.8　生物統計學常用的專業英文詞彙

1. **Blinding（盲法）**：參與臨床試驗的人員（包括部分研究人員、醫護人員或是受試病人），不曉得病人分配在試驗組或是對照組的方法。例如雙盲試驗(double-blind experiment)，表示受試者（即病人）與施測者（即醫師／醫護人員）均不曉得所使用的是藥物或是安慰劑(placebo)。單盲試驗(single-blind experiment)表示只有受試者不曉得所使用的是藥物或是安慰劑。開放式試驗(open-label experiment)則是受試者與施測者均曉得所使用的治療方式。

2. **Clinical Trial（臨床試驗）**：藥物上市前的人體試驗，受試者通常會分成藥物試驗組和安慰劑組兩種。如果受試者以隨機的方式分成試驗組和安慰劑組，則特別稱為隨機對照臨床試驗(randomized controlled clinical trial, RCT)。

3. **Cohort Study（世代研究）**：在有暴露(exposure)和沒有暴露於某特定因子下，對具有某種共同特點的群體（如不同年齡層、不同種族、不同性別…等），進行短期的觀察性研究(observational study)。研究進行時，不影響及干涉受試者原有的行為與活動。

4. **Case-Control Study（病例對照研究）**：是一種觀察性的研究，首先會篩選出患有某特定疾病與沒有該疾病的兩組族群，然後利用回溯性的方法來找出可能致病的危險因子(risk factors)，通常為罕見疾病(rare diseases)的研究方法。

5. **Cross-Sectional Study（Horizontal Survey，橫斷面研究）**：在某一特定時間點，同時觀察有無發病或是有無暴露在危險因子下的事件，通常用於瞭解暴露因子與疾病之間的因果關係。

6. **Case Report or Case Series（案例報告）**：對個別或是一群患有某特定疾病的病人，所進行的敘述性研究(descriptive study)。

7. **Randomized Controlled Clinical Trial（RCT，隨機對照臨床試驗）**：隨機指定是否接受暴露在特定因子下的一種臨床試驗。

8. **Systematic Error（系統誤差）**：測量值與真實值(true value)偏離的誤差，通常由測量儀器、測量環境或是測量方法不同所造成。

9. **Sampling Bias（抽樣誤差）**：樣本選取時產生的誤差。

10. **Longitudinal Study（縱貫性研究）**：利用 Cohort Study 的方法，追蹤暴露組和非暴露組之間發病的差異；或是利用 Case-Control Study 的方法，回溯病例組和對照組間危險因子暴露狀況的異同。調查時間常可橫跨數十年。同樣的,研究進行中,也不影響或干擾受試者原本固定的行為與活動。

11. **Variable(變項,或稱「變數」;本書以「變項」稱呼)**:可被測量或是控制的特徵(characteristics)、數字或是數量,為資料(data)的來源。

1.9 回溯性研究(Retrospective Study)與前瞻性研究(Prospective Study)之比較

　　簡單而言,回溯性統計就是「往回看」,而前瞻性統計則是「往前看」。回溯性統計通常會利用現有的資料(如病人的病歷),研究病人在某段時間內,發病率與暴露在特定危險因子下的相關性。回溯性統計通常利用 Case-Control Study（病例對照研究）的方式進行。相反的,前瞻性統計會在確認受試者之後,才開始進行新資料的收集,通常利用 Randomized Control Study（隨機對照試驗）的方式進行。

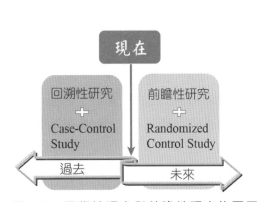

▷ 圖 1.8　回溯性研究與前瞻性研究的圖示

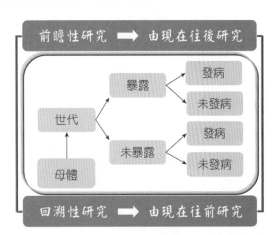

▷ 圖 1.9　回溯性研究與前瞻性研究的內容

表 1.1　回溯性研究與前瞻性研究的優缺點

	優點	缺點
回溯性研究	節省時間	資料品質比較無法掌控 可能產生抽樣偏差(selection bias)
前瞻性研究	資料品質可以掌控	花費較多的時間與資源 可能產生觀察者偏差(observer bias)

課後習題

1. 生物統計學(biostatistics)主要應用於哪三項主題？

2. 假設今天想研究新建核電廠周邊的居民是否有較高的罹癌率，故自核電廠商轉日起，開始對周邊不同年齡層的居民進行短期的研究調查，並與遠離核電廠的居民比較。請問這可歸屬於何種研究？

3. 假設今天想研究已商轉 20 年的核電廠周邊居民的健康情形，依距離核電廠遠近與過去 20 年周邊居民罹癌率，進行是否有罹癌率差異的研究調查。請問這可歸屬於何種研究？

4. 哪種研究需針對某特定族群，可同時具有短期、前瞻性研究、橫斷面研究等特性？

5. 哪種研究可同時具有回溯性研究、縱貫性研究等特性？

6. 請問哪種研究方法原先為各種心理學及流行病學中常用的方法，通常在同一段時間內，比較同一個年齡層或不同年齡層的受試者之身心狀況，之後廣泛應用於社會科學中？（參考自國家教育研究院雙語辭彙、學術名詞暨辭書資訊網）

7. 請問第一期臨床試驗中，容易發生的誤差是哪一種？

8. 哪種研究是流行病學調查病因的方法，其主要將研究對象依據是否罹患某種疾病區分為「病例組」及「對照組」，再來比較這二組過去是否暴露在某特定因子？

9. 哪種研究可涵蓋多個不同的時間點，對研究對象進行長時間的觀察並收集資料的研究方式？

10. 請問研究脊髓性小腦萎縮症（企鵝家族）、成骨不全症（玻璃娃娃）、苯酮尿症、黏多醣症（黏寶寶）、重症海洋性貧血…等疾病最適當的研究方法是哪一種？

11. 縱貫性研究可包括哪些研究的特徵？

12. 請比較臨床試驗中的雙盲試驗(double-blind experiment)、單盲試驗(single-blind experiment)與開放式(open-label)試驗。

13. 第三期臨床試驗(Phase III)至少要進行幾次的試驗，而且此階段的統計顯著性需達到多少？如果只進行一次簡單且較大的試驗，則此統計顯著性需達到多少？

14. 請問臨床試驗審查(investigational new drug application, IND)和新藥查驗登記(new drug application, NDA)各在臨床試驗的哪個階段提出申請？

15. 由測量儀器、測量環境或是測量方法不同所造成的誤差為何？

16. 選取樣本時產生的誤差為何？

17. 請討論生物統計學的應用範疇還有哪些。

18. 請討論生物統計學如何應用在醫學方面的研究。

19. 請舉出生物統計學在日常生活中應用的案例。

[參考文獻]

1. James E. De Muth. Am J Health-Syst Pharm-Vol 66 Jan 1, 2009, 70-81.

2. 臺灣藥品臨床試驗資訊網(http://www1.cde.org.tw/ct_taiwan/notes.html)

3. 財團法人醫藥品查驗中心(Center for Drug Evaluation)網站 (http://www2.cde.org.tw/Pages/default.aspx)

4. Grimes DA, Schultz KF: An overview of clinical research: the lay of the land. Lancet 359:57-61, 2002.

5. Gordis L: Epidemiology, 3rd Edition, Philadelphia, Elsevier Saunders, 2004.

6. Rosner B: Fundamentals of Biostatistics, 4th Edition, Daxbury Press, 1995.

7. Grimes DA, Schultz KF: Bias and causal associations in observational research. Lancet 359:248-252, 2002.

8. Grimes DA, Schultz KF: Cohort studies: marching towards outcomes. Lancet 359: 341-345, 2002.

9. Schultz KF, Grimes DA: Case-control studies: research in reverse. Lancet 359:431-434, 2002.

10. Streiner DL, Norman GR: Health Measurement Scales: A Practical Guide to their Development and Use, 2nd Edition, New York, Oxford University Press, 2000.

11. Jaeschke R, Guyatt GH, Sackett DL: Users' guides to the medical literature. III. How to use an article about a diagnostic test. B. What are the results and will they help me in caring for my patients? The Evidence-Based Medicine Working Group. Jama 271:703-707, 1994.

12. Guyatt G, Jaeshke R, Heddle N, et al. Basic statistics for clinicians: 2. Interpreting study results: confidence intervals. CMAJ 152:169-173, 1995.

13. Katz MH: Multivariable analysis: a primer for readers of medical research. Ann Intern Med 138:644-650, 2003.

14. Campbell MJ: Statistics at Square Two, 4th Edition, London, BMJ Publishing Group, 2004.

15. Joseph Massaro. Clinical Trials: Understanding Biostatistics. Powerpoints presented on March 21, 2008.

16. Schumacher M, Schulgen G, 2007: Methodik klinischer Studien. 2. Aufl. Springer.

17. Friedman LM, Furberg CD, deMets DL, 1998: Fundamentals of Clinical Trials. Third edition. Springer.

18. Senn S, 2007: Statistical Issues in Drug Development. Second edition. Wiley.

圖解式生物統計學─以Excel為例
Illustrated Biostatistics Complemented with Microsoft Excel

母體與樣本
Population and Sample

Chapter 02

學習目標 LEARNING OBJECTIVES

- 瞭解母體與樣本的定義與相關性
- 熟悉母體與樣本相關的統計符號
- 學習抽樣的方法
- 認識 Microsoft Excel 的統計功能

2.1　什麼是母體與樣本？

母體(population)：指所有研究對象（object，包括人、事、物等）的組成；用來描述母體特性的資料稱為參數(parameter)。

樣本(sample)：從母體中所選擇的對象；用來描述樣本特性的資料稱為統計量(statistic)。

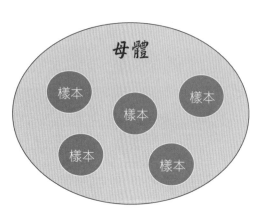

↘ 圖 2.1　母體與樣本的相關性

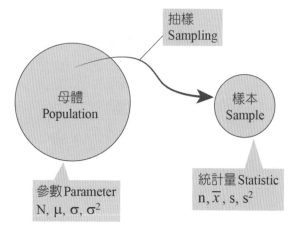

↘ 圖 2.2　母體參數與樣本統計量

2.2　統計符號的使用

 表 2.1　母體參數與樣本統計量的符號

	母體參數(parameter)	樣本統計量(statistic)
平均數	μ	$\bar{x}$
標準差	σ	s
變異數	σ^2	s^2
觀察值總數 （母體總數或樣本數）	N	n
相關係數	ρ	r
比例	p	$\hat{p}$

2.3　抽樣的方法(Sampling Methods)

　　樣本抽樣主要有簡單隨機抽樣、系統抽樣、分層抽樣、群組抽樣、方便抽樣等五種常用的方法，另外也包括等比例抽樣、配額抽樣、小組抽樣等方式。

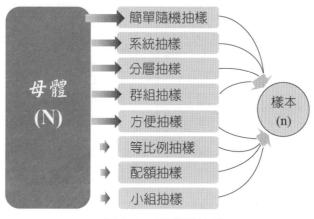

↘ 圖 2.3　母體與抽樣

1. **簡單隨機抽樣(simple random sampling)**：抽樣範圍內，每個物件皆有相同被選擇的機會，為最常用的抽樣方式。

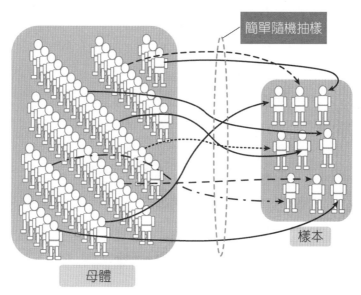

↘ 圖 2.4　簡單隨機抽樣

2. **系統抽樣(systematic sampling)**：將抽樣範圍內的物件排序，然後依特定次序抽樣。

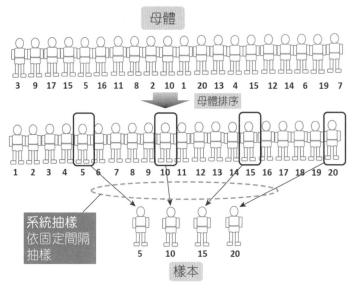

↳ 圖 2.5　系統抽樣

3. **分層抽樣(stratified sampling)**：將抽樣範圍內的物件分類成不同的群組，然後再從每一群組中進行相同的抽樣。

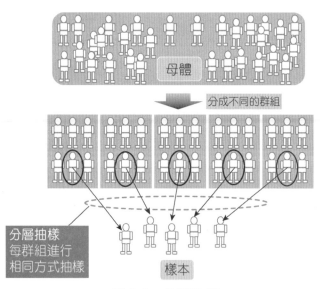

↳ 圖 2.6　分層抽樣

4. **群組抽樣(cluster sampling)**：將抽樣範圍內的物件分類成不同的群組，然後再從中選擇代表性的群組。

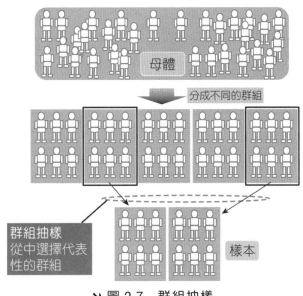

↘ 圖 2.7　群組抽樣

5. **方便抽樣(convenience sampling)**：採取自願的方式進行抽樣。

6. **等比例抽樣(probability-proportional-to-size sampling)**：依據抽樣範圍內不同群組的大小，進行等比例抽樣。

7. **配額抽樣(quota sampling)**：將抽樣範圍內的物件分類成不同的群組（如同分層抽樣），然後再依群組不同的特性，進行約定比例的抽樣。

8. **小組抽樣(panel sampling)**：隨機從範圍內的物件抽樣形成一小群體，然後在某一時間點對此群體內的每個物件進行多次的資料收集。

　　抽樣過程中，可能會出現以下兩種誤差：

(1) 非抽樣誤差(nonsampling error)：於調查(survey)過程中產生的誤差。例如樣本選擇錯誤、樣本不適當反應、問卷贅詞過多或是生疏的問卷技巧等等。

(2) 抽樣誤差(sampling error)：樣本代表性所產生的誤差。

2.4 如何使用 Microsoft Excel 進行統計分析

Microsoft Excel 簡介（以 2013 版本為例）如下：

1. 開啟 Microsoft Excel

安裝 Microsoft Office 後，以觸控或滑鼠左鍵點選【開始】→【所有程式】→【Microsoft Office 2013】→【Excel 2013】。Excel 開啟後，將會進入以下畫面。

↘ 圖 2.8　Excel 2013 首頁

2. 工作表介紹

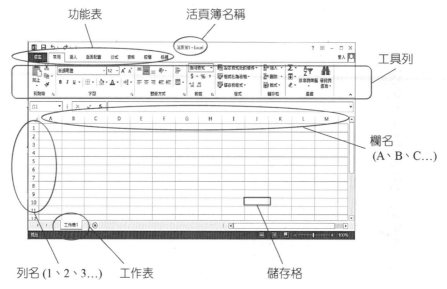

↘ 圖 2.9　工作表介紹

3. 資料輸入

　　以滑鼠左鍵點選欲
輸入資料的儲存格位
置，然後進行資料輸
入。如上圖所標示的儲
存格位置為 J10 。之
後，在所選取的儲存格
單擊滑鼠右鍵→【儲存
格格式】，進行儲存格
格式的設定。

↘ 圖 2.10　儲存格格式設定

4. 函數輸入

　　單擊滑鼠右鍵選取
儲存格→滑鼠右鍵點選
fx→選取欲插入之函
數。

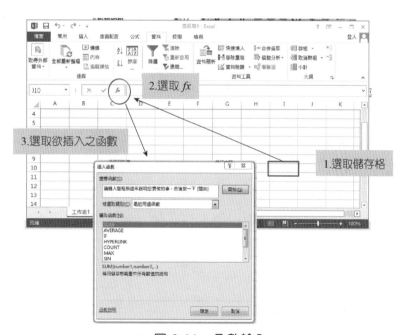

↘ 圖 2.11　函數輸入

5. 統計分析功能設定

至功能表單擊滑鼠左鍵，然後依序選取【檔案】→【選項】→【增益集】→
【執行】→【分析工具箱】→【確定】，然後進行資料分析。

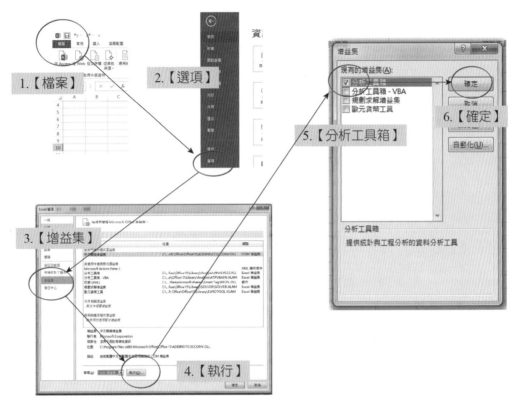

↘ 圖 2.12　統計分析功能設定

【分析工具箱】涵蓋以下的統計分析方法：

單因子變異數分析

雙因子變異數分析：重複試驗

雙因子變異數分析：無重複試驗

相關係數

共變數

敘述統計

指數平滑法

F 檢定：兩個常態母體變異數的檢定

傅立葉分析

直方圖

移動平均法

亂數產生器

等級和百分比

迴歸

抽樣

t 檢定：成對母體平均數差異檢定

t 檢定：兩個母體平均數差異的檢定，假設變異數相等

t 檢定：兩個母體平均數差異的檢定，假設變異數不相等

Z 檢定：兩個母體平均數差異檢定

6. 新增、開啟舊檔、儲存檔案及另存新檔

點選工具列中的【檔案】後，會出現下圖右邊的畫面，然後再選擇所需功能。

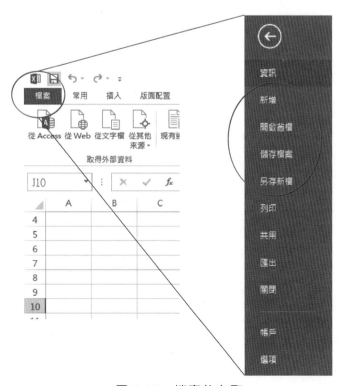

↘ 圖 2.13　檔案的存取

2.5 利用 Excel 產生亂數表

1. 選取功能表中的【資料】選項。

2. 開啟工具列右邊的【資料分析】，此時會出現小視窗。

3. 點選小視窗中的【亂數產生器】選項。

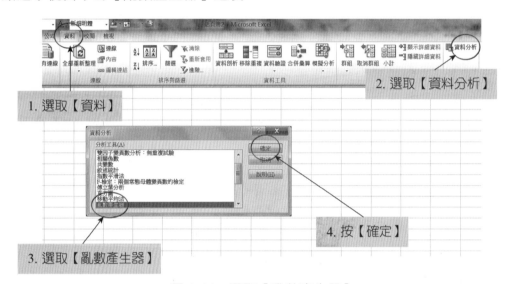

↘ 圖 2.14　選取【亂數產生器】

4. 填寫產生亂數表的各項參數：

假設要利用均等分配的方式，產生介於 0~100 之間的亂數，可以填表如下：

↘ 圖 2.15　填寫產生亂數表的參數

按【確定】後，得到的亂數表如下：

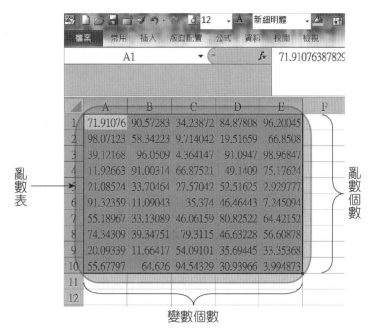

↘ 圖 2.16　亂數表的結果

上述各項資料代表的涵意：

變數個數：亂數表的欄數

亂數個數：亂數表的列數

分配：均等分配

參數：介於 0~100 之間

 2.6　利用 Excel 進行隨機抽樣與系統抽樣

1. 輸入資料。

2. 選取功能表中的【資料】選項。

3. 開啟工具列右邊的【資料分析】，此時會出現小視窗。

4. 點選小視窗中的【抽樣】選項。

5. 進行隨機抽樣與系統抽樣。

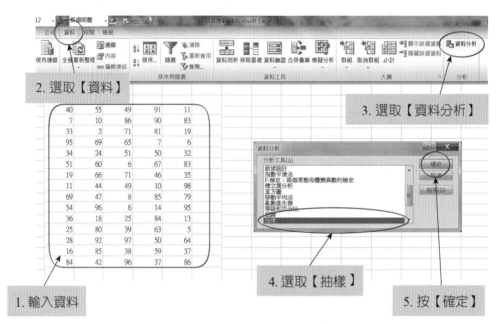

▶ 圖 2.17　選取【抽樣】功能

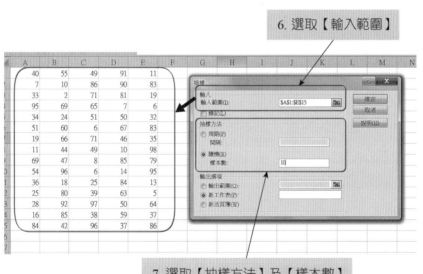

▶ 圖 2.18　填寫【抽樣】功能的參數

課後習題

1. 用來描述母體特性的資料稱為？

2. 用來描述樣本特性的資料稱為？

3. 統計學的最終目的是希望瞭解母體或是樣本的某些特性？

4. 請比較 random sampling 與 randomization 在統計學上代表的意義。

5. 請問第一期臨床試驗通常採用何種抽樣方式？

6. 統計學中最常用的抽樣方式為何？

7. 某學校想瞭解學生對校內公共事務的看法，將學生依班級為一個單位，然後每個班級進行相同號碼的抽樣，請問這屬於何種抽樣方式？

8. 同上題，如果學校因時間及技術層面的困難，無法從每班進行相同的抽樣，因此決定從眾多班級中，只隨機選擇三個班級來代表所有在校學生的意見表達，請問這屬於何種抽樣方式？

9. 今國際著名媒體 CNN 想瞭解某國各政黨所有議員對於某項國際事務的看法，因該國具有數個大小不一且意見分歧的政黨，請問何種抽樣方式最能代表該國議員大多數的看法，並且也能反映出該國人民的主流意見？（假設該國的議員是經由公平、公開、公正的方式選舉產生，且政黨領袖不干預或限制議員個人自由意志的表達）

10. 假設某高中有三個年級共 1200 名學生，其中一年級學生占 25%，二年級學生占 35%、三年級學生占 40%。學生想要瞭解學生對校內公共事務的意見，但希望越低年級的學生能有較多的意見表達，因此抽取一個規模為 100 人的樣本，其中一年級學生占 40%，二年級學生占 35%、三年級學生占 25%，請問這屬於何種抽樣方式？

11. 請問配額抽樣有哪些優缺點？

補充

1. 除了微軟的 Excel 以外，專業的統計學應用軟體尚有：

- Analytica-visual analytics and statistics package
- Angoss-products KnowledgeSEEKER and KnowledgeSTUDIO incorporate several data mining algorithms
- ASReml – for restricted maximum likelihood analyses
- BMDP – general statistics package
- Data Applied – for building statistical models
- EViews – for econometric analysis
- FAME – a system for managing time series statistics and time series databases
- GAUSS – programming language for statistics
- Genedata Analyst– software solution for integration and interpretation of experimental data in the life science R&D
- GenStat – general statistics package
- GLIM – early package for fitting generalized linear models
- GraphPad InStat – Very simple with lots of guidance and explanations
- GraphPad Prism – Biostatistics and nonlinear regression with clear explanations
- IBM SPSS Statistics – comprehensive statistics package
- IBM SPSS Modeler – comprehensive data mining and text analytics workbench
- IMSL Numerical Libraries – software library with statistical algorithms
- JMP – visual analysis and statistics package
- LIMDEP-comprehensive statistics and econometrics package
- LISREL – statistics package used in structural equation modeling
- Maple – programming language with statistical features
- Mathematica – programming language with statistical features
- MATLAB – programming language with statistical features
- MedCalc – for biomedical sciences
- Minitab – general statistics package
- MLwiN – multilevel models(free to UK academics)
- NAG Library-comprehensive math and statistics library
- NCSS – general statistics package
- NLOGIT-comprehensive statistics and econometrics package
- NMath Stats – statistical package for .NET Framework
- Matrix – programming language

- OriginPro – statistics and graphing, programming access to NAG library
- Partek – general statistics package with specific applications for genomic, HTS, and QSAR data
- Primer-E Primer – environmental and ecological specific.
- PV-WAVE – programming language comprehensive data analysis and visualization with IMSL statistical package
- Quadrigram-visual analytics software based on Visual programming, supports direct execution of R queries.
- Quantopix Analytics System(QAS)-Multi-user web application on Linux published by Quantopix Technologies, LLC
- Quantum – part of the SPSS MR product line, mostly for data validation and tabulation in Marketing and Opinion Research
- RATS – comprehensive econometric analysis package
- SAS – comprehensive statistical package
- SHAZAM – comprehensive econometrics and statistics package
- Simul-econometric tool for multidimensional(multi-sectoral, multi-regional)modelling
- SigmaStat – for group analysis
- SOCR – online tools for teaching statistics and probability theory
- Speakeasy – numerical computational environment and programming language with many statistical and econometric analysis features
- SPSS-Statistical Package for the Social Sciences
- Stata – comprehensive statistics package
- Statgraphics – general statistics package
- STATISTICA – comprehensive statistics package
- StatsDirect – statistics package designed for biomedical, public health and general health science uses
- StatXact – package for exact nonparametric and parametric statistics
- Systat – general statistics package
- S-PLUS – general statistics package
- Unistat – general statistics package that can also work as Excel add-in
- The Unscrambler(free-to-try commercial Multivariate analysis software for Windows)
- World Programming System(WPS)-statistical package that supports the SAS language
- XploRe

2. 網路上免費共享的統計軟體：
   - R 語言
   - BV4.1
   - GeoDA
   - IDAMS/WinIDAMS
   - MINUIT
   - WinBUGS – Bayesian analysis using Markov chain Monte Carlo methods
   - Winpepi – package of statistical programs for epidemiologists
3. 公家機構提供的統計套裝軟體(Public domain statistical packages)：
   - CSPro
   - Epi Info
   - X-12-ARIMA

📑 [參考文獻]

1. Dodge, Y.(2006)The Oxford Dictionary of Statistical Terms, OUP. ISBN 0-19-920613-9

2. Helen Causton, John Quackenbush and Alvis Brazma(2003). Statistical Analysis of Gene Expression Microarray Data. Wiley-Blackwell.

3. Terry Speed(2003). Microarray Gene Expression Data Analysis: A Beginner's Guide. Chapman & Hall/CRC.

4. Frank Emmert-Streib and Matthias Dehmer(2010). Medical Biostatistics for Complex

5. Warren J. Ewens and Gregory R. Grant(2004). Statistical Methods in Bioinformatics: An Introduction. Springer.

6. Rosner B: Fundamentals of Biostatistics, 4th Edition, Daxbury Press, 1995.

7. Grimes DA, Schultz KF: Cohort studies: marching towards outcomes. Lancet 359: 341-345, 2002.

8. Schultz KF, Grimes DA: Case-control studies: research in reverse. Lancet 359:431-434, 2002.

9. Matthias Dehmer, Frank Emmert-Streib, Armin Graber and Armindo Salvador(2011). Applied Statistics for Network Biology: Methods in Systems Biology. Wiley-Blackwell. ISBN 3-527-32750-9.

10. At Work, Issue 59, Winter 2010: Institute for Work & Health, Toronto

11. 國家衛生研究院　醫療保健研究組　實證醫學臨床指引知識平臺

12. 微軟 Microsoft Office 官方網站

13. Grimes DA, Schultz KF: An overview of clinical research: the lay of the land. Lancet 359:57-61, 2002

14. Dillman, D.A., Smyth, J.D., & Christian, L. M.(2009). Internet, mail, and mixed-mode surveys: The tailored design method. San Francisco: Jossey-Bass.

15. Vehovar, V., Batagelj, Z., Manfreda, K.L., & Zaletel, M.(2002). Nonresponse in web surveys. In R. M. Groves, D. A. Dillman, J. L. Eltinge, & R. J. A. Little(Eds.), Survey nonresponse(pp. 229-242). New York: John Wiley & Sons.

16. Abhaya Indrayan(2012). Medical Biostatistics. CRC Press. ISBN 978-1-4398-8414-0.

17. Charles T. Munger(2003-10-03). "Academic Economics: Strengths and Faults After Considering Interdisciplinary Needs".

18. Grimes DA, Schultz KF: Bias and causal associations in observational research. Lancet 359:248-252, 2002.

19. Gordis L: Epidemiology, 3rd Edition, Philadelphia, Elsevier Saunders, 2004.

20. Streiner DL, Norman GR: Health Measurement Scales: A Practical Guide to their Development and Use, 2nd Edition, New York, Oxford University Press, 2000.

21. Katz MH: Multivariable analysis: a primer for readers of medical research. Ann Intern Med 138:644-650, 2003.

22. Campbell MJ: Statistics at Square Two, 4th Edition, London, BMJ Publishing Group, 2004. Copyright

23 Jaeschke R, Guyatt GH, Sackett DL: Users' guides to the medical literature. III. How to use an article about a diagnostic test. B. What are the results and will they help me in caring for my patients? The Evidence-Based Medicine Working Group. Jama 271:703-707, 1994.

24. Guyatt G, Jaeshke R, Heddle N, et al. Basic statistics for clinicians: 2. Interpreting study results: confidence intervals. Cmaj 152:169-173, 1995.

25. Robert M. Groves, et al. Survey methodology. ISBN 0470465468.

26. Scott, A.J.; Wild, C.J.(1986). "Fitting logistic models under case-control or choice-based sampling". Journal of the Royal Statistical Society, Series B 48: 170–182. JSTOR 2345712.

27. Berinsky, A. J.(2008). Survey non-response. In W. Donsbach & M. W. Traugott(Eds.), The SAGE handbook of public opinion research(pp. 309-321). Thousand Oaks, CA: Sage Publications.

28. Dillman, D. A., Eltinge, J. L., Groves, R. M., & Little, R. J. A.(2002). Survey nonresponse in design, data collection, and analysis. In R. M. Groves, D. A. Dillman, J. L. Eltinge, & R. J. A. Little(Eds.), Survey nonresponse(pp. 3-26). New York: John Wiley & Sons.

29. Lazarsfeld, P., & Fiske, M.(1938). The" panel" as a new tool for measuring opinion. The Public Opinion Quarterly, 2(4), 596-612.

30. Mohamed Helmy Mahmoud Moustafa ElsanabaryTeleconnection, Modeling, Climate Anomalies Impact and Forecasting of Rainfall and Streamflow of the Upper Blue Nile River Basin, Canada: University of Alberta, 2012, retrieved 23 January 2012

31. Porter, Whitcomb, Weitzer(2004)Multiple surveys of students and survey fatigue. In S. R. Porter(Ed.), Overcoming survey research problems: Vol. 121. New directions for institutional research(pp. 63-74). San Francisco, CA: Jossey Bass.

資料的整理與呈現
Organizing and Visualizing Data

Chapter **03**

學習目標 LEARNING OBJECTIVES

- 認識不同的量測尺度
- 瞭解資料的性質
- 熟悉圖表的型式
- 學習如何利用 Excel 繪製圖表

3.1　量測尺度(Levels of Measurement)

美國的心理學家 Stanley Smith Stevens (1906-1973)在西元 1946 年發表以下四種測量的尺度，之後被廣泛應用於統計分析中：

1. **名目尺度(nominal scale)：**也稱為**類別尺度**(categorical scale)，如性別、顏色、國籍、種族、語言等沒有程度區別的資料。如果名目尺度中只有兩種選項，如生理性別男／女、顏色黑／白、方向左／右…等，可稱為二分變項(dichotomous variable)。

↘ 圖 3.1　四種量測尺度

2. **次序尺度（順序尺度／ordinal scale）：**如成績名次（第一名、第二名…），或是大／中／小、非常同意／同意／沒意見／不同意／非常不同意、有罪／無罪、真實／虛偽、生病／健康、對／錯…等具次序或是程度區別的資料。

3. **等距尺度（區間尺度／interval scale）：**如溫度（攝氏、華氏）、公元（西元）紀年等不具有一個確定且有意義的零點(zero point)。

4. **等比尺度（比例尺度／ratio scale）：**如身高、體重、血糖值、尿酸值、膽固醇值等具有一個確定且有意義的零點。

3.2　自變項與依變項 (Independent and Dependent Variables)

自變項（independent variable；亦有稱為「自變數」）：有時也稱為輸入變項、獨立變項、實驗變項(experimental variable)、解釋變項或是預測變項(predictor variable)，為實驗中可以被操控的因子，用於觀察對依變項(dependent variable)的影響。

依變項（dependent variable；亦有稱為「依變數」）：會隨著自變項的改變而改變，也稱為結果變項(outcome variable)、反應變項(response variable)、因變項、從屬變項、效標變項等。

例如科學家欲測試某藥物在不同的濃度下，對癌細胞存活率的影響，其中藥物的不同濃度就稱為「自變項」，而癌細胞的存活率就稱為「依變項」。

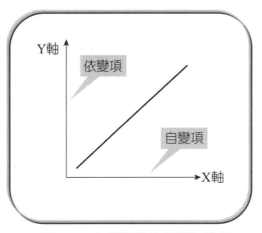

↘ 圖 3.2　自變項與依變項的關係

3.3　資料的型式

質性變項(qualitative variable)：
通常以描述性的型式來進行類別量測
(categorical measurement)所獲得的資
料，也稱為類別變項(categorical
variable)。如上述的名目尺度（包括二
分變項，dichotomous variable）與次
序尺度。

量性變項(quantitative variable)：
以具大小意義的數字型式來進行量測所
獲得的資料，也稱為數值變項(numerical
variable)。如上述之等距尺度與等比尺
度。

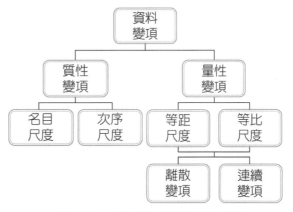

↘ 圖 3.3　不同型式資料間的關係

　　離散變項(discrete variable)：資料為不具可分割的量測數值，如每年新生嬰
兒數、學校招生人數等。

　　連續變項(continuous variable)：資料為可分割的量測數值，如溫度、身高、
體重、血糖值等。

📊 表 3.1　質性變項與量性變項的比較

質性變項	量性變項
• 資料為描述性的型式，如名目尺度與次序尺度	• 資料為可量測的型式，如等距尺度與等比尺度
• 如性別、膚色、學歷、嗜好…等	• 如身高、體重、血糖值、肝指數、膽固醇…等
• 也稱為類別變項	

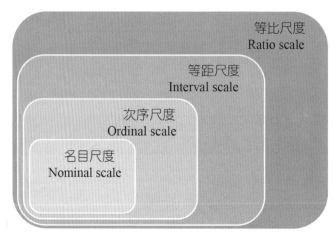

↘ 圖 3.4　各種量測尺度之間的相關性

3.4　表格的型式與製作

1. **次數表(frequency table)：**將一個或多個變項(variable)的次數分布，整理歸納於表格中。相關的名詞如下：

📊 表 3.2　次數表相關名詞

名詞	定義
組(class)	基本單位
組距(class interval)	分組的級距
組限(class limit)	每個組別中的最大值（上組限，upper class limit）與最小值（下組限，lower class limit）

表 3.2　次數表相關名詞（續）

名詞	定義
組界(class boundary)	組與組之間的中心點(midpoint)
相對次數(relative frequency)	每個組距中的次數，其所占的百分比
累積相對次數 (cumulative relative frequency)	每個組距中的次數，其累積所占的百分比

範例說明

3.1

　　某大學為調查學生罹患糖尿病的傾向，隨機抽取兩班學生進行空腹（飯前）血糖值的測定。兩班共有男生 46 位及女生 55 位，於前一天晚上開始禁食至少八小時，並於隔日早上抽血檢驗血液中葡萄糖的濃度，濃度以 mg/dL（毫克／百毫升）表示；因受限於檢驗方法的分析靈敏度(analytical sensitivity)，數據以整數代表。其數據（觀察值）分別如下：

血糖值(mg/dL)															
女生 (n=55)	72	104	72	113	55	88	74	87	82	59	84	67	63	69	62	86
	87	89	90	88	91	93	92	121	124	116	71	132	78	72	150
	51	138	99	87	86	89	90	98	102	71	107	90	84	83	108	76
	100	73	89	72	112	77	97	74
男生 (n=46)	66	135	73	117	99	77	68	86	129	85	91	93	80	83	87	98
	78	86	89	100	139	92	97	95	101	87	83	81	76	117	88
	103	110	82	106	113	88	126	53	69	79	81	80	79	106	149

 解答

[步驟 1]　決定組數或組距。

　　一般依照各個領域的專業，以及資料的呈現度，來決定適當的組數或組距。組數太多或組距太小會增加分析的複雜性，組數太少或組距太大恐也無法呈現資料所代表的統計意義。過去統計學家曾提出幾種決定組數（以 k 代表）或組距（以 h 代表）的方法，如下表所列（n 為觀察值總數或樣本數）：

表 3.3 決定組數(k)或組距(h)的方法

名稱	方程式
Square-root choice	$k = \sqrt{n}$
Sturges' formula	$k = [log_2 n + 1]$ 衍生自二項式分布(binomial distribution)
Rice Rule	$k = [2n^{1/3}]$
Scott's normal reference rule	$h = \dfrac{3.5s}{n^{1/3}}$ s：樣本的標準差(standard deviation)
General rule	$h = [(X_{max} - X_{min})/ k]$

可分為下列兩種情況：

(1) 先決定組距，然後再決定組數

如以 Scott's normal reference rule 的方法，分別計算女生與男生的建議組距(h)：

女生：$(3.5 \times 20.4)/(55^{1/3})$=18.8（20.4 為女生的樣本標準差）

男生：$(3.5 \times 20.1)/(46^{1/3})$=19.7（20.1 為男生的樣本標準差）

所以，本例可以整數 20 當作男生與女生的共同建議組距。

下一步決定全距(range, R)，找出變項中的最大值(X_{max})與最小值(X_{min})，然後計算兩者的差距。

X_{max}：150

X_{min}：51

R= X_{max}－X_{min}=99

所以組數(k)=99/20=4.95，因此實務上可取整數 k =5 當作組數。

(2) 先決定組數，然後再決定組距

如以 Square-root choice 的方法分別計算女生與男生的建議組數(k)分別為：

女生：$k=\sqrt{n} = \sqrt{55} = 7.4$

男生：$k=\sqrt{n} = \sqrt{46} = 6.8$

　　如綜合上述女生與男生的建議組數（7.4 與 6.8），可以 7 組為分組的目標，組距則可用上述之 General rule 計算：

$h=[(X_{max}-X_{min})/\ k\ ]=99/7=14.1$，因此實務上可取整數 h=14 或 15 當作組距。

　　為方便起見，本題以 20 當作組距，並分成 5 組進行次數表的建立。

[步驟 2]　以 Excel 進行資料整理

[步驟 3]　以 Microsoft Word 進行表格繪製

血糖值(mg/dL)	女生（人數）	男生（人數）
51-70	7	4
71-90	29	21
91-110	11	13
111-130	5	5
131-150	3	3
總和	55	46

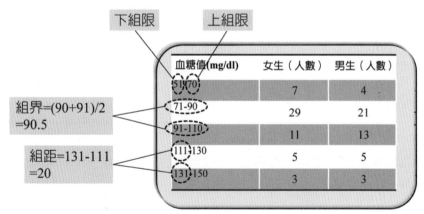

↘ 圖 3.5　上組限、下組限、組距與組界的圖示

[步驟 4] 相對次數與累積相對次數的表示

血糖值(mg/dL)	女生			男生		
	人數	相對人數	累積相對人數	人數	相對人數	累積相對人數
51-70	7	13%	13%	4	9%	9%
71-90	29	53%	66%	21	46%	55%
91-110	11	20%	86%	13	28%	83%
111-130	5	9%	95%	5	11%	94%
131-150	3	5%	100%	3	6%	100%

End

2. **列聯表 (contingency table, cross tabulation, cross tab)：** 統計學家 Karl Pearson 在西元 1904 年第一次公開發表，以陣列的型式呈現多個變項(variable) 的次數分布。變項通常分為兩大類：暴露變項(exposure variable)與結果變項 (outcome variable)，因此列聯表也稱為雙變項交叉表(bivariate table)。

3. **莖葉圖 (stem-and-leaf display or stemplot)：** 根據西元 1900 年代初期統計學者 Arthur Bowley 的研究發展而來，將量性資料以類似直方圖(histogram)的方式呈 現，不僅可以呈現出所有的數值，還可以看出資料分布的情形。

3.2

範例說明

　　某國小為瞭解全校學童喝珍珠奶茶與身體質量指數(body mass index, BMI)的相關 性，進行為期一年的前瞻性研究。以下為追蹤學童喝珍珠奶茶的頻率與 BMI 值的最終 統計資料：

珍珠奶茶飲用頻率	BMI		總和
	正常	異常	
300 杯以上／年	1	12	13
200-299 杯／年	3	21	24
100-199 杯／年	13	29	42
50-99 杯／年	275	121	396
25-49 杯／年	496	153	649
25 杯以下／年	225	35	260
總和	1013	371	1384

BMI=體重(Kg)／身高 ^{2}(m^2)

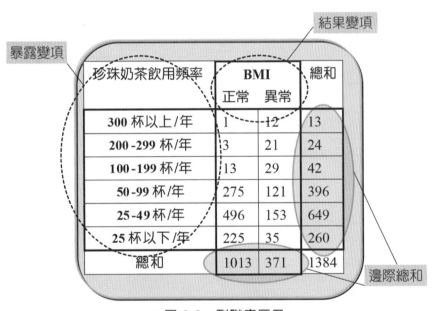

↘ 圖 3.6　列聯表圖示

　　邊際總和（或稱為邊際次數；margin total or marginal frequency or marginal distribution）：為每個變項的次數加總。

　　承上題：

女生血糖值分布之莖葉圖

血糖值（莖）	觀察值（葉）	人數
50	1 5 9	3
60	2 3 7 9	4
70	1 1 2 2 2 2 3 4 4 6 7 8	12
80	2 3 4 4 6 6 7 7 7 8 8 9 9 9	14
90	0 0 0 1 2 3 7 8 9	9
100	0 2 4 7 8	5
110	2 3 6	3
120	1 4	2
130	2 8	2
140		0
150	0	1

男生血糖值分布之莖葉圖

血糖值（莖）	觀察值（葉）	人數
50	3	1
60	6 8 9	3
70	3 6 7 8 9 9	6
80	0 0 1 1 2 3 3 5 6 6 7 7 8 8 9	15
90	1 2 3 5 7 8 9	7
100	0 1 3 6 6	5
110	0 3 7 7	4
120	6 9	2
130	5 9	2
140	9	1
150		0

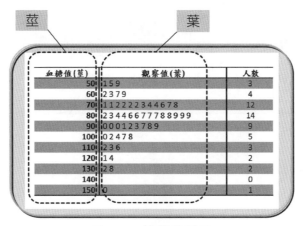

↘ 圖 3.7　莖葉圖圖示(1)

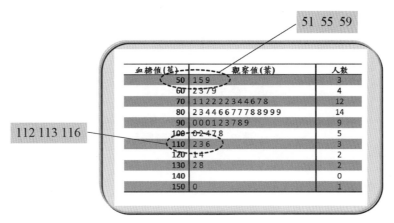

↘ 圖 3.8　莖葉圖圖示(2)

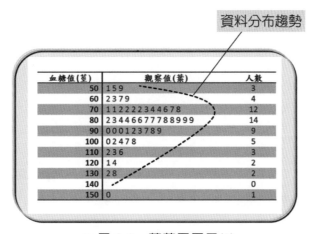

↘ 圖 3.9　莖葉圖圖示(3)

3.5 常用的統計圖形

1. 直方圖(histogram)

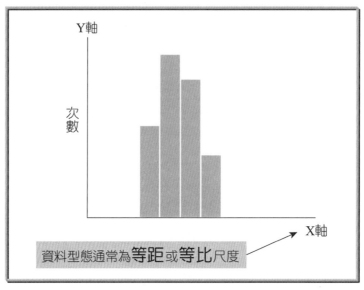

↘ 圖 3.10 直方圖圖示

2. 長條圖(bar chart)

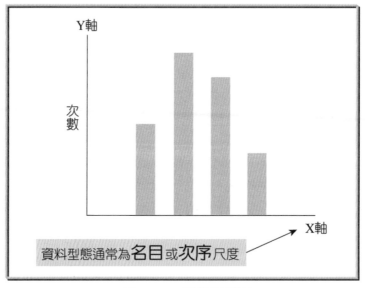

↘ 圖 3.11 長條圖圖示

3. 次數多邊形圖(frequency polygon)

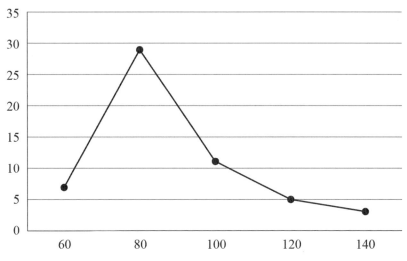

↘ 圖 3.12　次數多邊形圖示

4. 圓形圖(pie chart)

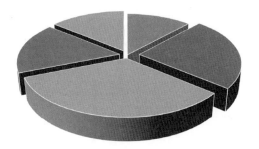

↘ 圖 3.13　圓形圖示

5. 盒狀圖(box-and-whisker plot)

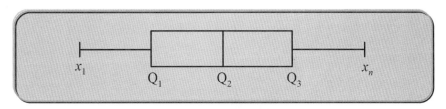

↘ 圖 3.14　盒狀圖圖示

3.6　Excel 的統計圖形

　　Excel 軟體提供的圖形種類有直條圖、折線圖、圓形圖、橫條圖、區域圖、XY 散布圖、股票圖、曲面圖、雷達圖及組合式等。

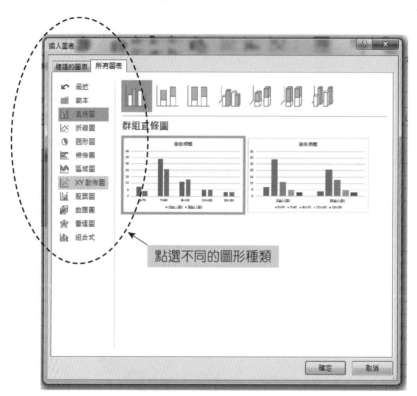

3.7　如何使用 Excel 繪製表格

　　以直條圖（bar chart；即上述之長條圖）為例：

[實作]

1. 開啟 Excel 的工作表，將圖 3.5 的資料輸入儲存格 B3 至 D8 內，

48

2. 按住滑鼠左鍵，圈選儲存格範圍 B3 至 B8，然後按下滑鼠右鍵點選【儲存格格
式】，最後點選【文字】。

3. 按住滑鼠左鍵，圈選儲存格範圍 B3 至 D8，然後至功能表點選【插入】，然後再至工具列點選【插入直條圖】。

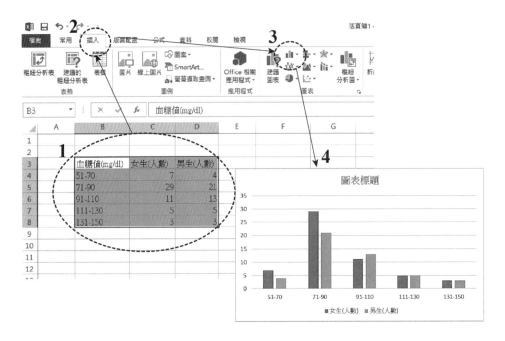

4. 其他的圖形可至【插入圖表】的視窗中點選。

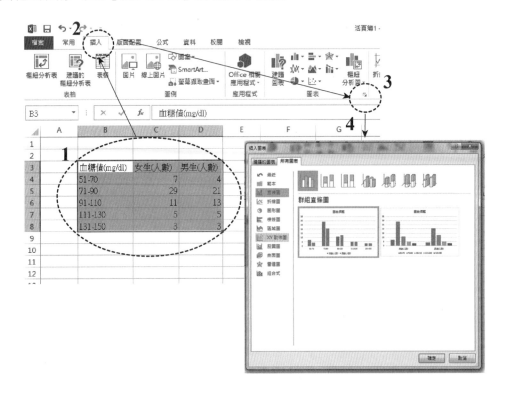

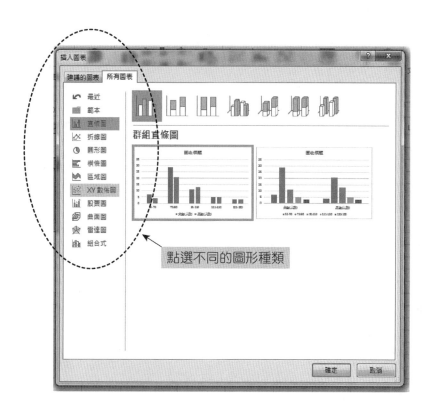

點選不同的圖形種類

5. 如要增加或修改圖表的座標軸、座標軸標題、圖表標題、資料標籤…等等，先點選圖表本身，然後再點選符號「＋」，然後點選所需的項目。

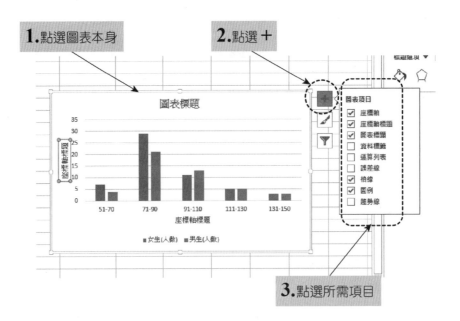

6. Excel 中尚有折線圖、圓形圖、橫條圖、區域圖、XY 散布圖、股票圖、曲面圖、環圈圖、泡泡圖、雷達圖等圖形可供選擇。

課後習題

1. 統計分析中，被廣泛應用的測量尺度有哪四種？

2. 請將下列資料（變項）依其型態細分成名目尺度、次序尺度、等距尺度、等比尺度或二分變項等。

   gender、ethnicity、religious preference、language、political orientation(Left, Center, Right)、biological species、Fahrenheit scale temperature(F°)、height、Kelvin scale temperature(K)、duration、plane angle、energy、blood glucose level、electric charge、blood cholesterol level、income、sick/healthy、guilty/innocent、time of day(AM or PM)、number of children、nationality、GPA(grade point average)、meal preference、political orientation(Republican, Democratic, Libertarian, Green)、handedness、Celsius scale temperature(°C)、blood triglycerol level、time of day on a 12-hour clock、color、personal identification number(PIN)、race、epoch、true/false、direction measured in degrees、right/wrong、pH value、rank、mass、level of agreement、distance。

3. 癌症依其在人體內轉移的程度，會有不同的分期標準，通常分為第一至第四期，不同的癌症，有不同的分期。請問這種癌症的分期屬於何種尺度？

4. 如以因果關係來形容自變項與依變項，請問何者為因？何者為果？

5. 副甲狀腺素(parathyroid hormone, PTH)是由副甲狀腺所分泌的一種荷爾蒙，主要刺激骨頭釋放鈣離子和磷酸鹽到血液中，並增加腎臟對鈣離子的再吸收作用，最終增加血液中的鈣離子濃度。今某中學為瞭解國中一年級新生的骨骼發育情形與副甲狀腺素分泌的關係，隨機從中抽樣 100 人，測其血液中副甲狀腺素濃度(pg/mL)，結果如下：

3	35	82	61	41	62	88	49	39	21
37	66	33	49	83	50	29	44	22	47
27	99	30	17	34	31	92	57	21	56
97	25	71	28	42	62	38	12	53	22
53	15	55	23	77	8	37	29	46	41
77	37	63	65	87	31	78	63	40	29
33	91	45	58	26	66	59	92	50	9

79	47	27	15	24	60	14	55	25	26
52	48	11	29	69	27	46	44	26	47
16	38	42	51	38	90	51	75	43	32

請以 Excel 軟體分別繪製次數表、莖葉圖、直條圖、折線圖及 XY 散布圖等。

[參考文獻]

1. Stevens, Stanley Smith(June 7, 1946). "On the Theory of Scales of Measurement". Science 103(2684): 677–680.

2. Microsoft 官方網站

3. Ferguson, G. A.(1966). Statistical analysis in psychology and education. New York: McGraw-Hill.

4. Wild, C. and Seber, G.(2000)Chance Encounters: A First Course in Data Analysis and Inference pp. 49-54 John Wiley and Sons. ISBN 0-471-32936-3

5. Elliott, Jane; Catherine Marsh(2008). Exploring Data: An Introduction to Data Analysis for Social Scientists(2nd Edition ed.). Polity Press. ISBN 0-7456-2282-8.

6. Walter F., PhD. Boron. The Parathyroid Glands and Vitamin F//Medical Physiology: A Cellular And Molecular Approaoch. Elsevier/Saunders. 2003. 1094. ISBN 978-1-4160-2328-9.

7. "Density Estimation", W. N. Venables and B. D. Ripley, Modern Applied Statistics with S(2002), Springer, 4th edition. ISBN 0-387-95457-0.

8. Doane DP(1976)Aesthetic frequency classification. American Statistician, 30: 181–183.

9. Scott, David W.(1979). "On optimal and data-based histograms". Biometrika 66(3): 605–610.

10. Freedman, David; Diaconis, P.(1981). "On the histogram as a density estimator: L2 theory". Zeitschrift für Wahrscheinlichkeitstheorie und verwandte Gebiete 57(4): 453–476.

11. Shimazaki, H.; Shinomoto, S.(2007). "A method for selecting the bin size of a time histogram". Neural Computation 19(6): 1503–1527.

圖解式生物統計學－以Excel為例

敘述性統計
Descriptive Statistics

Chapter **04**

 LEARNING OBJECTIVES

- 理解與學習集中趨勢的測量
- 學習與熟悉變異量的測量
- 學習如何利用 Excel 進行敘述性統計

4.1 集中趨勢的測量
(Measures of Central Tendency)

集中趨勢(central tendency)：用來描述資料集中的程度。常用平均數、中位數與眾數等計算方法來表示。

1. 平均數(mean)：所有觀察值($x_1, x_2, x_3, \cdots, x_n$)的總和除以觀察值的總數，通常以算術平均數(arithmetic mean)代表。

(1) 母體平均數(μ)：

$$\mu = \left[\sum_{i=1}^{n} x_i\right] \div N = \frac{x_1 + x_2 + x_3 + \cdots + x_n}{N}$$

N：母體中所有觀察值的總數。

(2) 樣本平均數($\bar{x}$)：

$$\bar{x} = \left[\sum_{i=1}^{n} x_i\right] \div n = \frac{x_1 + x_2 + x_3 + \cdots + x_n}{n}$$

n：樣本中所有觀察值的總數。

範例說明

請計算下列這組樣本的平均數：2, 5, 5, 6, 7, 8, 9, 9, 12。

$$\bar{x} = \left[\sum_{i=1}^{n} x_i\right] \div n = \frac{2 + 5 + 5 + 6 + 7 + 8 + 9 + 9 + 12}{9} = 7$$

End

(3) Excel 語法：AVERAGE(number1, [number2],...)

括號內的引數（如 number1, [number2],...）可以是所有的觀察值，或是資料範圍的儲存格位址，下列圖示是以資料範圍的儲存格位址(B6:B14)為例：

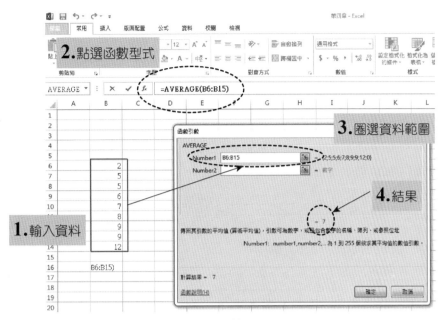

↘ 圖 4.1　Excel 函數：AVERAGE(1)

括號內的引數也可以是所有的觀察值，輸入方式如下：

↘ 圖 4.2　Excel 函數：AVERAGE(2)

資料庫

補充

平均數有時也用下列方法計算，其公式分別如下：

1. 幾何平均數(geometric mean, GM)

$$GM = \sqrt[n]{x_1 x_2 x_3 x_4 \ldots x_n}$$

[範例]一組數字(1, 2, 3, 4)之幾何平均數為：

$$GM = \sqrt[n]{x_1 x_2 x_3 x_4 \ldots x_n} = \sqrt[4]{1*2*3*4} = 2.213$$

2. 調和平均數(harmonic mean, H)

$$H = \frac{n}{\frac{1}{x_1} + \frac{1}{x_2} + \frac{1}{x_3} + \cdots + \frac{1}{x_n}} = \frac{n}{\sum_{i=1}^{n} \frac{1}{x_i}}$$

[範例] 一組數字(1, 2, 3, 4)之調和平均數為：

$$H = \frac{n}{\frac{1}{x_1} + \frac{1}{x_2} + \frac{1}{x_3} + \cdots + \frac{1}{x_n}} = \frac{4}{\frac{1}{1} + \frac{1}{2} + \frac{1}{3} + \frac{1}{4}} = \frac{4}{1 + 0.5 + 0.33 + 0.25} = 1.923$$

3. 加權算數平均數(weighted arithmetic mean, WM)

$$WM = \frac{w_1 x_1 + w_2 x_2 + w_3 x_3 + \cdots + w_n x_n}{w_1 + w_2 + w_3 + \cdots + w_n}$$

其中$w_1, w_2, w_3, \ldots, w_n$為分別給予觀察值$x_1, x_2, x_3, \ldots, x_n$的權重。

[範例]假設有甲、乙兩班，其學生人數分別為 20 人與 30 人，某次的生物統計學考試成績如下：

甲班成績：62, 67, 71, 74, 76, 77, 78, 79, 79, 80, 80, 81, 81, 82, 83, 84, 86, 89, 93, 98
乙班成績：81, 82, 83, 84, 85, 86, 87, 87, 88, 88, 89, 89, 89, 90, 90, 90, 90, 91, 91, 91, 92, 92, 93, 93, 94, 95, 96, 97, 98, 99

經計算後，得知甲、乙兩班的平均成績為 80 與 90 分，請問兩班成績的總平均為何？（取材自 Wikipedia）

可利用加權算數平均數計算其總平均，方法如下：

$$WM = \frac{w_1 x_1 + w_2 x_2 + w_3 x_3 + \cdots + w_n x_n}{w_1 + w_2 + w_3 + \cdots + w_n} = \frac{20*80 + 30*90}{20+30} = \frac{4300}{50} = 86$$

2. **中位數(median, Me)：**所有觀察值裡最中間的數值。如有奇數個數值，中位數為排序後最中間的觀察值；如有偶數個數值，中位數則為排序後最中間兩個觀察值的平均。

(1)

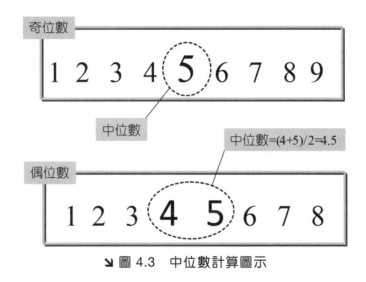

↘ 圖 4.3　中位數計算圖示

4.2　範例說明

請問下列這組樣本的中位數為何？

9, 5, 2, 6, 5, 7, 12, 9

解答

其排序為(2, 5, 5, 6, 7, 9, 9, 12)，因為上組樣本共有 8 個觀察值，所以中位數為第四位數與第五位數總和的平均。計算如下：

$$\frac{6+7}{2} = 6.5$$

End

4.3 範例說明

請問下列這組樣本的中位數為何？

9, 5, 2, 6, 5, 7, 12, 9, 6

其排序為 (2, 5, 5, 6, 6, 7, 9, 9, 12)，因為上組樣本共有 9 個觀察值，所以中位數為第五位數 6。

End

(2) Excel 語法：MEDIAN(number1, [number2],...)

括號內的引數（如 number1, [number2],...）可以是所有的觀察值，或是資料範圍的儲存格位址。

4.4 範例說明

請以 Excel 函數計算下組資料的中位數。

2, 5, 5, 6, 6, 7, 9, 9, 12

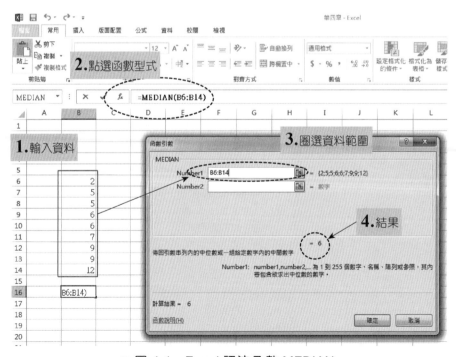

↘ 圖 4.4　Excel 語法函數 MEDIAN

End

3. 眾數(mode, Mo)：出現最多次的數值。

(1)

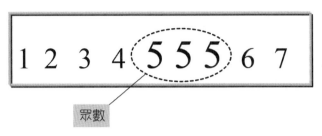

➘ 圖 4.5　眾數計算圖示

4.5　範例說明

請計算下列這組樣本的眾數：2, 5, 5, 6, 6, 7, 9, 9, 9, 12, 12。

因為上組樣本中的觀察值 9 共出現最多的 3 次，所以其眾數為 9。

End

(2) Excel 語法：MODE.SNGL(number1, [number2],...)
括號內的引數（如 number1, [number2], ...）可以是所有的觀察值，或是資料範圍的儲存格位址。

範例說明

4.6

請以 Excel 函數計算「範例 4.5」的眾數：2, 5, 5, 6, 6, 7, 9, 9, 9, 12, 12。

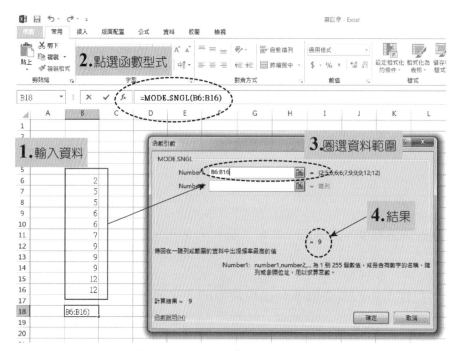

↘ 圖 4.6　Excel 函數：MODE.SNGL

End

4.2　變異量的測量(Measures of Dispersion)

變異量測量的目的是要決定資料的離散程度。主要以全距、四分位數、標準差、變異數等表示。其計算方式分別如下：

1. 全距(range)： 所有觀察值中，最大值與最小值的差異。

$$R = x_{max} - x_{min} = x_{最大值} - x_{最小值}$$

2. 四分位數與盒狀圖(quartiles and box-and-whisker plot)

四分位數(quartiles)：將所有的觀察值由左至右，依小至大的方式排序，然後平均分成四等分（即各占 25%的資料），每等分的分界點稱為四分位數，以 Q_1（第

1 四分位數)、Q_2（第 2 四分位數）及 Q_3（第 3 四分位數）代表。因此由小至大共有五點均分所有的觀察值，即 x_1（最小值）、Q_1、Q_2、Q_3 和 x_n（最大值）等五個概括性數字（five number summary，也稱為 five statistical summary）。目前 Q_1、Q_2 和 Q_3 並沒有統一的計算方式。

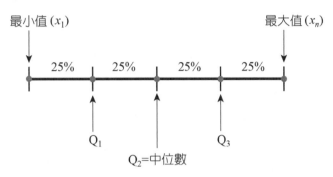

❱ 圖 4.7　四分位數圖示

下限值與上限值的定義如下：

(1) 四分位差（interquartile range, IQR 或稱為 quartile deviation, QD）：
　　$IQR = QD = Q_3 - Q_1$。

(2) 下限值(lower fence)$= Q_1 - 1.5 \times IQR$
　　上限值(upper fence)$= Q_3 + 1.5 \times IQR$

一般將小於下限值或大於上限值的資料，界定為偏離值（outlier，也稱為離群值、異常值）。

盒狀圖（box-and-whisker plot 或稱 box plot）：將上述決定的五個概括性數字以方盒形式呈現，可以反映資料中是否有偏離值(outlier)的存在。

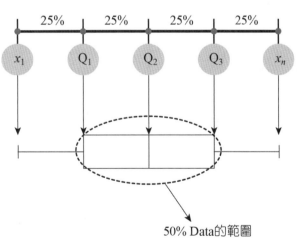

❱ 圖 4.8　盒狀圖圖示

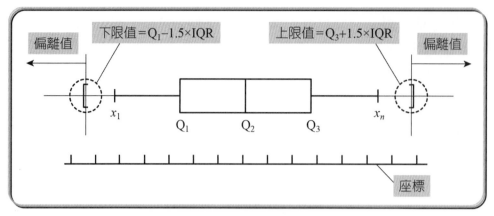

➘ 圖 4.9　盒狀圖與偏離值

(3) 計算四分位數的兩種方法

[方法一] 中位數法：

1. 將所有的觀察值排序

2. 分成兩部分，但不包括中位數(Q_2)

3. 前半部觀察值的中位數為 Q_1，後半部觀察值的中位數為 Q_3。

範例說明

排序資料：5, 8, 14, 17, 21, 25, 29, 33, 42, 55, 58

$Q_2 = 25$

前半部觀察值：5, 8, 14, 17, 21

取其中位數，所以 $Q_1 = 14$。

後半部觀察值：29, 33, 42, 55, 58

取其中位數，所以 $Q_3 = 42$。

四分位差(IQR 或 QD)$= Q_3 - Q_1 = 42 - 14 = 28$

End

範例說明

4.8

排序資料：4, 5, 8, 11, 19, 22, 35, 52

$Q_2=(11+19)/2=15$

前半部觀察值：4, 5, 8, 11

所以 $Q_1=(5+8)/2=6.5$

後半部觀察值：19, 22, 35, 52

所以 $Q_3=(22+35)/2=28.5$

四分位差（IQR 或 QD）$=Q_3-Q_1=28.5-6.5=22$

End

[方法二] 等比例法：

1. 求第一四分位數位置 $O(Q_1)=n/4 + 1/2$，n 代表所有觀察值的總數

2. $O(Q_2)=$中位數(median)

3. 第三四分位數位置 $O(Q_3)= 3n/4 + 1/2$

4. 如果 $O(Q_i)$非整數$(i=1, 2, 3)$，即 $O(Q_i)=j.k, Q_i=X_j+(X_{j+1}-X_j)*0.k,$

範例說明

4.9

排序資料：5, 8, 14, 17, 21, 25, 29, 33, 42, 55, 58

1. 所有觀察值的個數 $n=11$

2. 第 2 四分位數位置 $O(Q_2)=$中位數，即排序資料第 6 位，所以 $Q_2=25$

3. 第 1 四分位數位置 $O(Q_1)=n/4+1/2=11/4+1/2=3.25$

4. 第 1 四分位數 $Q_1=14+(17-14)\times0.25=14+0.75=14.75$

5. 第 3 四分位數位置 $O(Q_3)=3\times n/4+1/2=3*11/4+1/2=8.75$

6. 第 3 四分位數 $Q_3=33+(42-33)\times0.75=39.75$

7. 四分位差(IQR 或 QD)$=Q_3-Q_1=39.75-14.75=25$

End

4.10

排序資料：4, 5, 8, 11, 19, 22, 35, 52

1. 所有觀察值的個數 $n=8$

2. 第 2 四分位數 Q_2=中位數，所以 $Q_2=(11+19)/2=15$。

3. 第 1 四分位數位置 $O(Q_1)=n/4+1/2=8/4+1/2=2.5$

4. 第 1 四分位數 $Q_1=5+(8-5)×0.5=5+0.75=5.75$

5. 第 3 四分位數位置 $O(Q_3)=3*n/4+1/2=3*8/4+1/2=6.5$

6. 第 3 四分位數 $Q_3=22+(35-22)×0.5=28.5$

7. 四分位差(IQR 或 QD)=$Q_3-Q_1=28.5-5.75=22.75$

End

(4) 以 Excel 為例

　　Excel 語法：QUARTILE.INC(Array, Quart)

　　Array：資料的陣列或儲存格範圍。

　　Quart：四分位數的號碼。

1. $Q_1=15.5$

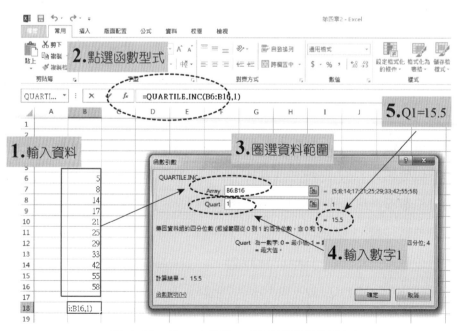

↘ 圖 4.10　Excel 函數：QUARTILE.INC(1)

2. $Q_2 = 25$

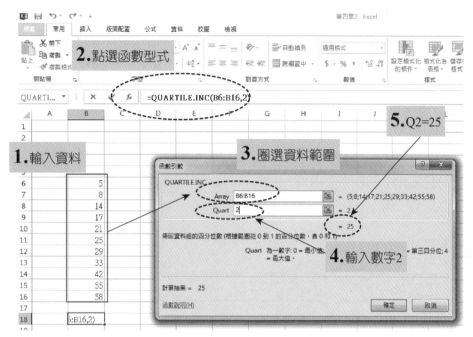

↘ 圖 4.11 Excel 函數：QUARTILE.INC(2)

3. $Q_3 = 37.5$

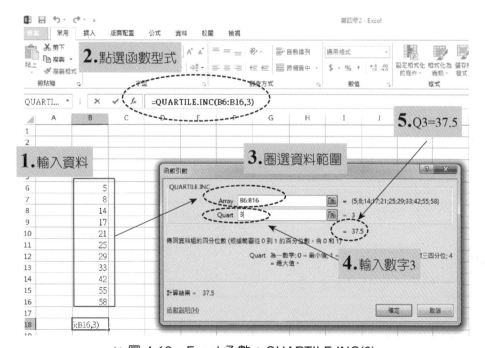

↘ 圖 4.12 Excel 函數：QUARTILE.INC(3)

補充

截尾平均數(truncated mean or trimmed mean)：將最小與最大 25％的資料去除，以避免偏離值(outlier)的影響。如上述四分位數中，去除比 Q_1 小和比 Q_3 大的數值。

3. 標準差與變異數(standard deviation and variance)

(1) 母體標準差(σ)

$$\sigma = \sqrt{\frac{\sum_{i=1}^{n}(x_i - \mu)^2}{N}} = \sqrt{\frac{[(x_1 - \mu)^2 + (x_2 - \mu)^2 + (x_3 - \mu)^2 + \cdots + (x_n - \mu)^2]}{N}}$$

(2) 樣本標準差(s)

$$s = \sqrt{\frac{\sum_{i=1}^{n}(x_i - \bar{x})^2}{n-1}} = \sqrt{\frac{[(x_1 - \bar{x})^2 + (x_2 - \bar{x})^2 + (x_3 - \bar{x})^2 + \cdots + (x_n - \bar{x})^2]}{n-1}}$$

 範例說明
4.11

請計算以下樣本的標準差：14, 15, 17, 20, 22, 25, 26, 29

$$\bar{x} = \left[\sum_{i=1}^{n} x_i\right] \div n = \frac{14 + 15 + 17 + 20 + 22 + 25 + 26 + 29}{8} = 21$$

$$s = \sqrt{\frac{\sum(x - \bar{x})^2}{n-1}} = \sqrt{\frac{[(x_1 - \bar{x})^2 + (x_2 - \bar{x})^2 + (x_3 - \bar{x})^2 + \cdots + (x_n - \bar{x})^2]}{n-1}}$$

$$= \sqrt{\frac{[(14-21)^2 + (15-21)^2 + (17-21)^2 + (20-21)^2 + (22-21)^2 + (25-21)^2 (26-21)^2 + (29-21)^2]}{8-1}}$$

$$= 5.45$$

End

(3) Excel 語法：STDEV.S(number1, [number2],...)

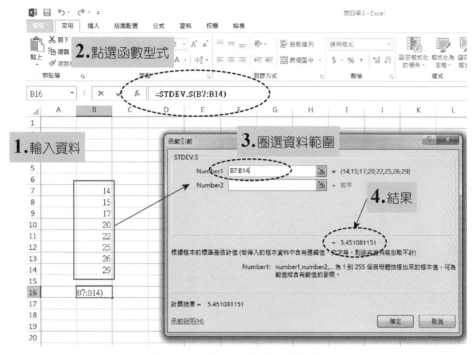

↘ 圖 4.13　Excel 函數：STDEV.S

　　上例將資料輸入試算表中，也可以直接輸入 STDEV.S(number1, [number2],...) 的括弧內，如下例：

STDEV.S(14,15,17,20,22,25,26,29)，數字之間以逗號分開。

　　如果要以 Excel 計算母體的標準差，可使用函數語法：STDEV.P(number1, [number2],...)。

(4) 母體變異數(σ^2)

$$\sigma^2 = \frac{\sum(x-\mu)^2}{N} = \frac{[(x_1-\mu)^2 + (x_2-\mu)^2 + (x_3-\mu)^2 + \cdots + (x_n-\mu)^2]}{N}$$

(5) 樣本變異數(s^2)

$$s^2 = \frac{\sum(x-\bar{x})^2}{n-1} = \frac{[(x_1-\bar{x})^2 + (x_2-\bar{x})^2 + (x_3-\bar{x})^2 + \cdots + (x_n-\bar{x})^2]}{n-1}$$

(6) Excel 語法：VAR.S(number1,[number2],...)

 4.12 　　　　　　　　　　　　　　　　　　　　　　　　　**範例說明**

請計算以下樣本的變異數：5, 8, 14, 17, 21, 25, 29

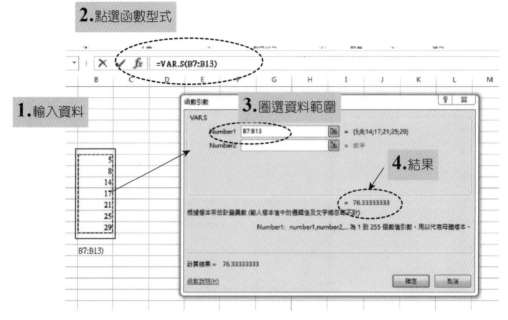

↘ 圖 4.14　Excel 函數：VAR.S

End

　　上例將資料輸入試算表中，也可以直接輸入 VAR.S(number1,[number2],...])的括弧內，如下例：

VAR.S(5,8,14,17,21,25,29)，數字間以逗號分開。

　　如果要以 Excel 計算母體的變異數，則可使用函數語法：VAR.P(number1, [number2],...)。

資料庫

補充

柴比雪夫不等式定理(Chebyshev's inequality)：19 世紀俄國的數學家柴比雪夫發現在任意的分配中，涵蓋固定標準差範圍內的樣本，最低的機率可以下列公式計算：

$$P(\mu - k\sigma < x < \mu + k\sigma) \geq 1 - \frac{1}{k^2}$$

（範例可參照本書第六章章末習題第 4 題）

4. 變異係數(coefficient of variation, CV)

變異係數(coefficient of variation, unitized risk or variation coefficient)為將機率分布(probability distribution)或是次數分布(frequency distribution)，所產生的分散程度(dispersion)予以標準化(normalization)的方法。變異係數的絕對值有時也稱為相對標準差(relative standard deviation, RSD)。

(1) 母體變異係數的計算公式如下：

$$CV = \frac{\sigma}{\mu} \times 100\%$$

(2) 樣本變異係數的計算公式如下：

$$CV = \frac{s}{\bar{x}} \times 100\%$$

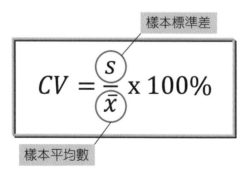

樣本標準差

$$CV = \frac{s}{\bar{x}} \times 100\%$$

樣本平均數

↘ 圖 4.15　變異係數計算圖示

4.13

請計算「範例 4.11」樣本的變異係數：14, 15, 17, 20, 22, 25, 26, 29

由「範例 4.11」之計算結果得知：

$$\bar{x} = 21$$

$$s = 5.45$$

所以樣本變異係數為

$$CV = \frac{s}{\bar{x}} \times 100\% = \frac{5.45}{21} \times 100\% = 25.95\%$$

End

4.3 峰度與偏態(Kurtosis and Skewness)

1. **峰度(kurtosis)：**機率分布圖中的高度(peakedness)測量，峰度值以 K 代表。與常態分布比較，分為常峰度(mesokurtic, $K=0$)、低峰度(platykurtic, $K<0$)和尖峰度(leptokurtic, $K>0$)。

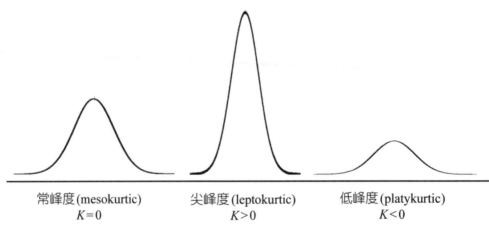

常峰度 (mesokurtic)	尖峰度 (leptokurtic)	低峰度 (platykurtic)
$K=0$	$K>0$	$K<0$

↘ 圖 4.16　各種不同的峰度

(1) 母體的峰度(kurtosis)公式如下：

有數種不同的定義公式，本書採用 Excel 的定義。當具有 n 個觀察值的樣本，其樣本峰度為：

$$Kurtosis = K = \left\{ \frac{n(n+1)}{(n-1)(n-2)(n-3)} \sum_{i=1}^{n} \left(\frac{x_i - \bar{x}}{s} \right)^4 \right\} - \frac{3(n-1)^2}{(n-2)(n-3)}$$

其中

n：樣本的觀察值總數；

x_1，$x_3 \dots x_n$：樣本所有的觀察值；

s：樣本的標準差。

(2) Excel 語法

KURT(number1, [number2],...)

範例說明

4.14

利用 Excel 計算下組數據的峰度：

(8, 8, 14, 17, 17, 17, 20, 28, 28, 37, 45)

 解答

KURT(8, 8, 14, 17, 17, 17, 20, 28, 28, 37, 45)

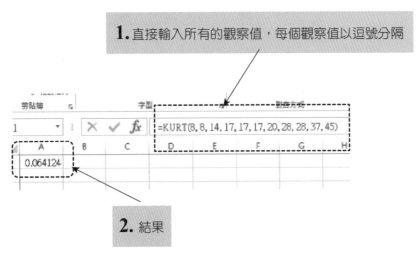

1. 直接輸入所有的觀察值，每個觀察值以逗號分隔

=KURT(8, 8, 14, 17, 17, 17, 20, 28, 28, 37, 45)

A
0.064124

2. 結果

↘ 圖 4.17　Excel 函數：KURT

End

2. **偏態(skewness, SK)**：機率分布中，圖形曲線傾向一邊的情況。分為正偏態（positive skew；也稱為右向偏斜，skewed to the right）、負偏態（negative skew；也稱為左向偏斜，skewed to the left）與無偏態(no skew)。

(1) 母體的偏態公式如下：

當具有 n 個觀察值的樣本，其樣本偏態公式為：

$$Skewness = SK = \left[\frac{n}{(n-1)(n-2)}\right]\sum_{i=1}^{n}(\frac{x_i - \bar{x}}{s})^3$$

(i) $SK=0$，無偏態；(ii) $SK<0$，負偏態；(iii) $SK>0$，正偏態。

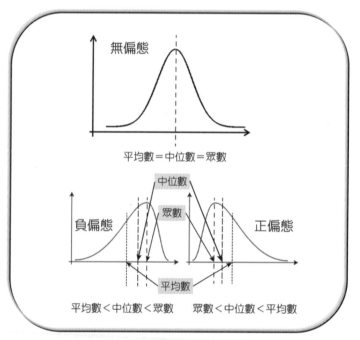

➘ 圖 4.18　偏態與集中量數的關係

(2) Excel 語法

SKEW(number1, [number2],...)

 範例說明

4.15

利用 Excel 計算下組數據的偏態：

(8, 8, 14, 17, 17, 17, 20, 28, 28, 37, 45)

解答

SKEW(8, 8, 14, 17, 17, 17, 20, 28, 28, 37, 45)

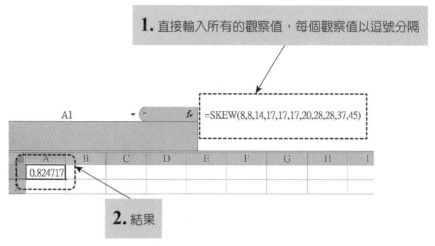

1. 直接輸入所有的觀察值，每個觀察值以逗號分隔

A1　　　　　　　　fx　=SKEW(8,8,14,17,17,17,20,28,28,37,45)

	A	B	C	D	E	F	G	H	I
	0.824717								

2. 結果

↘ 圖 4.19　Excel 函數：SKEW

因 *SK*=0.824717 大於 0，所以此組數據的偏態為正偏態。

 End

 4.4　如何使用 Excel 進行敘述性統計

我們可以利用 Excel 的資料分析工具，同時計算以下各種數值：

平均數，標準誤，中間值，眾數，標準差，變異數，峰度，偏態，範圍，最小值，最大值，總和，個數。

 範例說明

4.16

請利用 Excel 進行以下這組樣本的敘述性統計：8, 8, 14, 17, 17, 17, 20, 28, 28, 37, 45。

[操作步驟]

1. 將原始資料輸入 Excel 儲存格範圍，例如此範例將資料輸入儲存格位址 E3 至 E13 中。

2. 選取功能表中的【資料】。

3. 選取工具列右邊的【資料分析】，之後會出現【資料分析】視窗。

4. 從【資料分析】視窗選取【敘述統計】。

5. 按【確定】，此時會出現【敘述統計】視窗。

6. 從【敘述統計】視窗中的【輸入範圍】，圈選資料所在的範圍，如此範例的資料
   輸入範圍為 E3 至 E13。

7-9. 然後依次點選【逐欄】、【新工作表】、【統計摘要】。

10. 最後按【確定】，所呈現的資料會出現在新工作表中。

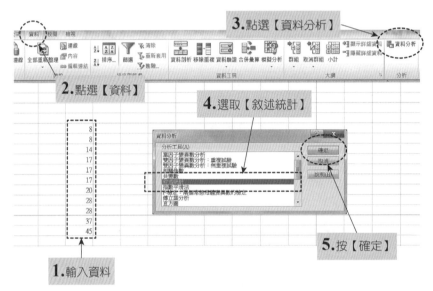

➘ 圖 4.20　Excel 統計功能：【敘述統計】(1)

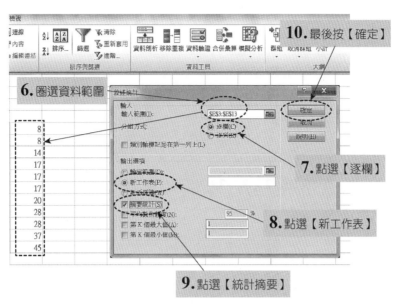

> 圖 4.21　Excel 統計功能：【敘述統計】(2)

結果如下：

	欄1
平均數	21.72727
標準誤	3.516431
中間值	17
眾數	17
標準差	11.66268
變異數	136.0182
峰度	0.064124
偏態	0.824717
範圍	37
最小值	8
最大值	45
總和	239
個數	11

> 圖 4.22　Excel 統計功能：【敘述統計】(3)

End

課後習題

1. 請計算下組樣本之平均數與標準差。

   2.5, 2.8, 3.1, 3.6

2. 請以筆算及 Excel 函數計算下組樣本之各項數值：

   (8, 15, 16, 17, 17, 17, 20, 20, 23, 35, 39, 42, 45, 46, 55, 58)

   (1) 樣本平均數($\bar{x}$)

   (2) 中位數(median, Me)

   (3) 眾數(mode, Mo)

   (4) 全距

   (5) 樣本標準差(s)

   (6) 樣本變異數(s^2)

   (7) 變異係數

   (8) 請利用平均數、中位數及眾數判斷此組資料的偏態(skewness, SK)。

3. 請以 Excel 函數計算上題樣本之各項四分位數（x_1（最小值）、Q_1、Q_2、Q_3 和 x_n
   （最大值）等五個數值）並計算四分位差(IQR or QD)。

4. 請以 Excel 之【資料分析】功能計算上述第 2.題樣本之各項數值：
   平均數、標準誤、中間值、眾數、標準差、變異數、峰度、偏態、範圍、最小
   值、最大值、總和、個數。

📑 [參考文獻]

1. Joanes, D. N. & Gill, C. A.(1998)Comparing measures of sample skewness and kurtosis. Journal of the Royal Statistical Society(Series D): The Statistician 47(1), 183–189.

2. Susan Dean, Barbara Illowsky "Descriptive Statistics: Skewness and the Mean, Median, and Mode", Connexions website

3. Measures of Skewness and Kurtosis". NIST. Retrieved 18 March 2012.

4. von Hippel, Paul T.(2005). "Mean, Median, and Skew: Correcting a Textbook Rule". Journal of Statistics Education 13(2).

5. Duncan Cramer(1997)Fundamental Statistics for Social Research. Routledge. ISBN13 9780415172042(p 85)

6. Kendall, M.G.; Stuart, A.(1969)The Advanced Theory of Statistics, Volume 1: Distribution Theory, 3rd Edition, Griffin. ISBN10 0-85264-141-9(Ex 12.9)

7. Wikipedia http://en.wikipedia.org/wiki/Main_Page

8. Broverman, Samuel A.(2001). Actex study manual, Course 1, Examination of the Society of Actuaries, Exam 1 of the Casualty Actuarial Society(2001 ed. ed.). Winsted, CT: Actex Publications. p. 104. ISBN 9781566983969.

基礎機率與臨床應用

Basic Probability and Clinical Applications

Chapter 05

學習目標 LEARNING OBJECTIVES

- 學習機率的基本運算法則
- 區別靈敏度與特異度的不同
- 瞭解相對風險比與勝算比的意涵
- 學習評估治療方法是否有效的統計指標
- 應用 ROC 曲線於疾病診斷

5.1 什麼是機率？

機率(probability, P)：一事件（event，以 E 代表）發生的可能性，以 P(E)代表；機率介於 0 與 1 之間，P(E)=0 代表此事件一定不會發生，P(E)=1 代表此事件一定會發生。

5.2 機率法則

1. **相乘法則(the multiplication rule)：**兩獨立事件 A 與 B 同時發生的機率，為 A 事件發生的機率 P(A)與 B 事件發生的機率 P(B)相乘，以 P(A and B) = P(A ∩ B) = P(A) × P(B)表示。此處兩獨立事件代表一個事件發生的機率，並不影響另一事件發生的機率。

2. **相加法則(the addition rule)：**
   (1) 兩互斥事件 A **或** B 發生的機率，為 A 事件發生的機率 P(A)與 B 事件發生的機率 P(B)相加，以 P(A or B) = P(A ∪ B) = P(A) + P(B)表示。此兩互斥事件也稱為 disjoint events 或 mutually exclusive events。此處兩互斥事件代表兩個事件不可能同時發生，有別於上述獨立事件之定義。（請參照下述文氏圖說明）
   (2) 兩非互斥事件(not mutually exclusive events)A 或 B 發生的機率，為 A 事件發生的機率 P(A)與 B 事件發生的機率 P(B)相加，並減掉兩事件同時發生的交集部分 P(A ∩ B)，以 P(A or B) = P(A ∪ B) = P(A) + P(B) − P(A ∩ B)表示。此種非互斥事件發生的機率法則，也稱為「General Addition Rule」。（請參照下述文氏圖說明）

3. **互補法則(the complement rule)：**E 事件與其互補事件 E^c 的機率總和為 1，即 $P(E)+P(E^c)=1$。（請參照下述文氏圖說明）

5.3 文氏圖(Venn Diagram)

西元 1881 年，英國的邏輯哲學家 John Venn (1834-1923)發展出一套事件機率發生的圖示，稱為文氏圖(Venn diagram)，可用來解釋上述之機率法則。圖示如下：

↘ 圖 5.1　統計學家 John Venn

1. 兩互斥事件

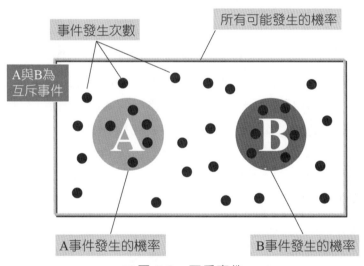

↘ 圖 5.2　互斥事件

　　上圖的黑點數目代表事件發生的次數，所以此例總發生次數為 30 次，A 事件共發生 5 次，所以 P(A)=5/30；而 B 事件共發生 6 次，所以 P(B)=6/30。因 A 與 B 事件為互斥事件，所以 A 或 B 事件發生的機率為 P(A or B) = P(A ∪ B) = P(A) + P(B) = (5/30) + (6/30) = (11/30)。

2. 兩非互斥事件

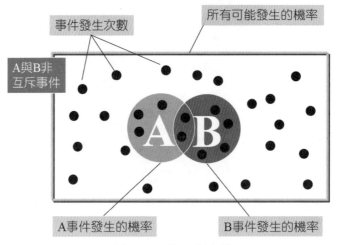

事件發生次數　　　　　　　所有可能發生的機率

A與B非
互斥事件

A事件發生的機率　　　　　　B事件發生的機率

↘ 圖 5.3　非互斥事件

　　因 A 與 B 事件為非互斥事件，代表兩事件同時發生之機率（交集處）被重複計算兩次，所以 A 或 B 事件發生的機率為$P(A \text{ or } B) = P(A \cup B) = P(A) + P(B) - P(A \cap B) = (5/30) + (6/30) - (2/30) = (9/30) = (3/10)$。 亦 可 表 示 為 $P(A \cap B) = P(A) + P(B) - 2 \times P(A) \times P(B) = (5/30) + (6/30) - 2 \times (5/30) \times (6/30) = (3/10)$，其中圖示的交集代表 2 起同時發生的事件，每起事件發生的機率為$P(A \cap B) = P(A) \times P(B)$。

3. 互補法則

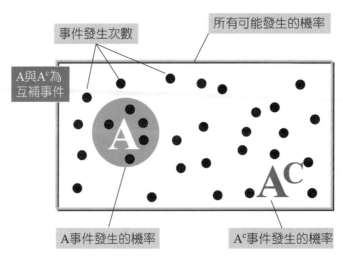

事件發生次數　　　　　　　所有可能發生的機率

A與A^c為
互補事件

A事件發生的機率　　　　　　A^c事件發生的機率

↘ 圖 5.4　互補事件

　　$P(A)$與$P(A^c)$為互補機率，亦即$P(A) + P(A^c) = 1$。

4. 條件機率

條件機率(conditional probability)指 A 事件在 B 事件發生的情況下，A 事件發生的機率，以 P(A | B) = P(A∩B)/P(B) 表示。以下圖為例，P(A | B) = P(A∩B)/P(B) = (2/30)/(6/30) = (1/3)。

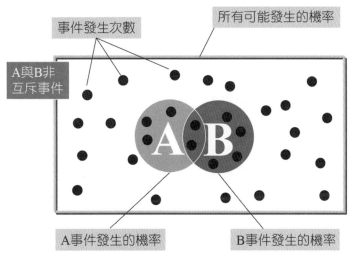

↘ 圖 5.5　條件機率

📈 表 5.1　機率公式總整理(Summary of probabilities)

事件 Event	機率公式 Probability
A 事件發生的機率	P(A) ∈ [0, 1]
B 事件發生的機率	P(B) ∈ [0, 1]
非 A 事件發生的機率	$P(A^c) = 1 - P(A)$，A^c 代表 A 事件的互補事件
A 或 B 事件發生的機率	如果 A 與 B 事件非為互斥事件：P(A or B) = P(A∪B) = P(A) + P(B) − P(A∩B)； 如果 A 與 B 事件為互斥事件：P(A or B) = P(A∪B) = P(A) + P(B)
A 和 B 事件同時發生的機率	如 A 和 B 非為互斥事件：P(A and B) = P(A∩B) = P(A | B) * P(B) = P(B | A) * P(A)； 如 A 和 B 為兩互斥事件：P(A and B) = P(A∩B) = P(A) * P(B)
在 B 的情況下，A 事件發生的機率	$P(A \mid B) = \dfrac{P(A \cap B)}{P(B)}$

5.1

相乘法則：

假設一枚硬幣有正、反兩面，請問同時擲兩枚公正之硬幣，出現(1)全部正面、(2)一正一反及(3)全部反面的機率各為何？

解答

因為出現正面或是反面的機率均為 1/2，所以

1. 全部正面的機率：P(A and B)=P(A∩B)=P(A)*P(B)

$$P(A \cap B) = \left(\frac{1}{2}\right)\left(\frac{1}{2}\right) = \frac{1}{4}$$

2. 一正一反的機率：P(A and B)=P(A∩B)=P(A)*P(B)

$$P(A \cap B) = \left(\frac{1}{2}\right)\left(\frac{1}{2}\right) = \frac{1}{4}$$

因一正一反有兩種可能性，即（第一枚正面、第二枚反面），或是（第一枚反面、第二枚正面），所以機率=$2\left(\frac{1}{2}\right)\left(\frac{1}{2}\right) = \frac{1}{2}$

3. 全部反面的機率：P(A and B)=P(A∩B)=P(A)* P(B)

$$P(A \cap B) = \left(\frac{1}{2}\right)\left(\frac{1}{2}\right) = \frac{1}{4}$$

End

5.2

相加法則：

假設擲一枚公正的骰子，請問出現 1 或 3 的機率為何？

因為骰子每一面出現的機率均為 1/6，所以

$$P(A \text{ or } B) = P(A \cup B) = P(A) + P(B) = \frac{1}{6} + \frac{1}{6} = \frac{2}{6} = \frac{1}{3}$$

End

範例說明

5.3

假設生理特徵為男孩或女孩的出生機率均相等,如果一婦女前後相隔一年生了兩胎,請問兩胎生理特徵均為女孩的機率為何?

解答

$$P(A \text{ and } B) = P(A \cap B) = P(A) * P(B) = \left(\frac{1}{2}\right)\left(\frac{1}{2}\right) = \frac{1}{4}$$

End

5.4　排列與組合的公式

以下為機率計算常用到的數學公式:

1. 階乘(factorial)

$$n! = n * (n-1) * (n-2) * \ldots * 3 * 2 * 1$$

 範例說明

5.4

7!

解答

$$7! = 7 * (7-1) * (7-2) * \ldots * 3 * 2 * 1 = 7 * 6 * 5 * 4 * 3 * 2 * 1 = 5040$$

End

2. 排列(permutation)

$$P(n, r) = \frac{n!}{(n-r)!}$$

P(6,3)

$$P(6,3) = \frac{6!}{(6-3)!} = \frac{6!}{3!} = \frac{6*5*4*3*2*1}{3*2*1} = 120$$

End

3. 組合(combination)

$$C(n,r) = \frac{n!}{r!\,(n-r)!}$$

C(6,3)

$$C(6,3) = \frac{6!}{3!\,(6-3)!} = \frac{6*5*4*3*2*1}{(3*2*1)(3*2*1)} = \frac{6*5*4}{3*2*1} = \frac{120}{6} = 20$$

End

　　愛滋病(AIDS)通常以多種藥物合併治療，稱為 highly active antiretroviral therapy（HAART，高效抗反轉錄病毒療法）。如果今天欲從非核苷反轉錄酶抑制劑(non-nucleoside reverse transcriptase inhibitor, NNRTI)、核苷反轉錄酶抑制劑(nucleoside reverse transcriptase inhibitor, NRTI)，以及蛋白質酶抑制劑(protease inhibitor)中各選取一個藥物來治療愛滋病。假設需同時服用這三種藥物，請問有幾種的藥物組合方式？

NNRTI: nevirapine, delavirdine, efavirenz, and rilpivirine（4 種）

NRTI: deoxythymidine, zidovudine, stavudine, didanosine, zalcitabine, abacavir, lamivudine, emtricitabine, and tenofovir（9 種）

PI: Lopinavir, Indinavir, Nelfinavir, Amprenavir and Ritonavir（5 種）

 解答

$4 * 9 * 5 = 180$

——— End

 5.8　　　　　　　　　　　　　　　　　　**範例說明**

同上題，如果從上述三類酶抑制劑中，各選取一種藥物，而且藥物服用的先後次序很重要，請問有幾種治療愛滋病的藥物組合方式？

 解答

$3! * 4 * 9 * 5 = 1080$

——— End

 5.9　　　　　　　　　　　　　　　　　　**範例說明**

大樂透頭獎中獎機率：

臺灣大樂透彩券是由購買者自 1 至 49 的號碼中，選擇六個不同的號碼下注；之後，在特定的日期由主辦單位在公開場合中，經機器隨機搖出六個頭獎號碼球及一個特別號，六個頭獎號碼球開出的順序不計。中獎方式如下：

獎項	中獎方式
頭獎	對中六個頭獎號碼
貳獎	對中六個頭獎號碼中之任五碼及特別號
參獎	對中六個頭獎號碼中之任五碼

獎項	中獎方式
肆獎	對中六個頭獎號碼中之任四碼及特別號
伍獎	對中六個頭獎號碼中之任四碼
陸獎	對中六個頭獎號碼中之任三碼及特別號
普獎	對中六個頭獎號碼中之任三碼

請問中頭獎、貳獎及參獎的機率分別為何？（參考自彩券主辦機構之官方網站）

 解答

1. 大樂透 49 選 6 的所有組合：

$$C(49,6) = \frac{49!}{6!\,(49-6)!} = 13983816$$

因頭獎需完全對中六個號碼，但不計順序，所以只有一種可能性行。計算如下：

$$C(6,6) = \frac{6!}{6!\,(6-6)!} = 1$$

所以中頭獎的機率為：

$$C(6,6) * \frac{1}{C(49,6)} = 1 * \frac{1}{13983816} = \frac{1}{13983816}$$

2. 因貳獎需對中六個頭獎號碼中的五個，但不計順序，再加上一個固定的特別號，所以其可能性行計算如下：

$$C(6,5) = \frac{6!}{5!\,(6-5)!} = 6$$

所以中貳獎的機率為：

$$C(6,5) * \frac{1}{C(49,6)} = 6 * \frac{1}{13983816} = \frac{6}{13983816} = \frac{1}{2330636}$$

3. 因參獎需對中六個頭獎號碼中的五個，但不計順序；換言之，六個號碼中五個，再加一個沒中的號碼，所以其可能性行計算如下：

$$C(6,5) * C(42,1) = \frac{6!}{5!\,(6-5)!} * \frac{42!}{1!\,(42-1)!} = 6 * 42 = 252$$

所以中參獎的機率為：

$$C(6,5) * C(42,1) * \frac{1}{C(49,6)} = 252 * \frac{1}{13983816} = \frac{252}{13983816}$$

End

5.5　機率的臨床應用

1. 靈敏度與特異度(sensitivity and specificity)

(1) 在臨床上靈敏度與特異度可分為臨床靈敏度與臨床特異度(clinical sensitivity and clinical specificity)：

　　臨床靈敏度(clinical sensitivity)：病人的陽性檢出率。亦即真正具有某種疾病的病人，被測試該疾病的檢驗方法，診斷出罹患這種疾病的比例。臨床靈敏度=真陽性率=真陽性／生病=A/(A+C)。臨床靈敏度也可稱為診斷靈敏度(diagnostic sensitivity)。

　　臨床特異度(clinical specificity)：健康的人的陰性檢出率。亦即不具有某種疾病的人，被測試該疾病的檢驗方法，診斷出沒有罹患這種疾病的比例。臨床特異度=真陰性率=真陰性／健康=D/(B+D)。臨床特異度也可稱為診斷特異度(diagnostic specificity)。

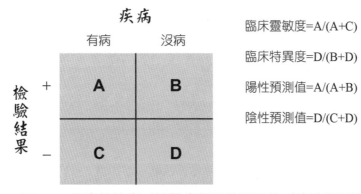

↘ 圖 5.6　臨床靈敏度／特異度與陽性預測值／陰性預測值

(2) 在品質保證(quality assurance, QA)上，靈敏度與特異度可分為分析靈敏度與分析特異度(analytical sensitivity and analytical specificity)：

分析靈敏度(analytical sensitivity)：可以偵測到受檢物最低量(lowest measurable amount)的程度。

分析特異度(analytical specificity)：不會產生偽陽性的程度，亦即不會與其他類似物產生交叉反應(cross reaction)的程度。

2. 預測值(predictive values)，可分為以下幾種：

(1) **Positive Predictive Value（PPV，陽性預測值）：**檢驗結果為陽性的人之中，真正罹病的機率。PPV =真陽性／陽性試驗結果=A/(A+B)。

(2) **Negative Predictive Value（NPV，陰性預測值）：**檢驗結果為陰性的人之中，沒有罹病的機率。NPV =真陰性／陰性試驗結果=D/(C+D)。

(3) **Likelihood Ratio（概似比／相似比）：**在實證醫學(evidence-based medicine, EBM)中，為一種臨床上評估檢驗方法或診斷方法是否準確的指標，或是作為某些檢驗方法是否具有診斷價值的判斷標準。分為：

① 陽性概似比：LR+ = Sensitivity/(1−Specificity)=真陽性率／偽陽性率 =Sensitivity/(1−Specificity)=[(A/A+C)]/[(B/B+D)]。意指檢驗結果為陽性時，受檢驗者真正罹病的陽性機率（真陽性率），與未罹患此病的陽性機率（偽陽性率，或稱假陽性率）之比例。簡言之，此比例代表檢驗結果為陽性的人，真正罹患此病的可能性。

② 陰性概似比：LR−=(1−Sensitivity)/Specificity=偽陰性率／真陰性率 =(1−Sensitivity)/Specificity=[(C/A+C)]/[(D/B+D)]。意指檢驗結果為陰性時，受檢驗者真正罹病的陰性機率（偽陰性率，或稱假陰性率），與未罹患此病的陰性機率（真陰性率）之比例。簡言之，此比例代表檢驗結果為陰性的人，真正罹患此病的可能性。

如果概似比>1（即>100%），代表罹病的可能性增加，數值越大，罹病的機率越高；反之，概似比<1（即<100%），代表罹病的可能性減少，數值越小，罹病的機率越低。此處的 Sensitivity 和 Specificity 分別是指臨床靈敏度與臨床特異度。

表 5.2　概似比所代表的臨床意義

概似比	臨床意義
>10	強烈的證據顯示罹患疾病的可能性
5–10	中等程度的證據顯示罹患疾病的可能性

表 5.2　概似比所代表的臨床意義（續）

概似比	臨床意義
2–5	微弱的證據顯示罹患疾病的可能性
0.5–2.0	概似比沒有顯著性的改變
0.2–0.5	微弱的證據排除罹患疾病的可能性
0.1–0.2	中等程度的證據排除罹患疾病的可能性
<0.1	強烈的的證據排除罹患疾病的可能性

3. 精密度與準確度(precision and accuracy)

(1) Precision（精密度）：資料再現性(reproducibility)的程度。

(2) Accuracy（準確度）：資料接近真實值(true value)的程度。

下圖中的靶心當作真實值，黑點代表檢驗的結果（即觀察值）：

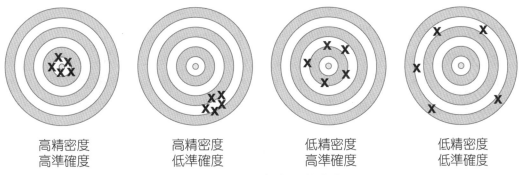

| 高精密度
高準確度 | 高精密度
低準確度 | 低精密度
高準確度 | 低精密度
低準確度 |

▶ 圖 5.7　精密度與準確度

5.10　　　　　　　　　　　　　　　　　　　　　　　　　範例說明

類風濕性關節炎(rheumatoid arthritis, RA)為一種常見的自體免疫性疾病(autoimmune disease)，通常以類風濕因子(rheumatoid factor, RF)當作診斷的一項標準，但是該檢驗並非十分準確，常會忽略掉一種稱為「血清反應陰性」的類風濕性關節炎。因此，在 1970 年代科學家發展出另一套稱為「抗含瓜胺酸蛋白質抗體」(anti-citrullinated protein antibodies; ACPA or Anti-CCP)的血清測試，並且在

	疾病	
	RA病人	非RA病人
檢驗結果　+	64	12
檢驗結果　−	21	200

2007 年的臨床報告指出，ACPA 試驗具有較高的臨床靈敏度(69.6%~77.5%)與特異度(87.8%~96.4%)。在一項含 297 個病人血清檢體的 ACPA 試驗中，其中依據 Classification Criteria for Rheumatic Diseases (ACR criteria)有 85 人確診為 RA，其餘 212 人為非 RA 病人，經 ACPA 試驗後，得到以下的實驗數據：

請分別計算其臨床靈敏度、臨床特異度、陽性預測值、陰性預測值、陽性概似比及陰性概似比。

解答

臨床靈敏度=A/(A+C)=64/(64+21)=0.7529=75.29%

臨床特異度=D/(B+D)=200/(12+200)=0.9434=94.34%

陽性預測值=A/(A+B)=64/(64+12)=0.8421=84.21%

陰性預測值=D/(C+D)=200/(21+200)=0.9050=90.50%

陽性概似比：LR+ = Sensitivity/(1−Specificity)=0.7529/(1−0.9434)=0.7529/0.0566=13.3021=1330.21%。此結果表示，在檢驗結果為陽性時，受檢驗者真正罹病的陽性機率，是未罹患此病的陽性機率的 13.3021 倍。

陰性概似比：LR− = (1−Sensitivity)/ Specificity=(1−0.7529)/0.9434=0.2471/0.9434=0.2619=26.19%。此結果表示，在檢驗結果為陰性時，受檢驗者真正罹病的陰性機率，是未罹患此病的陰性機率的 0.2619 倍。

End

4. 相對風險比與勝算比(relative risk and odds ratio)

用來評估暴露風險與致病性之間的相關性。有下列兩種主要的分析方法：

(1) 相對風險比 (relative risk, RR)： [A/(A+B)]/[C/(C+D)]。通常用於 Cohort Study（世代研究）中，評估罹患某些疾病的可能危險因子(risk factors)。

Cohort Study
疾病

		有病	沒病
暴露因子	有	A	B
	沒有	C	D

$$RR = \dfrac{\dfrac{A}{(A+B)}}{\dfrac{C}{(C+D)}}$$

↘ 圖 5.8 相對風險比

5.11

　　居住在某核電廠附近的民眾宣稱，自從核電廠運轉 10 年以來，附近居民罹癌的比率增加。為了驗證居民所說，統計學家調查 10 年來核電廠 200 公尺內居民罹癌的情形與距核電廠 10 公里外的居民罹癌的情形相比較。資料如下：

	罹癌	沒罹癌	總和
近核電廠	13	345	358
遠離核電廠	15	986	1001
總和	28	1331	1359

請計算其相對風險比。

$$RR = \frac{\dfrac{A}{(A+B)}}{\dfrac{C}{(C+D)}} = \frac{\dfrac{13}{(13+345)}}{\dfrac{15}{(15+986)}} = \frac{0.03631}{0.01499} = 2.422$$

　　結論：核電廠 200 公尺內居民的罹癌率比核電廠 10 公里外的居民高 2.422 倍。

End

5.12

　　民間傳聞某種草藥 X 可以預防感冒的發生。今在感冒流行季節召募 200 名志願者分成 2 組，每組各一百名，一組給予適量草藥 X 服用，另一組則服用安慰劑。經三個月試驗後，統計各組在這段期間感冒的人數，資料如下。

	感冒	沒感冒	總和
草藥 X	5	95	100
安慰劑	12	88	100
總和	17	183	100

請計算相對風險比。

$$RR = \frac{\dfrac{A}{(A+B)}}{\dfrac{C}{(C+D)}} = \frac{\dfrac{5}{(5+95)}}{\dfrac{12}{(12+88)}} = \frac{5}{12} = 0.4167$$

結論：服用草藥 X 得到感冒的機率，為服用安慰劑的 0.4167 倍；亦即草藥 X 具有預防感冒的效用。

End

(2) **勝算比(odds ratio, OR)：** [A/B]/[C/D]。通常用於 Case-Control Study（病例對照研究）中，以評估罹患某些罕見疾病的危險因子(risk factors)為何，因在此情況下，A≪B 且 C≪D，所以相對風險比(relative risk)會趨近於勝算比(odds ratio)。

請分別計算[範例 5.11]及[範例 5.12]的勝算比。

[範例 5.11] 的勝算比：

$$OR = \frac{\dfrac{A}{B}}{\dfrac{C}{D}} = \frac{\dfrac{13}{345}}{\dfrac{15}{986}} = \frac{0.03768}{0.01521} = 2.477$$

Case-Control Study
疾病

↘ 圖 5.9　勝算比

結論：居住在核電廠附近的民眾，其罹癌機率比遠離核電廠的民眾，高 2.477 倍。

[範例 5.12] 的勝算比：

解答

$$OR = \frac{\dfrac{A}{B}}{\dfrac{C}{D}} = \frac{\dfrac{5}{95}}{\dfrac{12}{88}} = \frac{0.052632}{0.136364} = 0.386$$

結論：服用草藥 X 得到感冒的機率，為服用安慰劑的 0.386 倍；亦即草藥 X 具有預防感冒的效用。

(3) 相對風險比與勝算比的臨床意義

 表 5.3

比值	臨床意義
> 1	疾病的危險因子
= 1	與疾病無關
< 1	疾病的保護因子

5.6 臨床上的療效量測指標

　　臨床上，常用來評估治療方法是否有效的統計指標，主要有相對風險差 (relative risk reduction, RRR)、絕對風險差(absolute risk reduction, ARR)和需治療人數(the number needed to treat, NNT)等三種。除了疾病療效的研究外，也可以用於疾病預防的相關研究。如今欲評估某治療方法是否有效，假設實驗組（暴露組、藥物治療組）與對照組（非暴露組、安慰劑組）不良事件（疾病、陽性結果）的發生情形如下：

	不良事件 （疾病）（陽性結果）	非不良事件 （非疾病）（陰性結果）	總和
實驗組 （暴露組）（藥物治療組）	A	B	A+B
對照組 （非暴露組）（安慰劑組）	C	D	C+D
總和	A+C	B+D	A+B+C+D

　　各個指標的計算公式如下：

1. 實驗組不良事件發生率(experimental event rate, EER)：EER= A/(A+B)。

2. 對照組不良事件發生率(control event rate, CER)：CER= C/(C+D)。

3. 絕對風險差(absolute risk reduction, ARR)：|CER−EER|。

4. 相對風險差(relative risk reduction, RRR)：|CER−EER|/CER。

5. 相對風險比(relative risk, RR)：EER/CER= [A/(A+B)]/[C/(C+D)]。

6. 需治療人數(number needed to treatment, NNT)：1/ARR，亦即需要治療多少個病人，才可以見到療效。

其中絕對風險差（absolute risk reduction, ARR；或稱為「絕對風險下降率」），為實驗組事件發生率(experimental event rate, EER)與對照組事件發生率(control event rate, CER)之差異的絕對值，主要用來比較兩種治療結果的差異性，所以也稱為 risk difference 或是 excess risk。

範例說明

假設要評估某藥物對於治療某疾病的療效，將病人分為藥物治療的實驗組，與給予安慰劑(placebo)的對照組。經治療一段時間後，其結果如下：

	疾病結果		合計
	陽性	陰性	
實驗組	15(A)	85(B)	100
對照組	40(C)	60(D)	100
合計	55	145	200

1. 實驗組不良事件發生率(experimental event rate, EER)：EER= A/(A+B)= 15/(15+85)=0.15，代表藥物治療後的罹病率。

2. 對照組不良事件發生率(control event rate, CER)：CER= C/(C+D)= 40/(40+60)=0.4，代表接受安慰劑後的罹病率。

3. 絕對風險差(absolute risk reduction, ARR)：|CER−EER|=|0.4−0.15|=0.25。

4. 相對風險差(relative risk reduction, RRR)：|CER−EER|/CER=|0.4−0.15|/0.4=0.625，代表藥物治療比給予安慰劑可減少 62.5%的罹病風險。

5. 相對風險比(relative risk, RR)：EER/CER= [A/(A+B)]/[C/(C+D)]= [15/(15+85)]/[40/(40+60)]=0.15/0.4=0.375。

6. 需治療人數(number needed to treatment, NNT)：1/ARR=1/0.25=4，代表每四個接受治療的病人，有一個可以避免罹病。

End

補充

1. 可歸因風險比(attributable risk or risk difference, AR)：在實驗組（暴露組）與對照組（非暴露組）疾病發生率(incidence rate)的差異，為計算絕對風險比的方法之一。

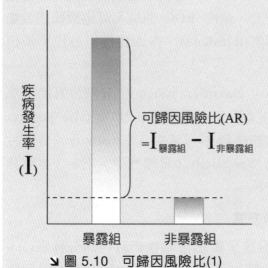

	有病	沒病	總和
暴露組	A	B	A+B
非暴露組	C	D	C+D
總和	A+C	B+D	A+B+C+D

↘ 圖 5.10 可歸因風險比(1)

可歸因風險比 $AR = I_{暴露組} - I_{非暴露組}$
$= [A/(A+B)] - [C/(C+D)]$

↘ 圖 5.11 可歸因風險比(2)

2. 族群相差危險比(population attributable risk, PAR)：評估在所有被研究群體中，暴露因子中可歸因於造成疾病的超出率(excess rate)，通常以 Case-Control Study 的研究方式進行。

	有病	沒病	總和
暴露組	A	B	A+B
非暴露組	C	D	C+D
總和	A+C	B+D	A+B+C+D

族群相差危險比 $PAR = \dfrac{[(B/(B+D))(OR\text{-}1)]}{\left[\left(\left(\dfrac{B}{B+D}\right)(OR\text{-}1)\right)+1\right]}$

$OR = 勝算比 = [A/C]/[B/D]$

↘ 圖 5.12 族群相差危險比

5.7 ROC 曲線(Receiver Operator Characteristic (ROC) Curve)

二次大戰期間，電子和雷達工程師為偵測戰場中的敵人目標，發展出 ROC 曲線(receiver operator characteristic curve, ROC curve)。之後，便被廣泛應用於心理學、醫學、放射學…等其他領域上。在醫學上，藉由 ROC 曲線可訂定檢驗或診斷結果陽性與陰性的分界點(cut-point)或是閾值(threshold)，亦即能找出最佳診斷值(optimal diagnostic point)。

ROC 曲線是一種二元的歸類系統(binary classifier system)，分別將真陽性率(TPR = true positive rate, Sensitivity)置於 Y 軸，而偽陽性率(FPR = false positive rate, 1-Specificity)則放在 X 軸，所繪製的關係圖形。其中，Sensitivity（真陽性率）即為上述 5.5 節所指的臨床靈敏度；而 Specificity（真陰性率）則為上述所指的臨床特異度，1-Specificity 即稱為偽陽性率。

1. 45°參考線 ROC 曲線在臨床檢驗上的判斷方式

在醫學上，藉由 ROC 曲線可訂定檢驗或診斷結果陽性與陰性的分界點(cut-point)或是閾值(threshold)。當判斷檢驗或診斷方法的優劣時，會以圖形的對角線（即 45°線）當作參考線。曲線越靠近左上角，代表這個方法對於疾病的診斷，有較高的靈敏度與較低的偽陽性。相反的，曲線越接近參考線，或是遠離參考線往右下角，代表這個方法對於疾病的診斷沒有鑑別度。

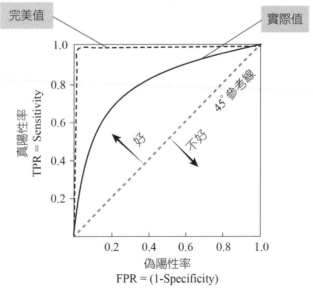

↘ 圖 5.13　ROC 曲線臨床檢驗的判斷方式(1)

2. AUC（曲線下面積，area under curve）

　　另一個評估 ROC 曲線的方法，則是利用曲線底下的面積大小，稱為 AUC（area under curve，曲線下面積），越接近 1，代表這個方法越完美；當曲線剛好位於對角的參考線上時，即 AUC=0.5，代表這個方法沒有鑑別度。通常以 AUC≧0.7 當作可接受的標準。

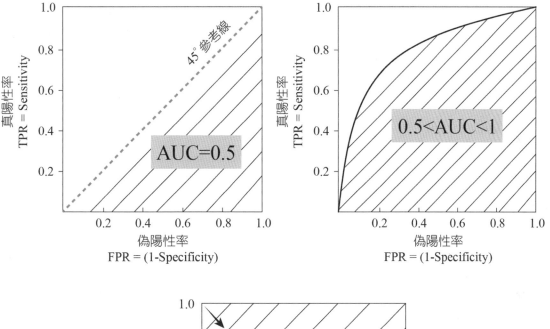

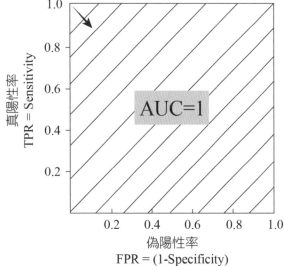

↘ 圖 5.14　ROC 曲線臨床檢驗的判斷方式(2)

表 5.4　ROC 曲線下的面積 AUC (Area Under Curve)來評估檢驗或是診斷方法的優劣

AUC 值	鑑別度
AUC<0.5	劣於隨機預測
AUC=0.5	沒有鑑別度(no discrimination)，如同隨機預測
0.7≦AUC<0.8	可接受的鑑別度(acceptable discrimination)
0.8≦AUC< 0.9	優良的鑑別度(excellent discrimination)
AUC≧0.9	傑出的鑑別度(outstanding discrimination)

(Provided by Hosmer and Lemeshow)

3. Youden's index

在 1950 年，科學家 W. Youden 提出 Youden's index，用於決定疾病診斷方法的最佳切點。Youden's index 定義為(J=Sensitivity+Specificity−1)，此值位於 0 至 1 之間，對偽陽性(false positive)及偽陰性(false negative)均給與相同的比重，因此其最大值可被當作疾病診斷方法的最佳切點，即上述之分界點(cut-point)或是閾值(threshold)。

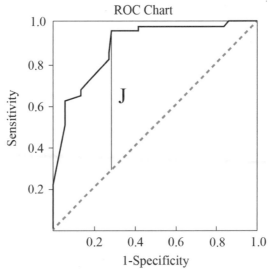

↘ 圖 5. 15　ROC 曲線臨床檢驗的判斷方式(3)

（取材自 Wikipedia，作者 Kognos）

課後習題

1. 研究 A、B 兩種藥物的毒理試驗發現，其對老鼠的致死率分別為 0.65 及 0.75。
   今有 A、B 兩隻同種的老鼠分別以 A、B 兩種藥物餵食，經餵食後，請問以下之
   機率：
   (1) 兩隻老鼠均死亡
   (2) 兩隻老鼠均存活
   (3) 只有 A 老鼠存活
   (4) 只有 B 老鼠存活
   (5) 至少有一隻老鼠存活
   (6) 至少有一隻老鼠死亡

2. 臺灣威力彩之選號分為兩區，購買者自第一區的 1 至 38 的號碼中，選擇六個不
   同的號碼下注，再自第二區的 1 至 8 的號碼中，選擇一個號碼下注；對獎方式
   則由主辦單位經由公平、公開與公正的方式，首先從 1 至 38 的號碼隨機開出六
   個頭獎號碼，然後再從 1 至 8 的號碼隨機開出 1 個號碼，六個頭獎號碼開出的
   順序不計。中獎方式如下：

獎項	中獎方式
頭獎	第 1 區六個獎號全中，且第 2 區亦對中獎號
貳獎	第 1 區六個獎號全中，且第 2 區未對中
參獎	第 1 區對中任五個獎號，且第 2 區亦對中獎號
肆獎	第 1 區對中任五個獎號，且第 2 區未對中
伍獎	第 1 區對中任四個獎號，且第 2 區亦對中獎號
陸獎	第 1 區對中任四個獎號，且第 2 區未對中
柒獎	第 1 區對中任三個獎號，且第 2 區亦對中獎號
捌獎	第 1 區對中任二個獎號，且第 2 區亦對中獎號
普獎	第 1 區對中任一個獎號，且第 2 區亦對中獎號

   請問中頭獎的機率為何？（參考自彩券主辦機構之官方網站）

3. 過去大腸直腸癌(colorectal cancer)較常發生於年紀 40 歲以上之年長者，但近年
   來生活飲食習慣的改變，已經有年輕化的趨勢。假設今有科學家發現血液中某

特定蛋白質 X 的濃度與大腸直腸癌有很密切的關係，因此研發出血液診斷的方法並進行臨床試驗，同時所有受試者均經內視鏡（及病理切片）確診是否罹患大腸直腸癌。以下為試驗的結果：

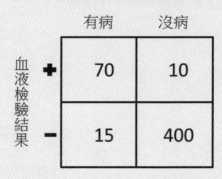

內視鏡(及病理切片)確診

請分別計算此種檢驗方法的臨床靈敏度、臨床特異度、陽性預測值、陰性預測值、陽性概似比及陰性概似比。

4. 過去曾有食品公司為節省成本，使用塑化劑(plasticizer)取代棕櫚油製成的起雲劑，今有學者研究長期暴露在塑化劑的婦女與乳癌罹患率之間的關係，研究數據如下：

乳癌診斷結果

	有病	沒病
塑化劑長期暴露情形 有	51	12
沒有	15	150

請計算其相對風險比(relative risk)。

5. 今有藥廠宣稱研發成功新一代的抗生素，其治療因感染金黃色葡萄球菌(*Staphylococcus aureus*)造成之心內膜炎(endocarditis)的效果，比傳統抗生素治療為好，其臨床試驗結果如下：

	傳統抗生素	新藥
死亡	152	17
存活	248	103

病人存活結果

請計算其勝算比(odds ratio)。

[參考文獻]

1. Statistics review: Receiver operating characteristic curves Viv Bewick1, Liz Cheek and Jonathan Ball. Critical Care 2004, 8:508-512.

2. Swets, John A.; Signal detection theory and ROC analysis in psychology and diagnostics : collected papers, Lawrence Erlbaum Associates, Mahwah, NJ, 1996

3. Fogarty, James; Baker, Ryan S.; Hudson, Scott E.(2005). "Case studies in the use of ROC curve analysis for sensor-based estimates in human computer interaction". ACM International Conference Proceeding Series, Proceedings of Graphics Interface 2005. Waterloo, ON: Canadian Human-Computer Communications Society.

4. Hand, David J.; and Till, Robert J.(2001); A simple generalization of the area under the ROC curve for multiple class classification problems, Machine Learning, 45, 171–186.

5. Gonen M, Heller G(2005)Concordance probability and discriminatory power in proportional hazards regression. Biometrika 92:965–970.

6. Hanley, James A.; McNeil, Barbara J.(1982). "The Meaning and Use of the Area under a Receiver Operating Characteristic(ROC)Curve". Radiology 143(1): 29–36.

7. Hanczar, Blaise; Hua, Jianping; Sima, Chao; Weinstein, John; Bittner, Michael; and Dougherty, Edward R.(2010); Small-sample precision of ROC-related estimates, Bioinformatics 26(6): 822–830.

8. Provost, F.; Fawcett, T.(2001). "Robust classification for imprecise environments.". Machine Learning, 44: 203–231.

9. LaValley MP(2008)Logistic Regression. Circulation 117: 2395-2399.

10. Fawcett, Tom(2006); An introduction to ROC analysis, Pattern Recognition Letters, 27, 861–874.

11. Evidence-Based Medicine：How to Practice and Teach EBM, 2005.

12. Mason, Simon J.; Graham, Nicholas E.(2002). "Areas beneath the relative operating characteristics(ROC)and relative operating levels(ROL)curves: Statistical significance and interpretation". Quarterly Journal of the Royal Meteorological Society(128): 2145–2166.

13. Hastie, Trevor; Tibshirani, Robert; Friedman, Jerome H.(2009). The elements of statistical learning: data mining, inference, and prediction(2nd ed.).

14. Heagerty PJ, Zheng Y(2005)Survival model predictive accuracy and ROC curves. Biometrics 61:92–105.

15. Gardner, M.; Altman, Douglas G.(2000). Statistics with confidence: confidence intervals and statistical guidelines. London: BMJ Books. ISBN 0-7279-1375-1.

16. Harrell F, Califf R, Pryor D, Lee K, Rosati R(1982). "Evaluating the Yield of Medical Tests". JAMA 247(18): 2543–2546.

17. Reid MC, Lane DA, Feinstein AR(1998). "Academic calculations versus clinical judgments: practicing physicians' use of quantitative measures of test accuracy". Am. J. Med. 104(4): 374–80.

18. Steurer J, Fischer JE, Bachmann LM, Koller M, ter Riet G(2002). "Communicating accuracy of tests to general practitioners: a controlled study". BMJ 324(7341): 824–6.

19. D.W. Hosmer and S. Lemeshow(2000). Applied Logistic Regression. 2nd ed. John Wiley & Sons, Inc. Pp. 156-164.

20. A. Agresti(2002). Categorical Data Analysis. 2nd ed. John Wiley & Sons, Inc. Pp.228-230.

21. Coenen D, Verschueren P, Westhovens R, Bossuyt X(March 2007). "Technical and diagnostic performance of 6 assays for the measurement of citrullinated protein/peptide antibodies in the diagnosis of rheumatoid arthritis". Clin. Chem. 53(3): 498–504.

22. Venn, J.(1880). "I.On the diagrammatic and mechanical representation of propositions and reasonings". Philosophical Magazine Series 5 10(59): 1–0.

23. Anon(1926). "Obituary Notices of Fellows Deceased: Rudolph Messel, Frederick Thomas Trouton, John Venn, John Young Buchanan, Oliver Heaviside, Andrew Gray". Proceedings of the Royal Society A: Mathematical, Physical and Engineering Sciences 110(756): i - v.

24. Puhan MA, Steurer J, Bachmann LM, ter Riet G(2005). "A randomized trial of ways to describe test accuracy: the effect on physicians' post-test probability estimates". Ann. Intern. Med. 143(3): 184–9.

25. Lobo, Jorge M.; Jiménez-Valverde, Alberto; and Real, Raimundo(2008), AUC: a misleading measure of the performance of predictive distribution models, Global Ecology and Biogeography, 17: 145–151.

26. "Repairing concavities in ROC curves.". 19th International Joint Conference on Artificial Intelligence(IJCAI'05),. 2005. pp. 702–707.

27. Curtin F, Morabia A, Pichard C, Slosman DO. Body mass index compared to dual-energy x-ray absorptiometry: evidence for a spectrum bias. J Clin Epidemiol, Jul 1997;50(7):837-43.

28. Chambless LE, Diao G(2006)Estimation of time-dependent area under the ROC curve for long-term risk prediction. Stat Med 25:3474 –3486.

29. Bewick V, Cheek L, Ball J: Statistics review 8: Qualitative data –tests of association. Crit Care 2004, 8:46-53.

30. Aletaha D, Neogi T, Silman AJ, et al.(September 2010). "2010 rheumatoid arthritis classification criteria: an American College of Rheumatology/European League Against Rheumatism collaborative initiative". Ann. Rheum. Dis. 69(9): 1580–8.

31. Young BJ, Mallya RK, Leslie RD, Clark CJ, Hamblin TJ(July 1979). "Anti-keratin antibodies in rheumatoid arthritis". Br Med J 2(6182): 97–9.

32. Petrie A, Sabin C: Medical Statistics at a Glance. Oxford, UK:Blackwell; 2000.

33. Whitley E, Ball J: Statistics review 6: Nonparametric methods. Crit Care 2002, 6:509-513.

34. Henning J, Pfeiffer DU, Vule T. Risk factors and characteristics of H5N1 Highly Pathogenic Avian Influenza(HPAI)post-vaccination outbreaks. Veterinary Research 2009;40:15.

35. Etter JF. Dependence on the nicotine gum in former smokers. Addictive Behaviors 2009;34:246-51.

36. Natarajan S, Santa Ana EJ, Liao Y, Lipsitz SR, McGee DL. Effect of treatment and adherence on ethnic differences in blood pressure control among adults with hypertension. Annals of Epidemiology 2009;19:172-9.

37. Nishimura K, Sugiyama D, Kogata Y, et al.(June 2007). "Meta-analysis: diagnostic accuracy of anti-cyclic citrullinated peptide antibody and rheumatoid factor for rheumatoid arthritis". Annals of Internal Medicine 146(11): 797–808.

38. Campbell M J, Machin D: Medical Statistics: A Commonsense Approach, 3rd edn. Chichester, UK: Wiley; 1999.

39. Hanley JA, McNeil BJ: A method of comparing the areas underreceiver operating characteristic curves derived from the same cases. Radiology 1983, 148:839-843.

40. Akobeng AK. Understanding diagnostic tests 3: Receiver operating characteristic curves. Acta Paediatr 2007; 96:644-647.

41. Zhou XH, McCl i sh DK, Obuchowski NA. Statistical Methods in Diagnostic Medicine. New York: John Wiley & Sons, Inc., 2002.

42. Friese CR, Neville BA, Edge SB, Hassett MJ, Earle CC. Breast biopsy patterns and outcomes in surveillance, epidemiology, and end results-Medicare data. Cancer 2009;115:716-24.

43. 「塑化劑接觸過多　罹患乳癌風險高 3.4 倍」　中時電子報　2014 年 07 月 20 日

44. Mary L. McHugh. The odds ratio: calculation, usage, and interpretation. Biochemia Medica 2009;19(2):120-6.

45. Youden, W.(1950). "Index for rating diagnostic tests". Cancer 3: 32–35.

46. Schisterman, E.F.; Perkins, N.J.; Liu, A.; Bondell, H.(2005). "Optimal cut-point and its corresponding Youden Index to discriminate individuals using pooled blood samples". Epidemiology 16: 73–81.

47. Powers, David M W(2007/2011). "Evaluation: From Precision, Recall and F-Score to ROC, Informedness, Markedness & Correlation". Journal of Machine Learning Technologies 2(1): 37–63.

48. Perruchet, P.; Peereman, R.(2004). "The exploitation of distributional information in syllable processing". J. Neurolinguistics 17: 97–119.

機率分布
Probability Distributions

Chapter **06**

學習目標 LEARNING OBJECTIVES

- 分辨連續型與離散型機率分布
- 瞭解常態分布與標準化過程
- 學習各項機率分布的臨界值查表方式

6.1　連續型機率分布與離散型機率分布

依照資料的形態，機率分布可以分成連續型機率分布（continuous probability distribution；其中的「分布」(distribution)亦有稱為「分佈」或「分配」），如常態分布 (normal distribution)、t 分布 (t-distribution)、卡方分布 (Chi-square distribution)、F 分布 (F-distribution) 等；另一類為離散型機率分布 (discrete probability distribution)，如二項分布(binomial probability distribution)、卜瓦松分布 (Poisson distribution)等。以下將分別介紹這些不同類型的機率分布：

6.2　常態分布與標準化(Normal Distribution and Normalization)

常態分布（normal distribution，或稱常態分佈、常態分配）由德國的數學暨物理學家 Carl Friedrich Gauss 於西元 1809 年發表，所以又稱為高斯分布(Gaussian distribution)，為一種很常用的連續型機率分布(continuous probability distribution)。

↘ 圖 6.1　統計學家 Carl Friedrich Gauss

常態分布的機率分布函數(probability density function)表示如下：

$$f(x) = \frac{1}{\sigma\sqrt{2\pi}}\left[e^{(-\frac{(x-\mu)^2}{2\sigma^2})}\right]$$

常態分布以 X~N(μ, σ^2)表示，其中母體平均數為 μ，標準差為 σ。

- 常態分布為左右對稱之鐘型曲線
- 曲線下之面積定義為1（即100%）
- 又稱為高斯分布

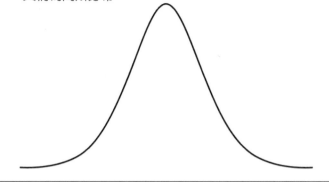

$$f(x) = \frac{1}{\sigma\sqrt{2\pi}}\left[e^{\left(-\frac{(x-\mu)^2}{2\sigma^2}\right)}\right]$$

↘ 圖 6.2　常態分布圖及機率分布函數

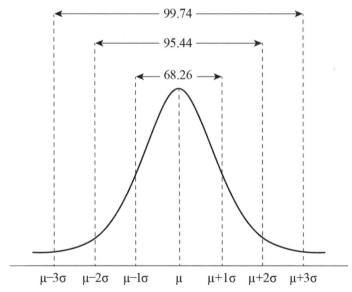

↘ 圖 6.3　常態分布圖的機率（面積）與平均數及標準差的關係

常態分布具有以下之特徵：

- 鐘型曲線(bell-shaped curve)

- 左右對稱

- 隨機變項(random variable)的分布

- 曲線下之面積（機率）定義為 1（即 100%）。

- 常態分布的標準化，就是將母體的平均數歸零(μ = 0)，並以母體的標準差當作計算單位(σ = 1)。變項 χ（亦即為觀察值）經標準化後所得到的數值，稱為標準化分數，簡稱 Z 值或 Z 分數，計算如下：

$$Z = \frac{x - \mu}{\sigma}$$

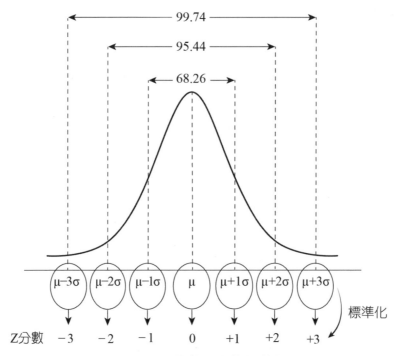

↘ 圖 6.4　常態分布的標準化

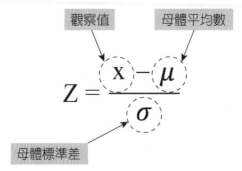

↘ 圖 6.5　常態分布標準化的公式

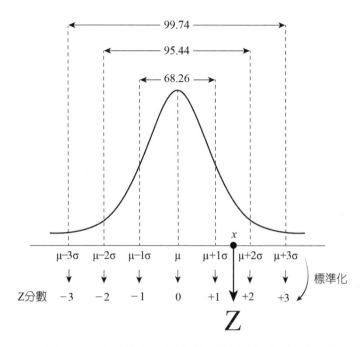

↘ 圖 6.6　常態分布標準化觀察值與 Z 分數的關係

1. 常態分布與盒狀圖

常態分布曲線下的機率分布與盒狀圖之間的關係如下：

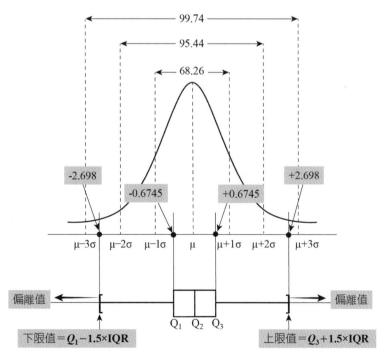

↘ 圖 6.7　常態分布機率與盒狀圖之間的關係

其中常態分布中間 50%的機率（即介於 μ±0.6745σ 之間的面積），等同於盒狀圖中的四分位差(IQR)，所以

$$Q_1 = \mu - 0.6745\sigma$$

$$Q_3 = \mu + 0.6745\sigma$$

另外，

下限值(lower fence)= $Q_1 - 1.5 \times IQR = \mu - 2.698\sigma$

上限值(upper fence)= $Q_3 + 1.5 \times IQR = \mu + 2.698\sigma$

2. Z 值與曲線下的面積-臨界值(critical value)查表

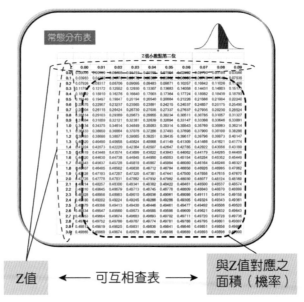

↘ 圖 6.8　常態分布的臨界值查表方法(1)

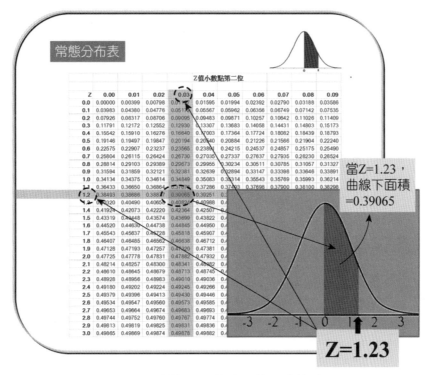

↘ 圖 6.9　常態分布的臨界值查表方法(2)

3. Excel 與臨界值查表

Excel 語法：

當使用 Excel 軟體查不同 Z 值下的面積（機率），或是由面積（機率）查相對應的 Z 值，所用的語法如下：

(1) NORM.S.DIST（z，累加）

其中的累加 (Cumulative) 為邏輯值，如果是 TRUE（或是輸入 1），則會傳回累加分布函數。以上題為例，當 Z=1.23 時，則回傳的數值為 Z=1.23 至 Z 無限小（左邊）之間的機率，即 0.5+0.390651448。

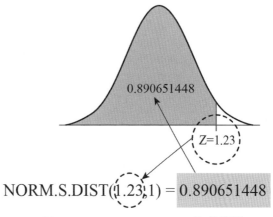

↘ 圖 6.10　NORM.S.DIST 函數語法

NORM.S.DIST(1.23,1)= 0.890651448(=0.5+0.390651448)

(2) NORM.S.INV（機率）

當輸入曲線下的面積（機率）時，會獲得相對應的 Z 值。

$$NORM.S.INV(0.890651448)=1.23$$

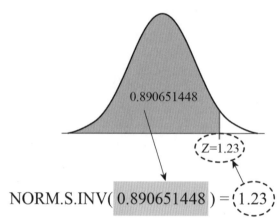

$$NORM.S.INV(\boxed{0.890651448}) = (\mathbf{1.23})$$

↘ 圖 6.11　NORM.S.INV 函數語法

6.1　　　　　　　　　　　　　　　　　　　　　　　　　　　**範例說明**

請計算以下 Z 值所對應的面積（機率）。

1. $0 \leq Z \leq 1.76$　　　　　2. $1.76 \leq Z$　　　　　3. $0.56 \leq Z \leq 1.77$

4. $-2.05 \leq Z \leq 0$　　　　5. $-1.15 \leq Z \leq +1.15$　　6. $-0.93 \leq Z \leq +0.55$

7. $-1.14 \leq Z \leq -0.38$　　8. $Z \leq -1.14$

 解答

1. $0 \leq Z \leq 1.76$，面積（機率）$=P(0 \leq Z \leq 1.76)=0.4608$

2. $1.76 \leq Z$，面積（機率）$=P(1.76 \leq Z)=0.5-0.4608=0.0392$

3. $0.56 \leq Z \leq 1.77$，面積（機率）$=P(0.56 \leq Z \leq 1.77)=0.4616-0.2123=0.2493$

4. $-2.05 \leq Z \leq 0$，面積（機率）$=P(-2.05 \leq Z \leq 0)=0.4798$

5. $-1.15 \leq Z \leq +1.15$，面積（機率）$=P(-1.15 \leq Z \leq +1.15)=0.3749+0.3749=0.7498$

6. $-0.93 \leq Z \leq +0.55$，面積（機率）$=P(-0.93 \leq Z \leq +0.55)=0.3238+0.2088=0.5326$

7. −1.14≤Z≤−0.38，面積（機率）=P(−1.14≤Z≤−0.38)=0.3729−0.1480=0.2249

8. Z≤−1.14，面積（機率）=P(Z≤−1.14)=0.5−0.3729=0.1271

End

 範例說明 6.2

請計算以下面積（機率）所對應的 Z 值。

1. 當 0≤Z 時，曲線下的面積=0.3599，請問對應的 Z 值為何？

2. 當 Z≤0 時，曲線下的面積=0.4049，請問對應的 Z 值為何？

 解答

1. Z=1.08

2. Z=−1.31

End

 範例說明 6.3

有一母體，其平均數(μ)為 30，標準差(σ)為 5，請計算以下觀察值(x)之標準化分數(Z)，及 0 至 Z 間所對應的面積（機率）。

1. x =35   2. x =37.5   3. x =40

4. x =27.5   5. x =25

 解答

1. $P(30 \le x \le 35) = P\left(0 \le Z \le \frac{35-30}{5}\right) = P(0 \le Z \le 1) = 0.3413$

所以當 x =35 時，Z=(35-30)/5=1, 0 至 1 間所對應的面積（機率）=0.3413。

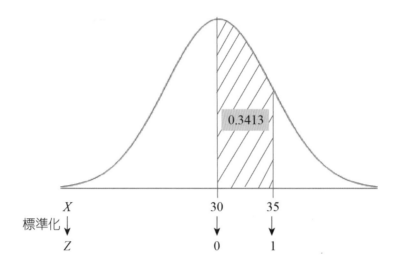

2. $P(30 \leq x \leq 37.5) = P\left(0 \leq Z \leq \frac{37.5-30}{5}\right) = P(0 \leq Z \leq 1.5) = 0.4332$

所以當 x =37.5 時，Z=(37.5–30)/5=1.5, 0 至 1.5 間所對應的面積（機率）=0.4332。

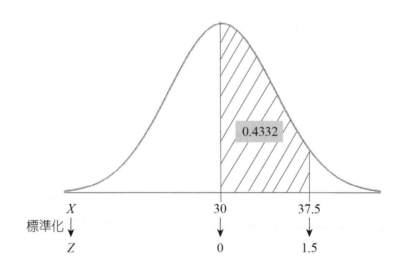

3. $P(30 \leq x \leq 40) = P\left(0 \leq Z \leq \frac{40-30}{5}\right) = P(0 \leq Z \leq 2) = 0.4772$

所以當 x =40 時，Z=(40–30)/5=2, 0 至 2 間所對應的面積（機率）=0.4772。

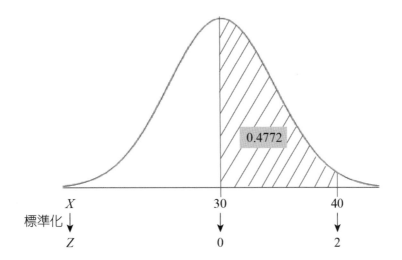

4. $P(27.5 \leq x \leq 30) = P\left(\frac{27.5-30}{5} \leq Z \leq 0\right) = P(-0.5 \leq Z \leq 0) = 0.1915$

所以當 $x = 27.5$ 時，Z=(27.5−30)/5=−0.5，0 至 −0.5 間所對應的面積（機率）=0.1915

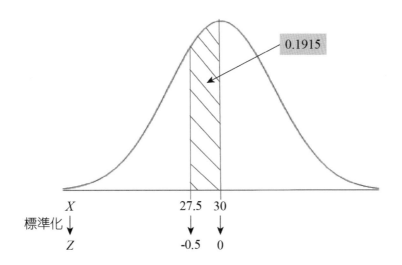

5. $P(25 \leq x \leq 30) = P\left(\frac{25-30}{5} \leq Z \leq 0\right) = P\left(\frac{25-30}{5} \leq Z \leq 0\right) = P(-1 \leq Z \leq 0) = 0.3413$

所以當 $x = 25$ 時，Z=(25−30)/5=−1, 0 至 −1 間所對應的面積（機率）=0.3413

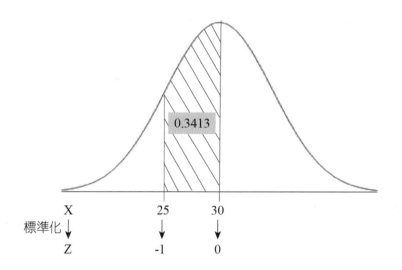

0.3413

X   25   30

標準化 ↓   ↓   ↓

Z   -1   0

End

6.4 範例說明

統計全國 12 歲男女兒童的身高，男生的平均身高為 148 公分，標準差為 2.5 公分；女生的平均身高為 152 公分，標準差為 3.5 公分。假設男女童的身高為常態分布，請回答以下問題：

1. 有多少比例的男生，其身高高於 152 公分？

2. 有多少比例的男生，其身高低於 145 公分？

3. 有多少比例的男生，其身高介於 145 至 152 公分之間？

4. 有多少比例的男生，其身高介於 146 至 151 公分之間？

5. 有多少比例的女生，其身高高於 155 公分？

6. 有多少比例的女生，其身高低於 148 公分？

7. 有多少比例的女生，其身高介於 148 至 155 公分之間？

8. 有多少比例的女生，其身高介於 149 至 157 公分之間？

解答

1. 有多少比例的男生，其身高高於 152 公分？

$$P(152 \leq x) = P\left(\frac{152 - 148}{2.5} \leq Z\right) = P(1.6 \leq Z) = 0.5 - 0.4452 = 0.0548(5.48\%)$$

2. 有多少比例的男生，其身高低於 145 公分？

$$P(x \leq 145) = P\left(Z \leq \frac{145 - 148}{2.5}\right) = P(Z \leq -1.2) = 0.5 - 0.3849 = 0.1151(11.51\%)$$

3. 有多少比例的男生，其身高介於 145 至 152 公分之間？

$$P(145 \leq x \leq 152) = P\left(\frac{145-148}{2.5} \leq Z \leq \frac{152-148}{2.5}\right) = P(-1.2 \leq Z \leq 1.6) = 0.4452 +$$
$$0.3849 = 0.8301(83.01\%)$$

4. 有多少比例的男生，其身高介於 146 至 151 公分之間？

$$P(146 \leq x \leq 151) = P\left(\frac{146-148}{2.5} \leq Z \leq \frac{151-148}{2.5}\right) = P(-0.8 \leq Z \leq 1.2) = 0.2881 +$$
$$0.3849 = 0.6730(67.30\%)$$

5. 有多少比例的女生，其身高高於 155 公分？

$$P(155 \leq x) = P\left(\frac{155 - 152}{3.5} \leq Z\right) = P(0.86 \leq Z) = 0.5 - 0.3051 = 0.1949(19.49\%)$$

6. 有多少比例的女生，其身高低於 148 公分？

$$P(x \leq 148) = P\left(Z \leq \frac{148 - 152}{3.5}\right) = P(Z \leq -1.14) = 0.5 - 0.3729 = 0.1271(12.71\%)$$

7. 有多少比例的女生，其身高介於 148 至 155 公分之間？

$$P(148 \leq x \leq 155) = P\left(\frac{148-152}{3.5} \leq Z \leq \frac{155-152}{3.5}\right) = P(-1.14 \leq Z \leq 0.86) = 0.3051 +$$
$$0.3729 = 0.6780(67.80\%)$$

8. 有多少比例的女生，其身高介於 149 至 157 公分之間？

$$P(149 \leq x \leq 157) = P\left(\frac{149-152}{3.5} \leq Z \leq \frac{157-152}{3.5}\right) = P(-0.86 \leq Z \leq 1.43) = 0.3051 +$$
$$0.4236 = 0.7287(72.87\%)$$

End

6.3 學生氏 t 分布(Student's t-Distribution)

學生氏 t 分布由英國的統計學家 William Sealy Gosset (1876-1937)於西元 1908 年，以筆名"Student"發表於期刊《*Biometrika*》。當時 Gosset 任職於愛爾蘭一家名為 Guinness Brewery 的釀酒廠，因 Gosset 偏好小樣本數的統計研究，但酒廠禁止員工發表科學文章，另一說法是酒廠不希望它的競爭對手曉得如何用 t 檢定(t-test)來評估原物料的品質，因此 Gosset 才會以"Student"當作筆名發表文章。

t 分布為一種由連續常態分布的母體中，抽樣所形成的樣本分布(sampling distribution)，亦為左右對稱；當樣本數增加時，其分布會趨近於常態分布。因此 t 分布適用於小樣本數($n<30$)的統計分析，且在母體的標準差(population standard deviation, σ)未知的條件下。t 分布的機率分布函數(probability density function)表示如下：

$$f(t) = \frac{\Gamma\left(\frac{n+1}{2}\right)}{\sqrt{n\pi}\,\Gamma\left(\frac{n}{2}\right)}\left(1+\frac{t^2}{n}\right)^{-\frac{n+1}{2}}$$

n：樣本數

Γ：gamma function

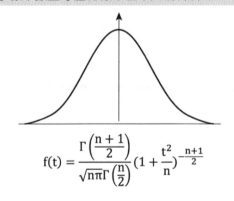

t分布左右對稱，適用於：
小樣本數且母體的標準差未知的條件下

$$f(t) = \frac{\Gamma\left(\frac{n+1}{2}\right)}{\sqrt{n\pi}\,\Gamma\left(\frac{n}{2}\right)}\left(1+\frac{t^2}{n}\right)^{-\frac{n+1}{2}}$$

n：樣本數
Γ：gamma function

↘ 圖 6.12 學生氏 t 分布圖形與機率分布函數

t 分布的自由度（degrees of freedom, df；有些時以 ν 代表，其發音為/njuː/）為 $(n-1)$。

↘ 圖 6.13　統計學家 William Sealy Gosset

$x_1, ..., x_n$ 為觀察值，從平均數為 μ 的連續性分布的母體中得到。

如第四章所述，樣本的平均數及標準差分別計算如下：

$$\bar{x} = \left[\sum_{i=1}^{n} x_i \right] \div n = \frac{x_1 + x_2 + x_3 + \cdots + x_n}{n}$$

$$s = \sqrt{\frac{\sum (x - \bar{x})^2}{n-1}} = \sqrt{\frac{[(x_1 - \bar{x})^2 + (x_2 - \bar{x})^2 + (x_3 - \bar{x})^2 + \cdots + (x_n - \bar{x})^2]}{n-1}}$$

　t 值(*t-value*)計算公式（即其標準化分數）如下（公式的由來將於本書第七章 7.3 節說明）：

$$t = \frac{\bar{x} - μ}{s / \sqrt{n}}$$

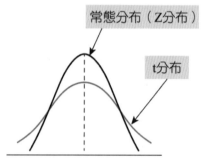

樣本平均數

母體平均數

$$t = \frac{\bar{x} - \mu}{s / \sqrt{n}}$$

樣本標準差

樣本數

↘ 圖 6.14　學生氏 t 分布公式

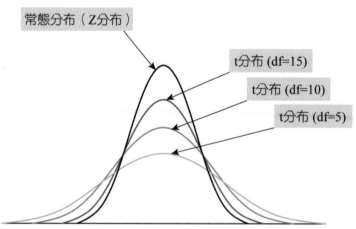

常態分布（Z分布）

t分布

↘ 圖 6.15　學生氏 t 分布與常態分布的關係(1)

常態分布（Z分布）

t分布 (df=15)

t分布 (df=10)

t分布 (df=5)

↘ 圖 6.16　學生氏 t 分布與常態分布的關係(2)

1. t 值與曲線下的面積－臨界值(critical value)查表

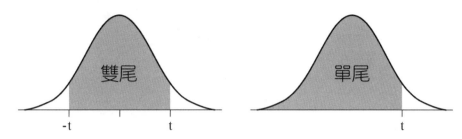

雙尾　　　　　　　　單尾

-t　　　t　　　　　　　　t

↘ 圖 6.17　t 值與曲線下的面積

t分布表

單尾	75%	80%	85%	90%	95%	97.5%	99%	99.5%	99.75%	99.9%	99.95%
雙尾	50%	60%	70%	80%	90%	95%	98%	99%	99.5%	99.8%	99.9%
1	1.000	1.376	1.963	3.078	6.314	12.71	31.82	63.66	127.3	318.3	636.6
2	0.816	1.061	1.386	1.886	2.920	4.303	6.965	9.925	14.09	22.33	31.60
3	0.765	0.978	1.250	1.638	2.353	3.182	4.541	5.841	7.453	10.21	12.92
4	0.741	0.941	1.190	1.533	2.132	2.776	3.747	4.604	5.598	7.173	8.610
5	0.727	0.920	1.156	1.476	2.015	2.571	3.365	4.032	4.773	5.893	6.869
6	0.718	0.906	1.134	1.440	1.943	2.447	3.143	3.707	4.317	5.208	5.959
7	0.711	0.896	1.119	1.415	1.895	2.365	2.998	3.499	4.029	4.785	5.408
8	0.706	0.889	1.108	1.397	1.860	2.306	2.896	3.355	3.833	4.501	5.041
9	0.703	0.883	1.100	1.383	1.833	2.262	2.821	3.250	3.690	4.297	4.781
10	0.700	0.879	1.093	1.372	1.812	2.228	2.764	3.169	3.581	4.144	4.587
11	0.697	0.876	1.088	1.363	1.796	2.201	2.718	3.106	3.497	4.025	4.437
12	0.695	0.873	1.083	1.356	1.782	2.179	2.681	3.055	3.428	3.930	4.318
13	0.694	0.870	1.079	1.350	1.771	2.160	2.650	3.012	3.372	3.852	4.221
14	0.692	0.868	1.076	1.345	1.761	2.145	2.624	2.977	3.326	3.787	4.140
15	0.691	0.866	1.074	1.341	1.753	2.131	2.602	2.947	3.286	3.733	4.073
16	0.690	0.865	1.071	1.337	1.746	2.120	2.583	2.921	3.252	3.686	4.015
17	0.689	0.863	1.069	1.333	1.740	2.110	2.567	2.898	3.222	3.646	3.965
18	0.688	0.862	1.067	1.330	1.734	2.101	2.552	2.878	3.197	3.610	3.922
19	0.688	0.861	1.066	1.328	1.729	2.093	2.539	2.861	3.174	3.579	3.883
20	0.687	0.860	1.064	1.325	1.725	2.086	2.528	2.845	3.153	3.552	3.850
21	0.686	0.859	1.063	1.323	1.721	2.080	2.518	2.831	3.135	3.527	3.819
22	0.686	0.858	1.061	1.321	1.717	2.074	2.508	2.819	3.119	3.505	3.792
23	0.685	0.858	1.060	1.319	1.714	2.069	2.500	2.807	3.104	3.485	3.767
24	0.685	0.857	1.059	1.318	1.711	2.064	2.492	2.797	3.091	3.467	3.745
25	0.684	0.856	1.058	1.316	1.708	2.060	2.485	2.787	3.078	3.450	3.725
26	0.684	0.856	1.058	1.315	1.706	2.056	2.479	2.779	3.067	3.435	3.707
27	0.684	0.855	1.057	1.314	1.703	2.052	2.473	2.771	3.057	3.421	3.690
28	0.683	0.855	1.056	1.313	1.701	2.048	2.467	2.763	3.047	3.408	3.674
29	0.683	0.854	1.055	1.311	1.699	2.045	2.462	2.756	3.038	3.396	3.659
30	0.683	0.854	1.055	1.310	1.697	2.042	2.457	2.750	3.030	3.385	3.646
40	0.681	0.851	1.050	1.303	1.684	2.021	2.423	2.704	2.971	3.307	3.551
50	0.679	0.849	1.047	1.299	1.676	2.009	2.403	2.678	2.937	3.261	3.496
60	0.679	0.848	1.045	1.296	1.671	2.000	2.390	2.660	2.915	3.232	3.460
80	0.678	0.846	1.043	1.292	1.664	1.990	2.374	2.639	2.887	3.195	3.416
100	0.677	0.845	1.042	1.290	1.660	1.984	2.364	2.626	2.871	3.174	3.390
120	0.677	0.845	1.041	1.289	1.658	1.980	2.358	2.617	2.860	3.160	3.373
∞	0.674	0.842	1.036	1.282	1.645	1.960	2.326	2.576	2.807	3.090	3.291

↘ 圖 6.18　t 分布與臨界值查表方法(1)

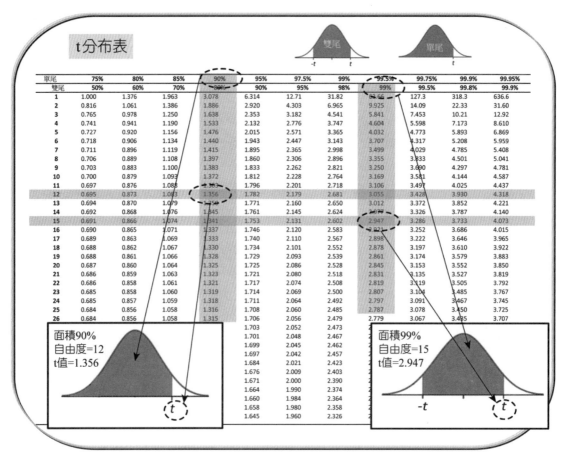

�’ 圖 6.19　t 分布與臨界值查表方法(2)

2. Excel 臨界值查詢方法

Excel 語法：

(1) T.INV（機率，自由度）

會傳回 Student 氏 t 分布的左尾反函數。如下例，當機率為 0.9，自由度為 12 時，其對應的臨界值（t 分數）計算如下：

T.INV(0.9,12)= 1.356217334

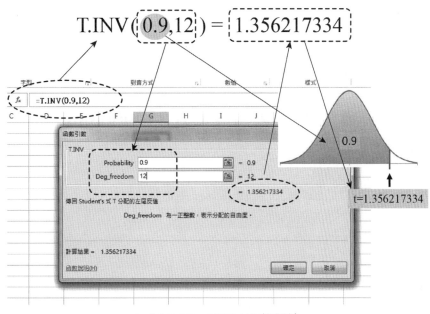

↘ 圖 6.20　T.INV 函數語法

(2) T.INV.2T（機率，自由度）

　　傳回 Student 氏 t 分布的雙尾反值。如下例，當機率為 0.99，自由度為 15 時，其對應的臨界值（t 分數）計算如下：

　　右尾的臨界值為 T.INV.2T(0.01,15)= 2.946712883；因 t 分布為左右對稱的圖形，所以左尾的臨界值–2.946712883。

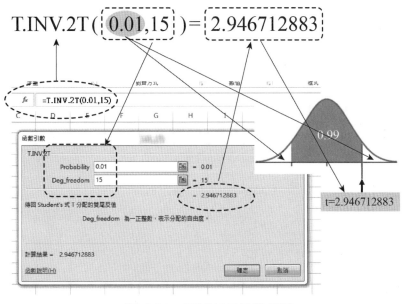

↘ 圖 6.21　T.INV.2T 函數語法

(3) T.DIST（x，自由度，累加）

當要計算在自由度=12，t=1.356 至左尾的機率時，可以下列 Excel 函數獲得：
T.DIST(1.356,12,1)= 0.899966388

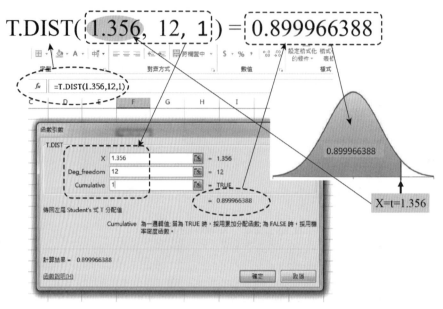

↘ 圖 6.22　T.DIST 函數語法

 範例說明

6.5

請計算在單尾情況下，曲線下面積（機率）所對應的 t 值。

1. df=9，面積（機率）=80%

2. df=12，面積（機率）=90%

3. df=15，面積（機率）=95%

4. df=25，面積（機率）=99%

解答

1. df=9，面積（機率）=80%, t=0.883

2. df=12，面積（機率）=90%, t=1.356

3. df=15，面積（機率）=95%, t=1.753

4. df=25，面積（機率）=99%, t=2.485

End

6.6

　　請計算在雙尾情況下，曲線下面積（機率）所對應的 t 值。

1. df=9，面積（機率）=70%

2. df=12，面積（機率）=80%

3. df=15，面積（機率）=90%

4. df=25，面積（機率）=95%

1. df=9，面積（機率）=70%, t=1.100

2. df=12，面積（機率）=80%, t=1.356

3. df=15，面積（機率）=90%, t=1.753

4. df=25，面積（機率）=95%, t=2.060

End

6.4　χ^2 分布(Chi-Square Distribution)

　　卡方分布最先由德國的統計學家 Friedrich Robert Helmert (1843-1917)於西元 1875 至 1876 年間發表，所以在德國卡方分布也稱為"Helmert distribution"。隨後英國的數學家 Karl Pearson，也在西元 1900 年獨自發展出 Pearson's chi-square test，並在西元 1920 年代經 Ronald A. Fisher 進一步的發展應用。卡方分布可應用於母體變異數(σ^2)之信賴區間估計（本書第 8 章），及質性變項的統計分析（本書第 11 章）。

↘ 圖 6.23　統計學家 Friedrich Robert Helmert

$$f(x;k) = \frac{\left(x^{\left(\frac{k}{2}-1\right)}\right)(e^{-x/2})}{(2^{\frac{k}{2}})\Gamma(k/2)}; \quad x \geqq 0$$

k：自由度(degree of freedom)

Γ：gamma function

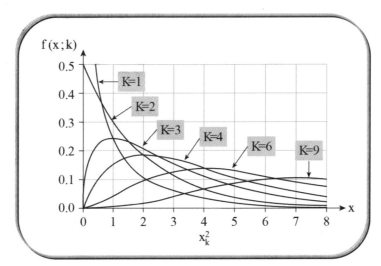

➘ 圖 6.24　卡方分布圖形與自由度

（圖片來源：Wikimedia Commons. Author: Geek3）

1. 卡方值與曲線下的面積－臨界值(critical value)查表

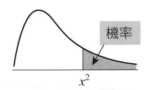

假設右尾的機率 α =0.10，自由度=5，則查表的方式如下：

自由度	0.995	0.975	0.2	0.1	0.05	0.025
1	0	0	1.642	2.706	3.841	5.024
2	0.01	0.051	3.219	4.605	5.991	7.378
3	0.072	0.216	4.642	6.251	7.815	9.348
4	0.207	0.484	5.989	7.779	9.488	11.143
5	0.412	0.831	7.289	9.236	11.07	12.833
6	0.676	1.237	8.558	10.645	12.592	14.449
7				12.017	14.067	16.013
			1.03	13.362	15.507	17.535
			.242	14.684	16.919	19.023
			.442	15.987	18.307	20.483
			.631	17.275	19.675	21.92
			.812	18.549	21.026	23.337
13	3.565	5.009	16.985	19.812	23.362	24.736

機率(臨界值

➘ 圖 6.25 卡方分布臨界值查表方式

所以臨界值=9.236。

範例說明

6.7

請計算在單尾情況下，曲線下臨界值右邊之面積（機率）所對應的 χ^2 值。

1. df=9，面積（機率）=20%

2. df=12，面積（機率）=10%

3. df=15，面積（機率）=5%

4. df=25，面積（機率）=1%

解答

1. df=9，面積（機率）=20%, χ^2=12.242

2. df=12，面積（機率）=10%, χ^2=18.549

3. df=15，面積（機率）=5%, χ^2=24.996

4. df=25，面積（機率）=1%, χ^2=44.314

End

2. Excel 臨界值查表

Excel 語法 CHISQ.INV.RT（機率，自由度）

當右尾之機率=0.05，自由度=3 的條件下，其相對應之臨界值可由 Excel 函數 CHISQ.INV.RT(0.05,3)= 7.814727903 獲得。

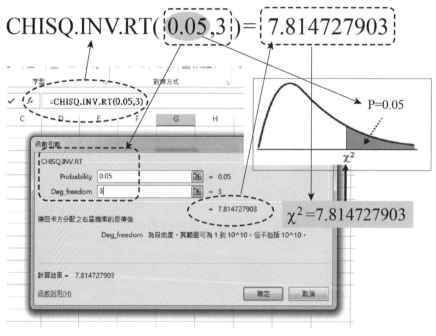

↘ 圖 6.26　CHISQ.INV.RT 函數語法

6.8

範例說明

在 χ^2 分布下，請以 Excel 計算在單尾情況下，曲線下臨界值右邊之面積（機率）所對應的 χ^2 值。

1. df=9，臨界值右邊之面積（機率）=20%

2. df=12，臨界值右邊之面積（機率）=10%

3. df=15，臨界值右邊之面積（機率）=5%

4. df=25，臨界值右邊之面積（機率）=1%

解答

1. df=9，臨界值右邊之面積（機率）=20%，
   χ^2=CHISQ.INV.RT(0.2,9)= 12.24214547

2. df=12，臨界值右邊之面積（機率）=10%, χ^2=18.549
   χ^2=CHISQ.INV.RT(0.1,12)= 18.54934779

3. df=15，臨界值右邊之面積（機率）=5%，
   χ^2=CHISQ.INV.RT(0.05,15)= 24.99579014

4. df=25，臨界值右邊之面積（機率）=1%，
   χ^2=CHISQ.INV.RT(0.01,25)= 44.3141049

End

6.5　F 分布(F-Distribution)

　　F 分布 (F-distribution) 也稱為 Snedecor's F distribution 或是 Fisher-Snedecor distribution，由 Ronald A. Fisher 和美國的數學暨統計學家 George W. Snedecor (1881-1974)所發展出來的，主要用於變異數的分析 (analysis of variance)。F 分布以 $X \sim F(d_1, d_2)$ 表示，其分布圖形及機率函數(probability density function)如下：

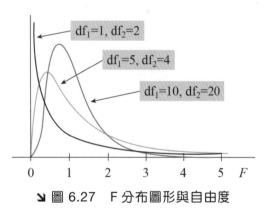

↘ 圖 6.27　F 分布圖形與自由度

$$F(x; df_1, df_2) = \frac{\sqrt{\dfrac{(df_1 x)^{df_1} d_2^{df_2}}{(df_1 x + df_2)^{df_1 + df_2}}}}{x \mathrm{B}(\dfrac{df_1}{2}, \dfrac{df_2}{2})}$$

$$df_1 = n_1 - 1$$

$$df_2 = n_2 - 1$$

其中

df_1和df_2：自由度

B：beta function

n_1、n_2：樣本數

此外，F 分布也可以表示成：

$$F = \frac{s_1^2 / \sigma_1^2}{s_2^2 / \sigma_2^2}$$

其中σ_1^2、σ_2^2為母體的變異數，s_1^2、s_2^2為樣本的變異數。

1. F 值與曲線下的面積－臨界值(critical value)查表

假設右尾的機率 α =0.10，分子的自由度(df_1)與分母的自由度 (df_2)分別為 3 與 5，則查表的方式如下：

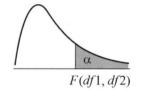

	$df_1=1$	2	3	4	
$df_2=1$	39.8635	49.5000	53.5932	55.8330	57.2401	58.
2	8.5263	9.0000	9.1618	9.2434	9.2926	9.
3	5.5383	5.4624	5.3908	5.3426	5.3092	5.
4	4.5448	4.3246	4.1909	4.1073	4.0506	4.
5	4.0604	3.7797	3.6195	3.5202	3.4530	3.
6	3.7760	3.4633	3.2888	3.1808	3.1075	3.
7	3.5894	3.2574	3.0741	2.9605	2.8833	2.

↘ 圖 6.28　F 分布臨界值查表方法

所以臨界值=3.6195。

範例說明

6.9

在 F 分布下,請查詢下列條件的臨界值。

1. $df_1=10$, $df_2=5$,臨界值右邊之面積(機率)=0.01。

2. $df_1=12$, $df_2=15$,臨界值右邊之面積(機率)=0.05。

3. $df_1=20$, $df_2=17$,臨界值右邊之面積(機率)=0.01。

4. $df_1=30$, $df_2=26$,臨界值右邊之面積(機率)=0.05。

解答

1. $df_1=10$, $df_2=5$,臨界值右邊之面積(機率)=0.01, $F_{10,5,0.01}=10.05$

2. $df_1=12$, $df_2=15$,臨界值右邊之面積(機率)=0.05, $F_{12,15,0.05}=2.48$

3. $df_1=20$, $df_2=17$,臨界值右邊之面積(機率)=0.01, $F_{20,17,0.01}=3.16$

4. $df_1=30$, $df_2=26$,臨界值右邊之面積(機率)=0.05, $F_{12,15,0.05}=1.90$

End

2. Excel 臨界值查表方法

Excel 語法 F.INV.RT(機率,自由度 1,自由度 2)

F.INV.RT(0.05,3,5)= 5.409451318

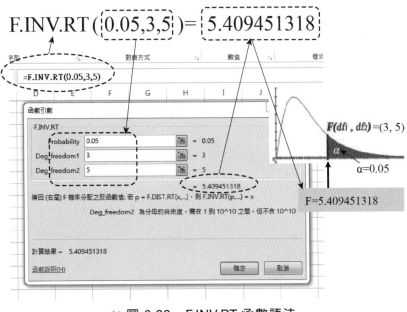

↘ 圖 6.29　F.INV.RT 函數語法

6.10 範例說明

在 F 分布下，請以 Excel 函數計算下列條件的臨界值：

1. $df_1=10, df_2=5$，臨界值右邊之面積（機率）=0.01。

2. $df_1=12, df_2=15$，臨界值右邊之面積（機率）=0.05。

3. $df_1=20, df_2=17$，臨界值右邊之面積（機率）=0.01。

4. $df_1=30, df_2=26$，臨界值右邊之面積（機率）=0.05。

解答

1. $df_1=10, df_2=5$，臨界值右邊之面積（機率）=0.01,
   $F_{10,5,0.01}$=F.INV.RT(0.01,10,5)=10.05101722

2. $df_1=12, df_2=15$，臨界值右邊之面積（機率）=0.05,
   $F_{12,15,0.05}$=F.INV.RT(0.05,12,15)=2.475312973

3. $df_1=20, df_2=17$，臨界值右邊之面積（機率）=0.01,
   $F_{20,17,0.01}$=F.INV.RT(0.01,20,17)=3.161517537

4. $df_1=30, df_2=26$，臨界值右邊之面積（機率）=0.05,
   $F_{12,15,0.05}$=F.INV.RT(0.05,30,26)=1.901009817

End

6.6 隨機離散變項及離散型機率分布 (Discrete Random Variables and Discrete Probability Distributions)

許多機率實驗中，可以獲得數字性的結果，例如擲三枚公正(fair)的硬幣，可以得到如下八種的結果與機率：

表 6.1 擲三枚公正硬幣與機率計算

	三個正面	P（3 個正面）$1 * \left(\frac{1}{2}\right) * \left(\frac{1}{2}\right) * \left(\frac{1}{2}\right) = \frac{1}{8}$
	二個正面，一個反面	P（2 個正面）$3 * \left(\frac{1}{2}\right) * \left(\frac{1}{2}\right) * \left(\frac{1}{2}\right) = \frac{3}{8}$
	一個正面，二個反面	P（1 個正面）$3 * \left(\frac{1}{2}\right) * \left(\frac{1}{2}\right) * \left(\frac{1}{2}\right) = \frac{3}{8}$
	三個反面	P（0 個正面）$1 * \left(\frac{1}{2}\right) * \left(\frac{1}{2}\right) * \left(\frac{1}{2}\right) = \frac{1}{8}$

在上述的隨機實驗中，對於每組以幾個正面或是幾個反面的組合來描述，如（三個正面）、（二個正面，一個反面）…等等，稱為隨機離散變項（或稱隨機離散變數，discrete random variable）。每個隨機變項出現的機率組合，就是統計學上所謂的機率分布(probability distribution)。因此若資料來自於不具可分割的量測數值的隨機離散變項，其機率的分布稱為「離散型機率分布」(discrete probability distributions)，如下例表示：

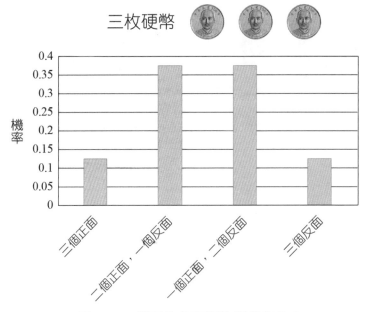

→ 圖 6.30　擲三枚公正硬幣與機率分布

同樣的，如果擲兩枚公正骰子，其出現的點數組合如下：

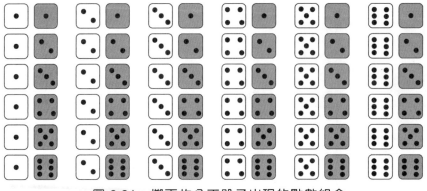

→ 圖 6.31　擲兩枚公正骰子出現的點數組合

而每種點數出現的機率如下：

表 6.2 擲兩枚公正骰子的機率計算

點數(x)	機率 P(x)
2	1*(1/6) *(1/6)=1/36
3	2*(1/6) *(1/6)= 1/18
4	3*(1/6) *(1/6)= 1/12
5	4*(1/6) *(1/6)= 1/9
6	5*(1/6) *(1/6)= 5/36
7	6*(1/6) *(1/6)= 1/6
8	5*(1/6) *(1/6)= 5/36
9	4*(1/6) *(1/6)= 1/9
10	3*(1/6) *(1/6)= 1/12
11	2*(1/6) *(1/6)= 1/18
12	1*(1/6) *(1/6)= 1/36

所以其機率分布圖示如下：

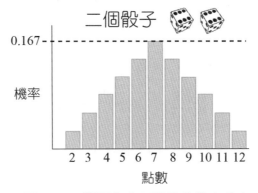

➷ 圖 6.32 擲兩枚公正骰子的機率分布

6.7 二項式機率分布 (Binomial Probability Distribution)

如果隨機變數出現的情形只有兩種，例如小孩出生只有生理特徵上的男孩或女孩兩種選擇，我們稱此隨機變數為二項式隨機變項(binomial random variable)，而這些變項出現的機率就稱為二項式機率分布(binomial probability distribution)。

1. 以生小孩為例

(1) 生一個小孩的機率分布

P（1 個男生+0 個女生）=1/2

P（0 個男生+1 個女生）=1/2

性別	機率	機率
男	1/2	P（1 個男生+0 個女生）= 1*(1/2)
女	1/2	P（0 個男生+1 個女生）= 1*(1/2)

(2) 生二個小孩的機率分布

性別順序	機率	機率
男+男	(1/2)*(1/2)=1/4	P（2 個男生+0 個女生）= 1*(1/4)=1/4
男+女	(1/2)*(1/2)=1/4	P（1 個男生+1 個女生）= 2*(1/4)=1/2
女+男	(1/2)*(1/2)=1/4	
女+女	(1/2)*(1/2)=1/4	P（0 個男生+2 個女生）= 1*(1/4)=1/4

P（2 個男生+0 個女生）= 1*(1/4)=1/4

P（1 個男生+1 個女生）= 2*(1/4)=1/2

P（0 個男生+2 個女生）= 1*(1/4)=1/4

(3) 生三個小孩的機率分布

性別順序	機率	機率
男+男+男	(1/2)*(1/2)*(1/2)=1/8	P（3 個男生+0 個女生）= 1*(1/8)=1/8
男+男+女	(1/2)*(1/2)*(1/2)=1/8	P（2 個男生+1 個女生）= 3*(1/8)=3/8
男+女+男	(1/2)*(1/2)*(1/2)=1/8	
女+男+男	(1/2)*(1/2)*(1/2)=1/8	

性別順序	機率	機率
男+女+女	(1/2)*(1/2)*(1/2)=1/8	P（1個男生+2個女生）= 3*(1/8)=3/8
女+男+女	(1/2)*(1/2)*(1/2)=1/8	
女+女+男	(1/2)*(1/2)*(1/2)=1/8	
女+女+女	(1/2)*(1/2)*(1/2)=1/8	P（0個男生+3個女生）= 1*(1/8)=1/8

P（3個男生+0個女生）= 1*(1/8)=1/8

P（2個男生+1個女生）= 3*(1/8)=3/8

P（1個男生+2個女生）= 3*(1/8)=3/8

P（0個男生+3個女生）= 1*(1/8)=1/8

(4) 生四個小孩的機率分布

性別順序	機率	機率
男+男+男+男	(1/2)*(1/2)*(1/2)*(1/2)=1/16	P（4個男生+0個女生）= 1*(1/16)= 1/16
男+男+男+女	(1/2)*(1/2)*(1/2)*(1/2)=1/16	P（3個男生+1個女生）= 4*(1/16)= 1/4
男+男+女+男	(1/2)*(1/2)*(1/2)*(1/2)=1/16	
男+女+男+男	(1/2)*(1/2)*(1/2)*(1/2)=1/16	
女+男+男+男	(1/2)*(1/2)*(1/2)*(1/2)=1/16	
男+男+女+女	(1/2)*(1/2)*(1/2)*(1/2)=1/16	P（2個男生+2個女生）= 6*(1/16)= 6/16=3/8
男+女+女+男	(1/2)*(1/2)*(1/2)*(1/2)=1/16	
男+女+男+女	(1/2)*(1/2)*(1/2)*(1/2)=1/16	
女+男+女+男	(1/2)*(1/2)*(1/2)*(1/2)=1/16	
女+男+男+女	(1/2)*(1/2)*(1/2)*(1/2)=1/16	
女+女+男+男	(1/2)*(1/2)*(1/2)*(1/2)=1/16	
男+女+女+女	(1/2)*(1/2)*(1/2)*(1/2)=1/16	P（1個男生+3個女生）= 4*(1/16)= 1/4
女+男+女+女	(1/2)*(1/2)*(1/2)*(1/2)=1/16	
女+女+男+女	(1/2)*(1/2)*(1/2)*(1/2)=1/16	
女+女+女+男	(1/2)*(1/2)*(1/2)*(1/2)=1/16	
女+女+女+女	(1/2)*(1/2)*(1/2)*(1/2)=1/16	P（0個男生+4個女生）= 1*(1/16)= 1/16

P（4 個男生+0 個女生）= 1*(1/16)= 1/16

P（3 個男生+1 個女生）= 4*(1/16)= 1/4

P（2 個男生+2 個女生）= 6*(1/16)= 6/16=3/8

P（1 個男生+3 個女生）= 4*(1/16)= 1/4

P（0 個男生+4 個女生）= 1*(1/16)= 1/16

$$P(x) = C_x^n p^x (1-p)^{n-x}$$

以上述生四個小孩的情況為例，n 為總小孩數（此例 $n=4$），x 為男孩的數目，p 為生男孩的機率（此例 $p=\frac{1}{2}$）

P（4 個男生+0 個女生）

$=P(4) = C_4^4 \left(\frac{1}{2}\right)^4 \left(1-\frac{1}{2}\right)^{4-4} = \frac{4!}{4!*(4-4)!} \left(\frac{1}{2}\right)^4 \left(\frac{1}{2}\right)^0 = 1*\left(\frac{1}{2}\right)^4 = \frac{1}{16} = 0.0625$

P（3 個男生+1 個女生）

$=P(3) = C_3^4 \left(\frac{1}{2}\right)^3 \left(1-\frac{1}{2}\right)^{4-3} = \frac{4!}{3!*(4-3)!} \left(\frac{1}{2}\right)^3 \left(\frac{1}{2}\right)^1 = 4*\left(\frac{1}{2}\right)^4 = \frac{1}{4} = 0.25$

P（2 個男生+2 個女生）

$=P(2) = C_2^4 \left(\frac{1}{2}\right)^2 \left(1-\frac{1}{2}\right)^{4-2} = \frac{4!}{2!*(4-2)!} \left(\frac{1}{2}\right)^2 \left(\frac{1}{2}\right)^2 = 6*\left(\frac{1}{2}\right)^4 = 6/16 = \frac{3}{8} = 0.375$

P（1 個男生+3 個女生）

$=P(1) = C_1^4 \left(\frac{1}{2}\right)^1 \left(1-\frac{1}{2}\right)^{4-1} = \frac{4!}{1!*(4-1)!} \left(\frac{1}{2}\right)^1 \left(\frac{1}{2}\right)^3 = 4*\left(\frac{1}{2}\right)^4 = \frac{1}{4} = 0.25$

P（0 個男生+4 個女生）

$=P(0) = C_0^4 \left(\frac{1}{2}\right)^0 \left(1-\frac{1}{2}\right)^{4-0} = \frac{4!}{0!*(4-0)!} \left(\frac{1}{2}\right)^0 \left(\frac{1}{2}\right)^4 = 1*\left(\frac{1}{2}\right)^4 = \frac{1}{16} = 0.0625$

2. Excel 語法

BINOM.DIST(number_s,trials,probability_s,cumulative)

Number_s：實驗的成功次數。

Trials：獨立實驗的次數。

Probability_s：每次實驗的成功機率。

Cumulative：決定函數形式的邏輯值。如果 cumulative 為 TRUE，BINOM.DIST 會傳回累加分布函數，代表最多會有 number_s 次成功的機率；如果為 FALSE，則會傳回機率質量函數，代表有 number_s 次成功的機率。（取材自微軟 Microsoft Office 網站）

利用 Excel 函數功能，上述生四個小孩的機率計算如下：

P（4 個男生+0 個女生）= BINOM.DIST(4,4,0.5,FALSE)= 0.0625

P（3 個男生+1 個女生）= BINOM.DIST(3,4,0.5,FALSE)= 0.25

P（2 個男生+2 個女生）= BINOM.DIST(2,4,0.5,FALSE)= 0.375

P（1 個男生+3 個女生）= BINOM.DIST(1,4,0.5,FALSE)= 0.25

P（0 個男生+4 個女生）= BINOM.DIST(0,4,0.5,FALSE)= 0.0625

以 3 個男生+1 個女生為例：

P（3 個男生+1 個女生）= BINOM.DIST(3,4,0.5,FALSE)= 0.25

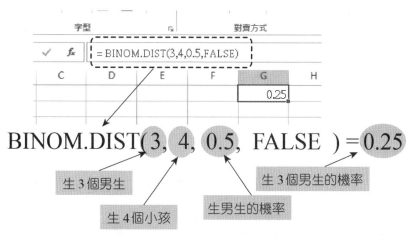

➜ 圖 6.33　BINOM.DIST 函數語法

6.8　卜瓦松分布(Poisson Distribution)

由法國數學家西莫恩・德尼・卜瓦松(Siméon-Denis Poisson, 1781-1840)在西元 1838 年發表，是統計學上應用廣泛的離散機率分布。卜瓦松分布適合用於描述單位時間內隨機事件發生次數的機率分布。

↘ 圖 6.34　統計學家西莫恩・德尼・卜瓦松

1. 卜瓦松分布的機率函數為：

$$P(X = k) = \frac{e^{-\lambda}\,\lambda^{k}}{k!}$$

　　參數 λ 是單位時間（或單位面積）內隨機事件的平均發生次數，$P(X = k)$為該事件在另一單位時間內，發生 k 次的機率。其中 e 為自然指數，e=2.71828…。

 範例說明

　　南部某家醫院為調查急診醫護人力的工作負荷量，發現大夜班時段（晚上 10 時至隔日上午 8 時）急診就診人數平均 1 天 5 人，請求以下之機率：(1)某日剛好有 3 個病人就診；(2)某日至少有 1 個病人就診。

解答

(1) 某日剛好有 3 個病人就診之機率

$$P(X = k) = P(X = 3) = \frac{e^{-\lambda}\,\lambda^{k}}{k!} = \frac{e^{-5}5^{3}}{3!} = \frac{0.006738 * 125}{6} = 0.14037(14.037\%)$$

(2) 某日至少有 1 個病人就診之機率

$$P(X \geq k) = P(X \geq 1) = 1 - P(X = 0) = 1 - \frac{e^{-\lambda} \lambda^k}{k!} = 1 - \frac{0.006738 * 5^1}{1!} = 1 - 0.03369$$
$$= 0.96631(96.631\%)$$

End

2. Excel 語法

POISSON.DIST（X，平均數，累加）

X：事件發生的次數。

以「範例 6.11」為例，利用 Excel 的函數功能計算如下：

POISSON.DIST(3,5,0)= 0.140373896

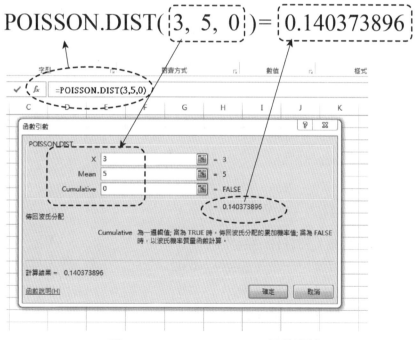

↘ 圖 6.35　POISSON.DIST 函數語法

課後習題

1. 請計算以下常態分布之機率函數(probability density function)的平均數(μ)及標準差(σ)。

$$f(x) = \frac{1}{\sqrt{8\pi}}\left[e^{\left(-\frac{(x^2-20x+100)}{8}\right)}\right]$$

2. 請查表，計算常態分布在下列條件下，連續曲線下的面積比例。

μ±1σ

μ±2σ

μ±3σ

3. 標準常態分布平方後成為何種分布？

4. 假設一母體之平均數為 100，標準差為 10，依據柴比雪夫不等式定理(Chebyshev's inequality)，請問有多少比例的觀察值會被涵蓋在 80~120 之間？

5. 假設某常態分布為 X~N(100, 10²)，即母體平均數為 100，標準差為 10，請問有多少比例的樣本會涵蓋在：(1)87~117 之間；(2)小於 93；(3)大於 109.6？

6. 請利用 t 分布，分別查詢在單尾及雙尾的條件下，曲線下面積（機率）所對應的臨界值：

(1) df=16，面積（機率）=80%

(2) df=27，面積（機率）=90%

(3) df=8，面積（機率）=95%

(4) df=11，面積（機率）=99%

7. 在 χ^2 分布下，請查詢下列條件的臨界值：

(1) df=10，臨界值右邊之面積（機率）=0.025

(2) df=12，臨界值右邊之面積（機率）=0.05

(3) df=15，臨界值右邊之面積（機率）=0.1

(4) df=17，臨界值右邊之面積（機率）=0.025

(5) df=22，臨界值右邊之面積（機率）=0.05

8. 在 F 分布下，請查詢下列條件的臨界值。

(1) $df_1=10, df_2=5$，臨界值右邊之面積（機率）=0.1

(2) $df_1=12, df_2=15$，臨界值右邊之面積（機率）=0.025

(3) $df_1=20, df_2=17$，臨界值右邊之面積（機率）=0.05

(4) $df_1=10, df_2=26$，臨界值右邊之面積（機率）=0.01

[參考文獻]

1. Aldrich, John; Miller, Jeff. "Earliest Uses of Symbols in Probability and Statistics".

2. Aldrich, John; Miller, Jeff. "Earliest Known Uses of Some of the Words of Mathematics". In particular, the entries for "bell-shaped and bell curve", "normal(distribution)", "Gaussian", and "Error, law of error, theory of errors, etc.".

3. Amari, Shun-ichi; Nagaoka, Hiroshi(2000). Methods of Information Geometry. Oxford University Press. ISBN 0-8218-0531-2.

4. Bernardo, José M.; Smith, Adrian F. M.(2000). Bayesian Theory. Wiley. ISBN 0-471-49464-X.

5. Bryc, Wlodzimierz(1995). The Normal Distribution: Characterizations with Applications. Springer-Verlag. ISBN 0-387-97990-5.

6. R. L. Plackett, Karl Pearson and the Chi-Squared Test, International Statistical Review, 1983, 61f. See also Jeff Miller, Earliest Known Uses of Some of the Words of Mathematics.

7. Johnson, Norman Lloyd; Samuel Kotz, N. Balakrishnan(1995). Continuous Univariate Distributions, Volume 2(Second Edition, Section 27). Wiley. ISBN 0-471-58494-0.

8. "Student" [William Sealy Gosset](March 1908). "The probable error of a mean". Biometrika 6(1): 1–25. doi:10.1093/biomet/6.1.1.

9. Abramowitz, Milton; Stegun, Irene A., eds.(1965), "Chapter 26", Handbook of Mathematical Functions with Formulas, Graphs, and Mathematical Tables, New York: Dover, p. 946, ISBN 978-0486612720, MR 0167642.

10. Mood, Alexander; Franklin A. Graybill, Duane C. Boes(1974). Introduction to the Theory of Statistics(Third Edition, p. 246-249). McGraw-Hill. ISBN 0-07-042864-6.

11. Helmert, F. R.(1876a). "Über die Wahrscheinlichkeit der Potenzsummen der Beobachtungsfehler und uber einige damit in Zusammenhang stehende Fragen". Z. Math. Phys., 21, 192–218.

12. Pfanzagl, J.; Sheynin, O.(1996). "A forerunner of the t-distribution(Studies in the history of probability and statistics XLIV)". Biometrika 83(4): 891–898. doi:10.1093/biomet/83.4.891. MR 1766040.

13. Helmert, F. R.(1876b). "Die Genauigkeit der Formel von Peters zur Berechnung des wahrscheinlichen Beobachtungsfehlers directer Beobachtungen gleicher Genauigkeit", Astron. Nachr., 88, 113–32.

14. Snedecor, George W.; Cochran, William G.(1989). Statistical Methods(8th ed.). Ames, Iowa: Blackwell Publishing Professional. ISBN 0-8138-1561-4. Retrieved 2011-08-05.

15. Sheynin, O.(1995). "Helmert's work in the theory of errors". Arch. Hist. Ex. Sci. 49: 73–104.

16. Student" [William Sealy Gosset](March 1908). "The probable error of a mean". Biometrika 6(1): 1–25.

17. Helmert, F. R.(1875). "Über die Bestimmung des wahrscheinlichen Fehlers aus einer endlichen Anzahl wahrer Beobachtungsfehler". Z. Math. Phys., 20, 300–3.

18. Lüroth, J(1876). "Vergleichung von zwei Werten des wahrscheinlichen Fehlers". Astron. Nachr. 87(14): 209–20. Bibcode:1876AN.....87..209L. doi:10.1002/asna.18760871402.

19. F. R. Helmert, "Ueber die Wahrscheinlichkeit der Potenzsummen der Beobachtungsfehler und über einige damit im Zusammenhange stehende Fragen", Zeitschrift für Mathematik und Physik 21, 1876, S. 102–219.

20. Mortimer, Robert G.(2005)Mathematics for Physical Chemistry, Academic Press. 3 edition. ISBN 0-12-508347-5(page 326)

21. Fisher, R. A.(1925). "Applications of "Student's" distribution". Metron 5: 90–104.

22. Walpole, Ronald; Myers, Raymond; Myers, Sharon; Ye, Keying. (2002) Probability and Statistics for Engineers and Scientists. Pearson Education, 7th edition, pg. 237

23. 【大紀元 4 月 28 日報導】（中央社記者夏念慈高雄 28 日電）民生鬧醫師荒 減床停大夜急診

抽樣分布
Sampling Distributions

Chapter 07

 **LEARNING OBJECTIVES**

- 瞭解抽樣分布與樣本數的關係
- 瞭解中央極限定理的意義與樣本概念的導入
- 區別 Z 分布與 t 分布的應用時機
- 學習樣本比例的統計分析及應用
- 學習利用 Excel 標示出圖形的誤差線

7.1 何謂抽樣分布？

從同一母體中，以固定樣本數(n)的方式進行隨機抽樣，所有可能抽樣所得到樣本的統計量(statistic)的分布(distribution)稱為抽樣分布。例如本章下述之樣本平均數的抽樣分布(sampling distribution of the sample mean)及樣本比例之抽樣分布(sampling distribution of the sample proportion)，即是所有得到之樣本的平均數與樣本比例的分布。

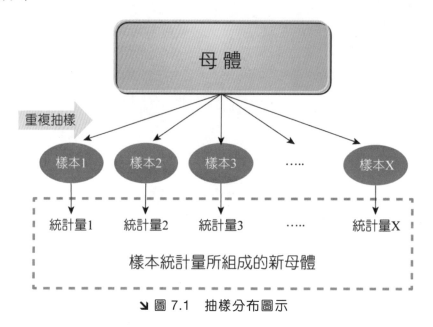

➘ 圖 7.1 抽樣分布圖示

7.2 樣本平均數的抽樣分布 (Sampling Distribution of the Sample Mean)

從一個相同母體中，每次抽取一固定的樣本數(n)，經重複隨機抽樣，所得到的樣本平均數($\bar{x}$)的分布。

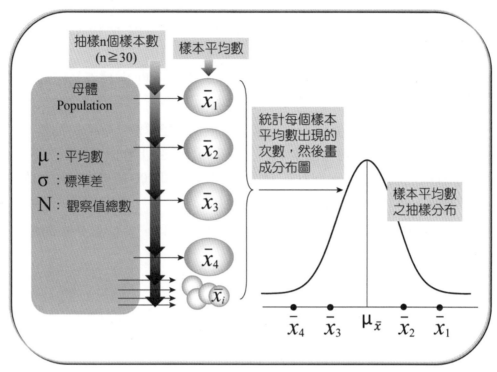

↘ 圖 7.2　樣本平均數的抽樣分布

[範例說明]

　　某國衛生部統計，該國在 2015 年糖尿病人占總人口數的 6.5%以上。根據全國醫院當年就診紀錄，該國 10 萬名成年人的空腹血糖值平均數為 110 mg/dL，標準差為 10 mg/dL。

　　今從該 10 萬名有空腹血糖值紀錄的人中，以樣本數 n=1 的抽樣方式（即每次抽樣一人），重複隨機抽樣 100 次（亦即會得到 100 個樣本平均數），發現該 100 次抽樣的空腹血糖值平均數為 110 mg/dL（亦即 100 個樣本平均數的總平均數），標準差為 10 mg/dL。（抽樣總人次為 100 人）

　　今又從該 10 萬名有空腹血糖值紀錄的人中，以樣本數 n=4 的抽樣方式（即每次抽樣四人），重複隨機抽樣 100 次（亦即會得到 100 個樣本平均數），發現該 100 次抽樣的空腹血糖值平均數為 110 mg/dL（亦即 100 個樣本平均數的總平均數），標準差為 5 mg/dL。（抽樣總人次為 400 人）

若又從該 10 萬名有空腹血糖值紀錄的人中，以樣本數 n=16 的抽樣方式（即每次抽樣十六人），重複隨機抽樣 100 次（即會得到 100 個樣本平均數），發現該 100 次抽樣的空腹血糖值平均數為 110 mg/dL（亦即 100 個樣本平均數的總平均數），標準差為 2.5 mg/dL（抽樣總人次為 1600 人）。

再次從該 10 萬名有空腹血糖值紀錄的人中，以樣本數 n=64 的抽樣方式（即每次抽樣六十四人），重複隨機抽樣 100 次（亦即會得到 100 個樣本平均數），發現該 100 次抽樣的空腹血糖值平均數為 110 mg/dL（亦即 100 個樣本平均數的總平均數），標準差為 1.25 mg/dL。（抽樣總人次為 6400 人）

由上述之抽樣方式發現，當抽樣的樣本數越大時，其抽樣分布的標準差越小，代表新分布的變異性越小。

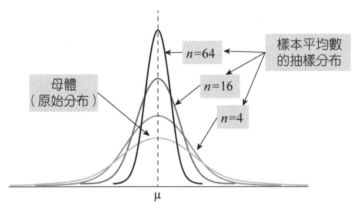

↘ 圖 7.3　樣本平均數抽樣分布與樣本數的關係

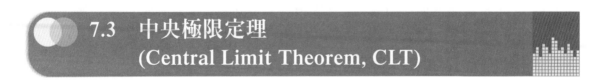

7.3　中央極限定理 (Central Limit Theorem, CLT)

不管原來母體的分布如何，當母體經由重複抽樣後，且每次抽樣的樣本數夠大時（通常 n≥30），則抽樣所得到的樣本平均數($\bar{x}$)所組成的分布，會趨近於常態分布，此種現象稱為中央極限定理(central limit theorem, CLT)。

[範例說明]

假設分別擲 1 個、2 個、3 個或 4 個骰子，從中可發現，其出現各種不同點數的機率分布，會隨著骰子數的增加趨近於常態分布。結果如下：

1. 一個骰子的機率分布

   每個點數出現的機率均為 1/6。

2. 二個骰子的機率分布

   如第六章所述,同時擲二個骰子,會
   有以下 36 種點數的組合:

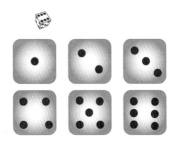

↘ 圖 7.4　骰子的六面點數

📈 表 7.1　同時擲二個骰子的點數組合

	1	2	3	4	5	6
1	(1, 1)	(1, 2)	(1, 3)	(1, 4)	(1, 5)	(1, 6)
2	(2, 1)	(2, 2)	(2, 3)	(2, 4)	(2, 5)	(2, 6)
3	(3, 1)	(3, 2)	(3, 3)	(3, 4)	(3, 5)	(3, 6)
4	(4, 1)	(4, 2)	(4, 3)	(4, 4)	(4, 5)	(4, 6)
5	(5, 1)	(5, 2)	(5, 3)	(5, 4)	(5, 5)	(5, 6)
6	(6, 1)	(6, 2)	(6, 3)	(6, 4)	(6, 5)	(6, 6)

(括弧中的兩個數字分別代表第一個及第二個骰子所擲出的點數)

　　而其點數總和會有以下的出現次數與機率:

📈 表 7.2　同時擲二個骰子的點數組合與機率

點數總和	出現次數	出現機率
2	1	$1 * \left(\frac{1}{6}\right) * \left(\frac{1}{6}\right) = \frac{1}{36}$
3	2	$2 * \left(\frac{1}{6}\right) * \left(\frac{1}{6}\right) = \frac{2}{36}$
4	3	$3 * \left(\frac{1}{6}\right) * \left(\frac{1}{6}\right) = \frac{3}{36}$
5	4	$4 * \left(\frac{1}{6}\right) * \left(\frac{1}{6}\right) = \frac{4}{36}$
6	5	$5 * \left(\frac{1}{6}\right) * \left(\frac{1}{6}\right) = \frac{5}{36}$
7	6	$6 * \left(\frac{1}{6}\right) * \left(\frac{1}{6}\right) = \frac{6}{36}$
8	5	$5 * \left(\frac{1}{6}\right) * \left(\frac{1}{6}\right) = \frac{5}{36}$
9	4	$4 * \left(\frac{1}{6}\right) * \left(\frac{1}{6}\right) = \frac{4}{36}$

表 7.2　同時擲二個骰子的點數組合與機率（續）

點數總和	出現次數	出現機率
10	3	$3 * \left(\frac{1}{6}\right) * \left(\frac{1}{6}\right) = \frac{3}{36}$
11	2	$2 * \left(\frac{1}{6}\right) * \left(\frac{1}{6}\right) = \frac{2}{36}$
12	1	$1 * \left(\frac{1}{6}\right) * \left(\frac{1}{6}\right) = \frac{1}{36}$

2. 三個骰子的機率分布

其點數總和會有以下的出現次數與機率：

表 7.3　同時擲三個骰子的點數組合與機率

點數總和	出現次數	出現機率
3	1	$1 * \left(\frac{1}{6}\right) * \left(\frac{1}{6}\right) * \left(\frac{1}{6}\right) = \frac{1}{216}$
4	3	$3 * \left(\frac{1}{6}\right) * \left(\frac{1}{6}\right) * \left(\frac{1}{6}\right) = \frac{3}{216}$
5	6	$6 * \left(\frac{1}{6}\right) * \left(\frac{1}{6}\right) * \left(\frac{1}{6}\right) = \frac{6}{216}$
6	10	$10 * \left(\frac{1}{6}\right) * \left(\frac{1}{6}\right) * \left(\frac{1}{6}\right) = \frac{10}{216}$
7	15	$15 * \left(\frac{1}{6}\right) * \left(\frac{1}{6}\right) * \left(\frac{1}{6}\right) = \frac{15}{216}$
8	21	$21 * \left(\frac{1}{6}\right) * \left(\frac{1}{6}\right) * \left(\frac{1}{6}\right) = \frac{21}{216}$
9	25	$25 * \left(\frac{1}{6}\right) * \left(\frac{1}{6}\right) * \left(\frac{1}{6}\right) = \frac{25}{216}$
10	27	$27 * \left(\frac{1}{6}\right) * \left(\frac{1}{6}\right) * \left(\frac{1}{6}\right) = \frac{27}{216}$
11	27	$27 * \left(\frac{1}{6}\right) * \left(\frac{1}{6}\right) * \left(\frac{1}{6}\right) = \frac{27}{216}$
12	25	$25 * \left(\frac{1}{6}\right) * \left(\frac{1}{6}\right) * \left(\frac{1}{6}\right) = \frac{25}{216}$
13	21	$21 * \left(\frac{1}{6}\right) * \left(\frac{1}{6}\right) * \left(\frac{1}{6}\right) = \frac{21}{216}$

📈 表 7.3　同時擲三個骰子的點數組合與機率（續）

點數總和	出現次數	出現機率
14	15	$15 * \left(\frac{1}{6}\right) * \left(\frac{1}{6}\right) * \left(\frac{1}{6}\right) = \frac{15}{216}$
15	10	$10 * \left(\frac{1}{6}\right) * \left(\frac{1}{6}\right) * \left(\frac{1}{6}\right) = \frac{10}{216}$
16	6	$6 * \left(\frac{1}{6}\right) * \left(\frac{1}{6}\right) * \left(\frac{1}{6}\right) = \frac{6}{216}$
17	3	$3 * \left(\frac{1}{6}\right) * \left(\frac{1}{6}\right) * \left(\frac{1}{6}\right) = \frac{3}{216}$
18	1	$1 * \left(\frac{1}{6}\right) * \left(\frac{1}{6}\right) * \left(\frac{1}{6}\right) = \frac{1}{216}$

3. 四個骰子的機率分布依上述方式類推。

其機率的分布圖如下：

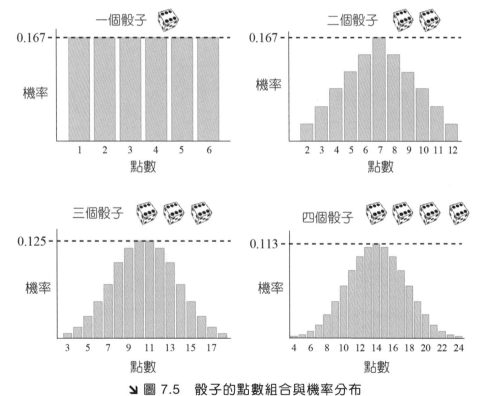

↘ 圖 7.5　骰子的點數組合與機率分布

同樣的，當擲一枚、五枚、十枚或二十枚公正的硬幣時，其出現正反面不同組合的機率分布，也會隨著硬幣個數的增加，而趨近於常態。

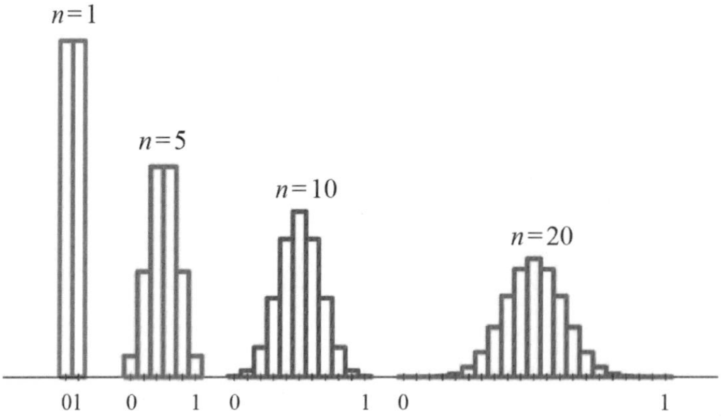

圖 7.6　擲不同數目硬幣的機率分布

由上例可知，當骰子或是硬幣的數目增加時（即代表樣本數的增加），可觀察到其機率分布也趨近於常態分布。

由上述的範例說明可知，中央極限定理具有以下三項特徵：

1. 新的分布趨近於常態分布
2. 新的分布的平均數($\mu_{\bar{x}}$)=舊的分布的平均數(μ)，$\mu_{\bar{x}} = \mu$。
3. 新的分布的標準差($\sigma_{\bar{x}}$)=舊的分布的標準差(σ)除以$\sqrt{n}$，$\sigma_{\bar{x}} = \frac{\sigma}{\sqrt{n}}$。新分布的標準差，又稱為平均數之標準誤(standard error of the mean, SEM or SE)。

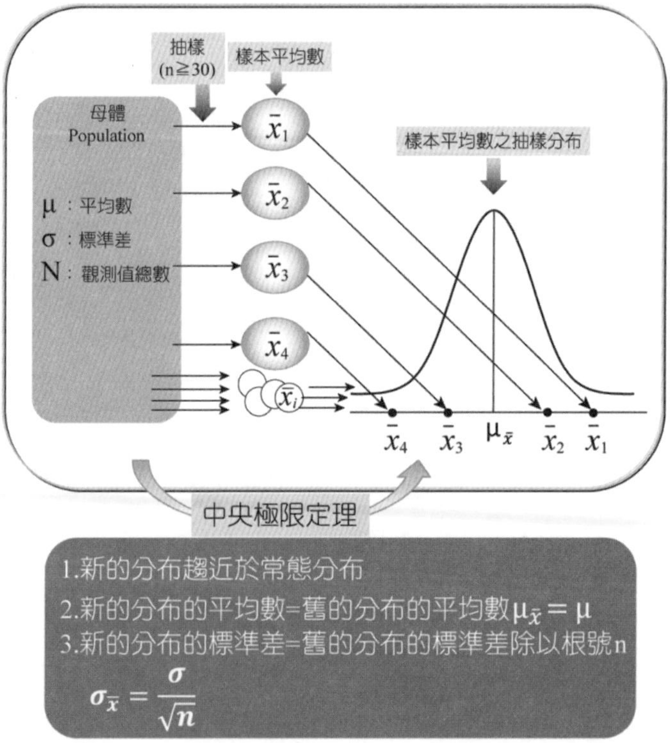

圖 7.7　中央極限定理與樣本平均數的抽樣分布(1)

因此，標準化分數的計算如下：

$$Z = \frac{\bar{x} - \mu_{\bar{x}}}{\sigma_{\bar{x}}} = \frac{\bar{x} - \mu}{\frac{\sigma}{\sqrt{n}}}$$

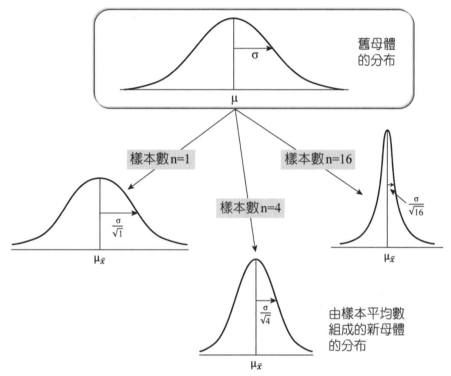

舊母體的分布

樣本數n=1

樣本數n=4

樣本數n=16

$$\frac{\sigma}{\sqrt{1}}$$

$$\frac{\sigma}{\sqrt{4}}$$

$$\frac{\sigma}{\sqrt{16}}$$

$$\mu_{\bar{x}}$$

由樣本平均數組成的新母體的分布

→ 圖 7.8　中央極限定理與樣本平均數的抽樣分布(2)

不過在母體的標準差(σ)未知，且大樣本數(n≧30)的情況下，可以樣本的標準差(s)來估計母體的標準差(σ)，這時仍要使用 Z 分布的公式計算其 Z 值。

$$Z = \frac{\bar{x} - \mu_{\bar{x}}}{\sigma_{\bar{x}}} = \frac{\bar{x} - \mu}{\frac{s}{\sqrt{n}}}$$

但是在母體的標準差(σ)未知，且小樣本數(n<30)的情況下，可以樣本的標準差(s)來估計母體的標準差(σ)，這時就要使用 t 分布的公式計算其 t 值。

$$t = \frac{\bar{x} - \mu}{s / \sqrt{n}}$$

7.1

範例說明

假設某國全體國民的智商(intelligence quotient, IQ)平均數(μ)為 100，標準差(σ)為 30。

(1) 請問有多少比例的民眾，其 IQ 低於 90？

(2) 假設今隨機抽樣 30 位民眾測其 IQ，請問這 30 位民眾中有多少比例的人，其 IQ 低於 90？

 解答

(1) $Z = \dfrac{x-\mu}{\sigma} = \dfrac{90-100}{30} = \dfrac{-10}{30} = -0.33$

　　　　$0.5-0.12930=0.3707$，即有 37.07%的民眾，其 IQ 低於 90。

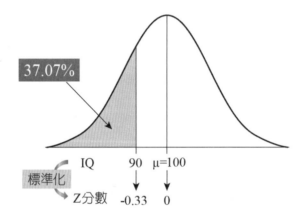

(2) $Z = \dfrac{\bar{x}-\mu_{\bar{x}}}{\sigma_{\bar{x}}} = \dfrac{\bar{x}-\mu}{\frac{\sigma}{\sqrt{n}}} = \dfrac{90-100}{\frac{30}{\sqrt{30}}} = \dfrac{-10}{5.477} = -1.83$

$0.5-0.46638=0.03362$，即這 30 位民眾中有 3.362%的人，其 IQ 低於 90。

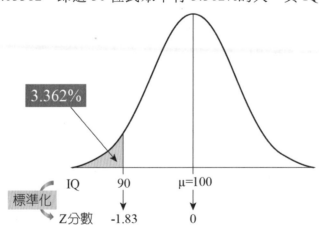

End

範例說明

假設 12 歲少年的血糖值接近常態分布，其平均值(μ)為 90 mg/dL，標準差(σ)為 15。

(1) 請問有多少比例的 12 歲少年，其血糖平均值介於 80~95 mg/dL 之間？

(2) 今隨機抽樣 16 名 12 歲少年，請問該 16 名 12 歲少年其血糖平均值介於 80~95 mg/dL 之間的比例為何？

(3) 若該母體的標準差(σ)未知，但在母體平均值(μ)為 90 mg/dL 的情況下，假設今隨機抽樣 16 名 12 歲少年，其樣本的標準差(s)為 20，請問這 16 名 12 歲少年其血糖平均值介於 80~95 mg/dL 之間的比例為何？

解答

(1) $Z_{右} = \frac{x-\mu}{\sigma} = \frac{95-90}{15} = \frac{5}{15} = 0.33$

$Z_{左} = \frac{x-\mu}{\sigma} = \frac{80-90}{15} = \frac{-10}{15} = -0.67$

0.12930+0.24857=0.37787，即有 37.787%的民眾，其血糖平均值介於 80~95 mg/dL 之間。

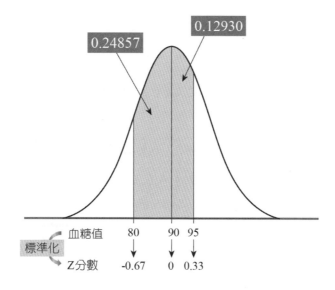

(2) 本小題雖樣本數小於 30，但題目未提供樣本的標準差，故仍應用樣本平均數抽樣分布的標準化來計算：

$Z_{右} = \frac{\bar{x}-\mu_{\bar{x}}}{\sigma_{\bar{x}}} = \frac{\bar{x}-\mu}{\frac{\sigma}{\sqrt{n}}} = \frac{95-90}{\frac{15}{\sqrt{16}}} = \frac{5}{3.75} = 1.33$

$Z_{左} = \frac{\bar{x}-\mu_{\bar{x}}}{\sigma_{\bar{x}}} = \frac{\bar{x}-\mu}{\frac{\sigma}{\sqrt{n}}} = \frac{80-90}{\frac{15}{\sqrt{16}}} = \frac{10}{3.75} = -2.67$

經查 Z 表

0.40824+0.49621=0.90445，即這 16 位民眾中有 90.445%的人，其血糖平均值介於 80~95 mg/dL 之間。

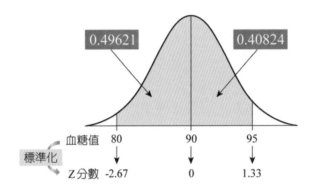

(3) 本小題樣本數小於 30，且只提供樣本的標準差，未提供母體的標準差，故應用 t 分布的標準化來計算：

$$t_{右} = \frac{\bar{x} - \mu_{\bar{x}}}{s/\sqrt{n}} = \frac{\bar{x} - \mu}{s/\sqrt{n}} = \frac{95-90}{\frac{20}{\sqrt{16}}} = \frac{5}{5} = 1$$

$$t_{左} = \frac{\bar{x} - \mu_{\bar{x}}}{s/\sqrt{n}} = \frac{\bar{x} - \mu}{s/\sqrt{n}} = \frac{80-90}{\frac{20}{\sqrt{16}}} = \frac{-10}{5} = -2$$

經用 Excel 分別計算其 t 值：

T.DIST(1,15,1)= 0.8334，

所以 t 值在 0~1 之間的面積（機率）= 0.8334–0.5=0.3334

T.DIST(–2,15,1)= 0.0320，

所以 t 值在–2~0 之間的面積（機率）=0.5–0.0320=0.4680

所以 t 值在–2~1 之間的面積（機率）= 0.3334+0.4680=0.8014，即這 16 位民眾中有 80.14%的人，其血糖平均值介於 80~95 mg/dL 之間。

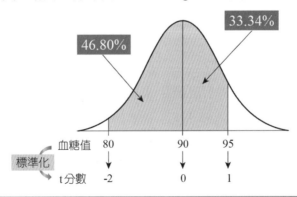

End

7.4 兩樣本平均數差異之抽樣分布 (Sampling Distribution of the Difference between Means)

已知兩母體平均數差異$(\mu_1 - \mu_2)$的抽樣分布也趨近於常態，其新分布之標準差（也稱為標準誤，如同上述中央極限定理之說明）$(SE_{(\bar{x}_1 - \bar{x}_2)})$及 Z 分數分別計算如下：

$$SE_{(\bar{x}_1 - \bar{x}_2)} = \sqrt{\frac{\sigma_1^2}{n_1} + \frac{\sigma_2^2}{n_2}}$$

$$Z = \frac{(\bar{x}_1 - \bar{x}_2) - (\mu_1 - \mu_2)}{\sqrt{\frac{\sigma_1^2}{n_1} + \frac{\sigma_2^2}{n_2}}}$$

當兩組母體的變異數$\sigma_1^2 = \sigma_2^2 = \sigma^2$時，

$$Z = \frac{(\bar{x}_1 - \bar{x}_2) - (\mu_1 - \mu_2)}{\sigma\sqrt{\frac{1}{n_1} + \frac{1}{n_2}}}$$

如果兩母體的標準差相等但未知，且樣本的標準差已知，則必須計算綜合樣本標準差(s_p)，以估計母體的標準差$(SE_{(\bar{x}_1 - \bar{x}_2)})$。

$$s_p = \sqrt{\frac{s_1^2(n_1 - 1) + s_2^2(n_2 - 1)}{n_1 + n_2 - 2}}$$

$$t = \frac{(\bar{x}_1 - \bar{x}_2) - (\mu_1 - \mu_2)}{s_p\sqrt{\frac{1}{n_1} + \frac{1}{n_2}}}$$

其中$\bar{x}_1$、$\bar{x}_2$分別為第一組樣本及第二組樣本的平均數，而s_1、s_2則分別為第一組樣本及第二組樣本的標準差。

7.5　樣本比例之抽樣分布(Sampling Distribution of the Sample Proportion)

如第六章所述，假設某事件的發生只有兩種可能性（如成功或失敗兩種結果），則此事件為一種二項式機率分布。其母體的成功機率（即母體比例，population proportion，以 p 代表），定義為在總共 N 次的試驗中，共有 k 次成功的機率。表示如下：

$$p = \frac{k}{N}$$

在某次相同事件的隨機抽樣的試驗中，重複 n 次，發現其中有 x 次成功，則此組樣本的成功機率（即樣本比例(sample proportion)，以 $\hat{p}$ 代表）為：

$$\hat{p} = \frac{x}{n}$$

統計學家已證實，在 $np \geq 5$ 且 $n(1-p) \geq 5$ 的條件下，樣本比例的抽樣分布，就如同上面所提的樣本平均數的抽樣分布，也是趨近於常態，因此可以常態分布替代二項式分布，所以統計學家得到該事件樣本比例抽樣分布的標準差$(\sigma_{\hat{p}})$及 Z 分數分別為：

$$\sigma_{\hat{p}} = \sqrt{\frac{p(1-p)}{n}}$$

$$Z = \frac{\hat{p} - p}{\sigma_{\hat{p}}} = \frac{\hat{p} - p}{\sqrt{\frac{p(1-p)}{n}}}$$

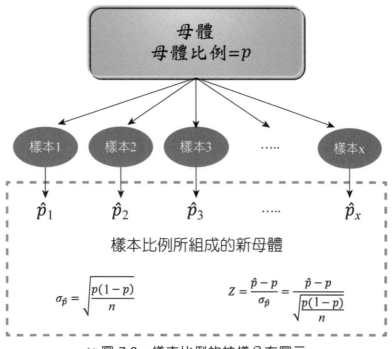

↘ 圖 7.9　樣本比例的抽樣分布圖示

其中

p：母體比例

$\hat{p}$：樣本比例（$\hat{p}$ 之唸法："p-hat"）

N：母體試驗次數

k：母體成功次數

n：樣本試驗次數

x：樣本成功次數

範例說明

假設國小全部的小六學生中，有 65% 學生的學業平均成績及格（60 分）以上，請問今有 100 名小六生，少於 60 名的學生其學業成績及格的機率會有多少？

因為 $np = 100 * 0.65 = 65 \geq 5$ 且 $np(1-p) = 100 * 0.65 * (1-0.65) = 22.75 \geq 5$。綜合以上兩點，此樣本比例的分布趨近於常態。因此其 Z 分數計算如下：

p=0.65：母體比例

n=100：樣本試驗次數

x=60：樣本成功次數

$\hat{p}$=60/100=0.6：樣本比例

$$Z = \frac{\hat{p} - p}{\sigma_{\hat{p}}} = \frac{\hat{p} - p}{\sqrt{\frac{p(1-p)}{n}}} = \frac{0.6 - 0.65}{\sqrt{\frac{0.65(1-0.65)}{100}}} = \frac{-0.05}{\sqrt{\frac{0.65*0.35}{100}}} = \frac{-0.05}{0.048} = -1.04$$

經查表，當 Z=−1.04 時，面積為 0.35083，0.5−0.35083=0.14917，所以 100 名小六生，少於 60 名的學生其學業成績及格的機率為 14.917%

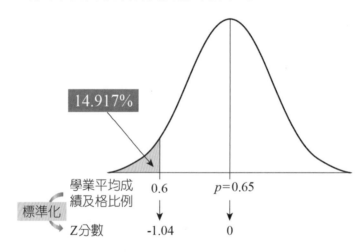

7.6 兩組樣本比例差異之抽樣分布

經統計學家研究得知，在 $n_1 p_1 \geq 5$ 且 $n_1(1-p_1) \geq 5$，$n_2 p_2 \geq 5$ 且 $n_2(1-p_2) \geq 5$ 的條件下，兩組樣本比例差異之抽樣分布的標準誤($\sigma_{(\hat{p}_1-\hat{p}_2)}$)及 Z 分數計算公式如下：

$$\sigma_{(\hat{p}_1 - \hat{p}_2)} = \sqrt{\frac{p_1(1-p_1)}{n_1} + \frac{p_2(1-p_2)}{n_2}}$$

$$Z = \frac{(\hat{p}_1 - \hat{p}_2) - (p_1 - p_2)}{\sqrt{\frac{p_1(1-p_1)}{n_1} + \frac{p_2(1-p_2)}{n_2}}}$$

其中

p_1, p_2：分別為兩組母體之母體比例

$\hat{p}_1$, $\hat{p}_2$：分別為兩組樣本之樣本比例

n_1, n_2：分別為兩組樣本之試驗次數

7.7 標準差與標準誤之應用

標準誤(SEM or SE)可用來判斷平均數的正確度(accuracy)，因此常用於描述估計值與母體真實值之間的差異，如用於樣本平均數的假說檢定。因此，當比較各組資料之間是否有顯著性差異時，資料的呈現型式宜用平均數±1 個標準誤（即 mean±1SEM）。

而標準差(SD)用來判斷觀察值抽樣的變異情形或分散程度，為資料精密度的指標，因此常用於單純的資料呈現。故在沒有顯著性檢定的情況下，宜用平均數±1 個標準差（即 mean±1SD），以表示實驗是否做得夠精密與可靠。亦即標準差越小，代表實驗的品質越好。下圖為進行假說檢定時常用的資料呈現方式：

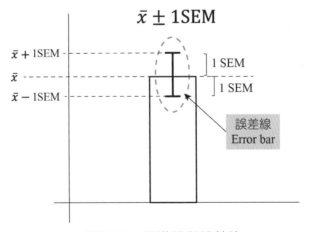

▶ 圖 7.10 標準誤與誤差線

7.8 如何用 Excel 標示出圖型的誤差線

在具有比較意涵的統計圖中，會畫出誤差線(error bar)來代表量測數據的離散程度，而這誤差線通常以平均數之標準誤(standard error of the mean, SEM or SE)來代表。

範例說明

7.4

某藥物 A 在細胞實驗中發現會降低三酸甘油酯(triglyceride, TG)的累積量，今進行動物試驗來進一步證實藥物 A 的作用，將 12 隻老鼠以高脂飼料餵食兩個月後，再平均分成以藥物 A 處理的實驗組，及無藥物處理的對照組，每組各 6 隻。經過 2 週藥物 A 處理後，再分別抽血測量實驗組及對照組老鼠血漿中三酸甘油酯的濃度(mg/dL)，結果如下：

	實驗組	對照組
1	211.00	289.00
2	214.00	277.00
3	202.00	227.00
4	232.00	299.00
5	198.00	268.00
6	177.00	196.00

1. 每組的平均數(mean)、標準差(standard deviation)及標準誤(standard error)，可分別用函數 AVERAGE()、STDEV.S()及STDEV.S()/SQRT(n)計算而得。其中$n=6$為樣本數。

	實驗組	對照組
1	211.00	289.00
2	214.00	277.00
3	202.00	227.00
4	232.00	299.00
5	198.00	268.00
6	177.00	196.00

	實驗組	對照組
平均數	205.67	259.33
標準差	18.36	39.74
標準誤	7.50	16.22

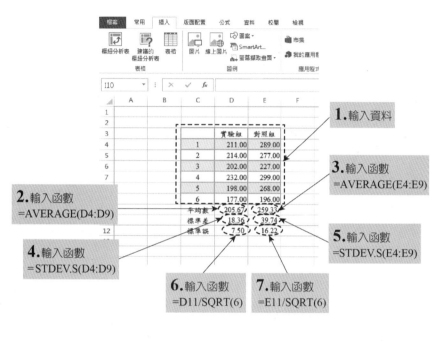

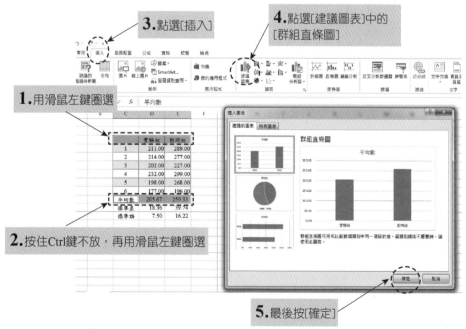

2. 用滑鼠左鍵按一下圖表，此時會出現圖表工具列，然後點選功能列中的[設計]與[新增圖表項目]。

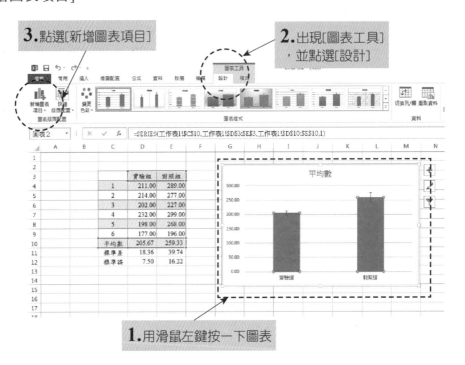

3. 點選[新增圖表項目]

2. 出現[圖表工具]，並點選[設計]

1. 用滑鼠左鍵按一下圖表

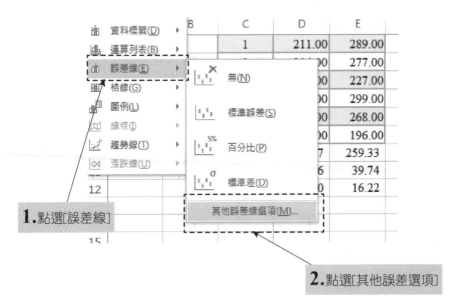

1. 點選[誤差線]

2. 點選[其他誤差選項]

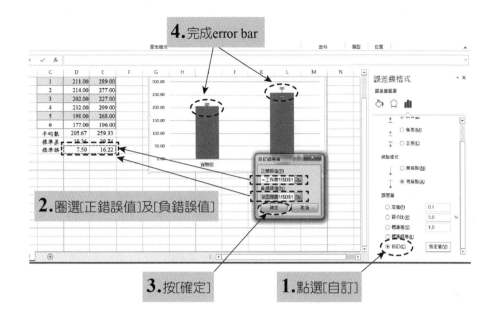

4. 完成error bar

2. 圈選[正錯誤值]及[負錯誤值]

3. 按[確定]

1. 點選[自訂]

End

課後習題

1. 何謂抽樣分布(sampling distributions)？

2. 何謂抽樣誤差(sampling error)？

3. 何謂隨機變數(random variable)？

4. (1) 請陳述標準誤(SEM or SE)和標準差(SD)的適用時機。
   (2) 在同樣的條件下，何者的數值較小？

5. 請解釋何謂中央極限定理(central limit theorem, CLT)。

6. 中央極限定理具哪三項特徵？

7. 假設某國全體國民血液中鈉離子的濃度接近常態分布，其平均值(μ)為 140 milliequivalents per liter(mEq/L)，標準差(σ)為 2.5。
   (1) 請問有多少比例的民眾，其血液中鈉離子的濃度高於 140.5 mEq/L？
   (2) 假設今隨機抽樣 36 位民眾測其血液中鈉離子，請問這 36 位民眾中有多少比例的人，其血液中鈉離子的濃度高於 140.5 mEq/L？
   (3) 在母體的標準差(σ)未知，平均值(μ)為 140 mEq/L 的情況下，假設今隨機抽樣 25 名民眾，其樣本的標準差(s)為 10，請問這 25 位民眾中有多少比例的人，其血液中鈉離子的濃度介於 138.5~141 mEq/L 之間？

8. 臺灣 19 歲以上成年男性中，有 50%的人其身體質量指數(body mass index, BMI)超過 24，屬於體重過重或是肥胖，易導致心血管疾病、糖尿病等慢性疾病。今從某縣市抽樣 360 人，請分別計算下列條件下，其 BMI 超過 24 的機率：
   (1)360 人中，少於 169 人；(2)360 人中，多於 198 人；(3)360 人中，多於 169 人，少於 198 人。

[參考文獻]

1. Rice, John(1995), Mathematical Statistics and Data Analysis(Second ed.), Duxbury Press, ISBN 0-534-20934-3.

2. Voit, Johannes(2003), The Statistical Mechanics of Financial Markets, Springer-Verlag, p. 124, ISBN 3-540-00978-7.

3. 胡淼琳教授，科學論文之英文寫作範例解析，合記圖書出版社，2006 年初版一刷，p. 132。

Illustrated

Biostatistics

Complemented

with

Microsoft Excel

信賴區間估計
Confidence Interval Estimation

Chapter 08

 學習目標 LEARNING OBJECTIVES

- 分辨點估計與信賴區間估計的差異性
- 學習利用樣本的統計量估計母體的參數
- 學習如何決定抽樣樣本數的大小

8.1 點估計與信賴區間估計(Point Estimation and Confidence Interval Estimation)

統計學上對母體參數(population parameter)的估計有兩種方式：點估計(point estimation)與信賴區間估計(confidence interval estimation)。

↘ 圖 8.1 點估計與信賴區間估計

1. **點估計**(point estimation)：利用單一樣本統計量(statistic)來估計母體的參數(parameter)，如利用單一樣本平均數($\bar{x}$)來估計母體平均數(μ)。

2. **信賴區間估計**(confidence interval estimation)：利用位於某範圍內的樣本統計量，來估計母體的參數。從這些樣本的統計量中，可以有很高的機率發現母體的真實值(true value)。

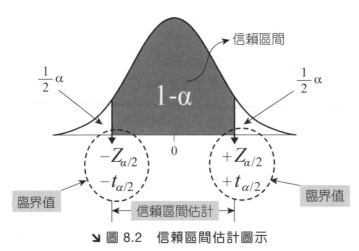

↘ 圖 8.2 信賴區間估計圖示

8.2　單一母體平均數的信賴區間估計 (The Confidence Interval of a Sample Mean)

對單一母體平均數的信賴區間(confidence interval, CI)估計，有下列三種情形。

1. 母體的標準差(σ)已知，使用 Z 分布進行信賴區間估計。以下使用不同的信賴區間來說明：

(1) 95% CI

因為

$$Z = \frac{\bar{x} - \mu}{\frac{\sigma}{\sqrt{n}}}$$

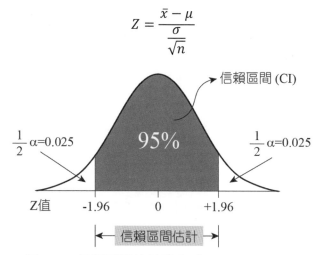

↘ 圖 8.3　信賴區間估計圖示（95% CI, Z 分布）

所以

$$0.95 = 1 - \alpha = P(-1.96 \leq Z \leq +1.96) = P\left(-1.96 \leq \frac{\bar{x} - \mu}{\frac{\sigma}{\sqrt{n}}} \leq +1.96\right)$$

$$= P\left(\bar{x} - 1.96\frac{\sigma}{\sqrt{n}} \leq \mu \leq \bar{x} + 1.96\frac{\sigma}{\sqrt{n}}\right)$$

$$\mu 之\ 95\%CI = \bar{x} \pm 1.96\frac{\sigma}{\sqrt{n}}$$

此處的臨界值±1.96 可由查表或是 Excel 函數 NORM.S.INV(0.975)=1.959964 取近似值得到。

(2) 99% CI

因為

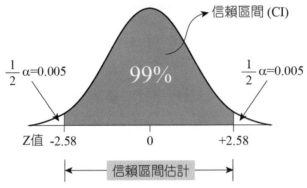

信賴區間 (CI)

$\frac{1}{2}\alpha=0.005$

99%

$\frac{1}{2}\alpha=0.005$

Z值 -2.58　　　0　　　+2.58

信賴區間估計

↘ 圖 8.4　信賴區間估計圖示（99% CI, Z 分布）

$$0.99 = 1 - \alpha = P(-2.58 \leq Z \leq +2.58) = P\left(-2.58 \leq \frac{\bar{x} - \mu}{\frac{\sigma}{\sqrt{n}}} \leq +2.58\right)$$

$$= P\left(\bar{x} - 2.58\frac{\sigma}{\sqrt{n}} \leq \mu \leq \bar{x} + 2.58\frac{\sigma}{\sqrt{n}}\right)$$

$$\mu \text{之 } 99\%\text{CI} = \bar{x} \pm 2.58\frac{\sigma}{\sqrt{n}}$$

此處的臨界值±2.58 可由 Excel 函數 NORM.S.INV(0.995)=2.575829 取近似值得到。

綜合以上之例子，其信賴區間估計的一般公式如下：

$$\%\text{CI} = 1 - \alpha = P\left(-Z_{\alpha/2} \leq Z \leq +Z_{\alpha/2}\right) = P\left(-Z_{\alpha/2} \leq \frac{\bar{x} - \mu}{\frac{\sigma}{\sqrt{n}}} \leq +Z_{\alpha/2}\right)$$

$$= P\left(\bar{x} - Z_{\alpha/2}\frac{\sigma}{\sqrt{n}} \leq \mu \leq \bar{x} + Z_{\alpha/2}\frac{\sigma}{\sqrt{n}}\right)$$

所以公式歸納如下：

$$\mu \text{之}(1 - \alpha)\%\text{CI} = \bar{x} \pm Z_{\alpha/2}\frac{\sigma}{\sqrt{n}}$$

2. **母體的標準差(σ)未知，但樣本的標準差(s)已知且為大樣本（例如 $n \geq 30$），仍可使用 Z 分布進行信賴區間估計：**

$$\%CI = 1 - \alpha = P\left(-Z_{\alpha/2} \leq Z \leq +Z_{\alpha/2}\right) = P\left(-Z_{\alpha/2} \leq \frac{\bar{x} - \mu}{\frac{s}{\sqrt{n}}} \leq +Z_{\alpha/2}\right)$$

$$= P\left(\bar{x} - Z_{\alpha/2}\frac{s}{\sqrt{n}} \leq \mu \leq \bar{x} + Z_{\alpha/2}\frac{s}{\sqrt{n}}\right)$$

所以公式歸納如下：

$$\mu 之 (1 - \alpha)\%CI = \bar{x} \pm Z_{\alpha/2}\frac{s}{\sqrt{n}}$$

3. **母體的標準差(σ)未知，但樣本的標準差(s)已知且為小樣本（例如 $n < 30$），則使用 t 分布進行信賴區間估計：**

因為

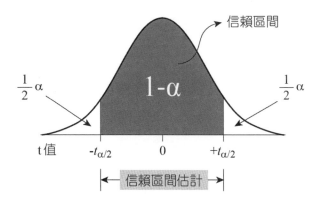

↘ 圖 8.5　信賴區間估計圖示（t 分布）

$$t = \frac{\bar{x} - \mu}{\frac{s}{\sqrt{n}}}$$

所以

$$\%CI = 1 - \alpha = P\left(-t_{\alpha/2} \leq t \leq +t_{\alpha/2}\right) = P\left(-t_{\alpha/2} \leq \frac{\bar{x} - \mu}{\frac{s}{\sqrt{n}}} \leq +t_{\alpha/2}\right)$$

$$= P\left(\bar{x} - t_{\alpha/2}\frac{s}{\sqrt{n}} \leq \mu \leq \bar{x} + t_{\alpha/2}\frac{s}{\sqrt{n}}\right)$$

所以公式歸納如下：

$$\mu 之 (1 - \alpha)\%CI = \bar{x} \pm t_{\alpha/2}\frac{s}{\sqrt{n}}$$

範例說明

8.1

今欲估計臺灣 13-18 歲青少年族群的平均收縮壓，因此從各縣市中學隨機抽樣 20 名量測其血壓，得到平均收縮壓($\bar{x}$)為 113.6 mmHg，標準差(s)為 9.8 mmHg。請分別以 95%和 99%的信賴區間，估計臺灣 13-18 歲青少年族群（即母體）收縮壓的平均值。

解答

因母體的標準差未知，但樣本的標準差已知，且小樣本的情況下，故採用 t 分布計算：

1. 95%的信賴區間

$$\mu 之 95\%CI = \bar{x} \pm t_{\alpha/2}\frac{s}{\sqrt{n}} = 113.6 \pm t_{\alpha/2}\frac{9.8}{\sqrt{20}} = 113.6 \pm 2.093 * \frac{9.8}{\sqrt{20}}$$

$$= 113.6 \pm 2.093 * 2.19 = 113.6 \pm 4.58 = (109.02, 118.18)$$

亦即$109.02 \leq \mu \leq 118.18$

（在自由度=n－1=20－1=19，臨界值$t_{0.025} = 2.093$）

2. 99%的信賴區間

$$\mu 之\ 99\%CI = \bar{x} \pm t_{\alpha/2}\frac{s}{\sqrt{n}} = 113.6 \pm t_{\alpha/2}\frac{9.8}{\sqrt{20}} = 113.6 \pm 2.861 * \frac{9.8}{\sqrt{20}}$$

$$= 113.6 \pm 2.861 * 2.19 = 113.6 \pm 6.27 = (107.33, 119.87)$$

亦即$107.33 \leq \mu \leq 119.87$

（在自由度=n-1=20-1=19，臨界值$t_{0.005} = 2.861$）

End

8.2 範例說明

　　當常吃大量的海鮮、動物內臟、豆類、牛奶…等含高普林的食物時，容易造成體內尿酸（Uric Acid, UA；正常值：2.5-7.2 mg/dL）的堆積，而引起痛風疾病。今有 100 名海鮮愛好者，其尿酸的平均值($\bar{x}$)為 6.5 mg/dL。

1. 如海鮮愛好者母體的標準差(σ)為 3.5 mg/dL。請分別以 99%和 95%的信賴區間，估計海鮮愛好者母體的尿酸平均值。

2. 如海鮮愛好者母體的標準差(σ)未知，但此 100 名樣本的標準差(s)已知為 2.9 mg/dL。請利用 Z 分布，分別以 99%和 95%的信賴區間，估計海鮮愛好者母體的尿酸平均值。

3. 假設海鮮愛好者抽樣人數更改為 25 名，其尿酸的平均值($\bar{x}$)為 6.8 mg/dL，標準差(s)為 2.5 mg/dL。請分別以 99%和 95%的信賴區間，估計海鮮愛好者母體的尿酸平均值。

解答

1. 因母體的標準差(σ)已知，所以使用 Z 分布計算：
   (1) $\mu 之\ 99\%CI = \bar{x} \pm 2.58\frac{\sigma}{\sqrt{n}} = 6.5 \pm 2.58 * \frac{3.5}{\sqrt{100}} = 6.5 \pm 2.58 * 0.35 = 6.5 \pm 0.903 =$
       $(5.579, 7.403)$，亦即$5.579 \leq \mu \leq 7.403$。
   (2) $\mu 之\ 95\%CI = \bar{x} \pm 1.96\frac{\sigma}{\sqrt{n}} = 6.5 \pm 1.96\frac{3.5}{\sqrt{100}} = 6.5 \pm 1.96 * 0.35 = 6.5 \pm 0.686 =$
       $(5.814, 7.186)$，亦即$5.814 \leq \mu \leq 7.186$。

2. 因母體的標準差(σ)未知，但樣本的標準差(s)已知且為大樣本(n≥30)，故還是使用 Z 分布計算：

(1) μ之 99%CI $= \bar{x} \pm 2.58 \frac{s}{\sqrt{n}} = 6.5 \pm 2.58 * \frac{2.9}{\sqrt{100}} = 6.5 \pm 2.58 * 0.29 = 6.5 \pm 0.7482 =$ $(5.7518, 7.2482)$，亦即$5.7518 \leq \mu \leq 7.2482$。

(2) μ之 95%CI $= \bar{x} \pm 1.96 \frac{s}{\sqrt{n}} = 6.5 \pm 1.96 \frac{2.9}{\sqrt{100}} = 6.5 \pm 1.96 * 0.29 = 6.5 \pm 0.5684 =$ $(5.9316, 7.0684)$，亦即$5.9316 \leq \mu \leq 7.0684$。

3. 因母體的標準差(σ)未知，但樣本的標準差(s)已知，且為小樣本(n<30)，故使用 t 分布計算：

自由度 df=n–1=25–1=24

(1) μ之 99%CI $= \bar{x} \pm t_{\alpha/2} \frac{s}{\sqrt{n}} = 6.8 \pm 2.797 * \frac{2.5}{\sqrt{25}} = 6.8 \pm 2.797 * 0.5 = 6.8 \pm 1.3985 =$ $(5.4015, 8.1985)$，亦即$5.4015 \leq \mu \leq 8.1985$。

(2) μ之 95%CI $= \bar{x} \pm t_{\alpha/2} \frac{s}{\sqrt{n}} = 6.8 \pm 2.064 * \frac{2.5}{\sqrt{25}} = 6.8 \pm 2.064 * 0.5 = 6.8 \pm 1.032 =$ $(5.768, 7.832)$，亦即$5.768 \leq \mu \leq 7.832$。

End

 ## 8.3 Excel 信賴區間估計實作

1. Z 分布之信賴區間估計

Excel 語法：CONFIDENCE.NORM(alpha, standard_dev, size)

其中

- Alpha：顯著水平(α)，信賴區間等於(1-α)。

- Standard_dev：母體的標準差(σ)。

- Size：樣本數(n)。

上述「範例 8.2」的第 1 小題，其 99%的信賴區間可以下面之 Excel 函數計算：

CONFIDENCE.NORM(0.01, 3.5, 100)

其中α=(1-0.99)=0.01，σ=3.5，n=100。

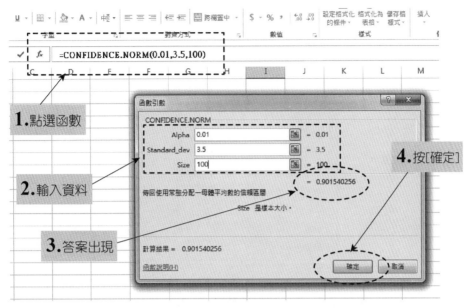

↘ 圖 8.6　Excel 函數語法 CONFIDENCE.NORM

　　所以，99%的信賴區間為 6.5±0.901540256 mg/dL，其中的 6.5 為樣本的平均數 ($\bar{x}$)。因此上述 Z 分布信賴區間的 Excel 函數估計公式可以 $\bar{x}\pm$CONFIDENCE.NORM(α,σ,n)表示。

2. t 分布之信賴區間估計

　　Excel 語法：CONFIDENCE.T(alpha, standard_dev, size)

　　其中

- Alpha：顯著水平(α)，信賴區間等於(1$-\alpha$)。
- Standard_dev：樣本的標準差(s)。
- Size：樣本數(n)。

　　上述「範例 8.2」的第 3 小題，其 99%的信賴區間可以下面之 Excel 函數計算：

　　若母體的標準差(σ)未知，但樣本的標準差(s)已知，則 99%的信賴區間為：

CONFIDENCE.T(0.01, 2.5, 25)

　　其中α=(1$-$0.99)=0.01，s=2.5，n=25。

↘ 圖 8.7 Excel 函數語法 CONFIDENCE.T

所以，99%的信賴區間為 6.8±1.398469752 mg/dL，其中的 6.8 為樣本的平均數 ($\bar{x}$)。因此上述 t 分布信賴區間的 Excel 函數估計公式可以$\bar{x}$±CONFIDENCE.T(α,s,n) 表示。

8.4 兩獨立母體平均數差異之信賴區間估計

以兩組獨立樣本平均數的差異($\bar{x}_1 - \bar{x}_2$)估計兩組母體平均數的差異($\mu_1 - \mu_2$)，

如第七章所述，已知兩母體平均數差異的抽樣分布也趨近於常態，則標準差 及 Z 分數分別計算如下：

$$SE_{(\bar{x}_1 - \bar{x}_2)} = \sqrt{\frac{\sigma_1^2}{n_1} + \frac{\sigma_2^2}{n_2}}$$

$$Z = \frac{(\bar{x}_1 - \bar{x}_2) - (\mu_1 - \mu_2)}{\sqrt{\frac{\sigma_1^2}{n_1} + \frac{\sigma_2^2}{n_2}}}$$

如上述「8.2 Excel 信賴區間估計實作」對單一母體平均數的信賴區間估計， 兩組獨立母體平均數差異之信賴區間估計也有下列幾種情形：

1. 兩母體的標準差已知且相等$(\sigma_1{}^2 = \sigma_2{}^2)$

當 $\sigma_1{}^2 = \sigma_2{}^2 = \sigma^2$，則

$$Z = \frac{(\bar{x}_1 - \bar{x}_2) - (\mu_1 - \mu_2)}{\sigma\sqrt{\dfrac{1}{n_1} + \dfrac{1}{n_2}}}$$

$$\%CI = 1 - \alpha = P\left(-Z_{\alpha/2} \le Z \le +Z_{\alpha/2}\right) = P\left(-Z_{\alpha/2} \le \frac{(\bar{x}_1 - \bar{x}_2) - (\mu_1 - \mu_2)}{\sigma\sqrt{\dfrac{1}{n_1} + \dfrac{1}{n_2}}} \le +Z_{\alpha/2}\right)$$

2. 兩母體的標準差未知但相等$(\sigma_1{}^2 = \sigma_2{}^2)$

(1) 大樣本數(n≥30)，且樣本的標準差$(s_1 \cdot s_2)$已知：

$$Z = \frac{(\bar{x}_1 - \bar{x}_2) - (\mu_1 - \mu_2)}{\sqrt{\dfrac{s_1{}^2}{n_1} + \dfrac{s_2{}^2}{n_2}}}$$

$$\%CI = 1 - \alpha = P\left(-Z_{\alpha/2} \le Z \le +Z_{\alpha/2}\right) = P\left(-Z_{\alpha/2} \le \frac{(\bar{x}_1 - \bar{x}_2) - (\mu_1 - \mu_2)}{\sqrt{\dfrac{s_1{}^2}{n_1} + \dfrac{s_2{}^2}{n_2}}} \le +Z_{\alpha/2}\right)$$

(2) 小樣本數(n<30)

如果兩母體的標準差未知但相等$(\sigma_1{}^2 = \sigma_2{}^2)$，且樣本的標準差$(s)$已知並且為小樣本，則計算綜合樣本標準差$(s_p)$，以估計母體的標準差$(\sigma)$。

$$s_p{}^2 = \frac{s_1{}^2(n_1 - 1) + s_2{}^2(n_2 - 1)}{n_1 + n_2 - 2}$$

$s_p{}^2$稱為綜合樣本變異數(pooled sample variance)。

$$s_p = \sqrt{\frac{s_1{}^2(n_1 - 1) + s_2{}^2(n_2 - 1)}{n_1 + n_2 - 2}}$$

其中，s_p稱為綜合樣本標準差，用於估計母體的標準差(σ)；(n_1+n_2-2)為自由度。

$$t = \frac{(\bar{x}_1 - \bar{x}_2) - (\mu_1 - \mu_2)}{s_p\sqrt{\dfrac{1}{n_1} + \dfrac{1}{n_2}}}$$

$$\%CI = 1 - \alpha = P\left(-t_{\alpha/2} \leq t \leq +t_{\alpha/2}\right) = P\left(-t_{\alpha/2} \leq \frac{(\bar{x}_1 - \bar{x}_2) - (\mu_1 - \mu_2)}{s_p\sqrt{\dfrac{1}{n_1} + \dfrac{1}{n_2}}} \leq +t_{\alpha/2}\right)$$

3. 總結歸納

假設在 95%的信賴區間下，以兩個樣本平均數的差異$(\bar{x}_1 - \bar{x}_2)$，估計兩個母體平均數的差異$(\mu_1 - \mu_2)$，其計算公式如下：

$$0.95 = 1 - \alpha = P(-1.96 \leq Z \leq +1.96) = P\left(-1.96 \leq \frac{(\bar{x}_1 - \bar{x}_2) - (\mu_1 - \mu_2)}{\sqrt{\dfrac{{\sigma_1}^2}{n_1} + \dfrac{{\sigma_2}^2}{n_2}}} \leq +1.96\right)$$

$$= P\left((\bar{x}_1 - \bar{x}_2) - 1.96\sqrt{\dfrac{{\sigma_1}^2}{n_1} + \dfrac{{\sigma_2}^2}{n_2}} \leq \mu \leq (\bar{x}_1 - \bar{x}_2) + 1.96\sqrt{\dfrac{{\sigma_1}^2}{n_1} + \dfrac{{\sigma_2}^2}{n_2}}\right)$$

$$(\mu_1 - \mu_2)\text{之 } 95\%CI = (\bar{x}_1 - \bar{x}_2) \pm 1.96\sqrt{\dfrac{{\sigma_1}^2}{n_1} + \dfrac{{\sigma_2}^2}{n_2}}$$

大樣本數的情況下，可以歸納為：

$$(\mu_1 - \mu_2)\text{之}(1 - \alpha)\%CI = (\bar{x}_1 - \bar{x}_2) \pm Z_{\alpha/2}\sqrt{\dfrac{{\sigma_1}^2}{n_1} + \dfrac{{\sigma_2}^2}{n_2}}$$

當${\sigma_1}^2 = {\sigma_2}^2 = \sigma^2$且已知，則

$$(\mu_1 - \mu_2)\text{之}(1 - \alpha)\%CI = (\bar{x}_1 - \bar{x}_2) \pm Z_{\alpha/2} * \sigma * \sqrt{\dfrac{1}{n_1} + \dfrac{1}{n_2}}$$

當${\sigma_1}^2 = {\sigma_2}^2 = \sigma^2$但未知，且樣本的標準差$(s_1 \cdot s_2)$已知，則

$$(\mu_1 - \mu_2)\text{之}(1 - \alpha)\%CI = (\bar{x}_1 - \bar{x}_2) \pm Z_{\alpha/2} * \sqrt{\dfrac{{s_1}^2}{n_1} + \dfrac{{s_2}^2}{n_2}}$$

假如兩母體的標準差相等但未知，且樣本的標準差已知，在小樣本數的情況下，則以綜合標準差(s_p)，估計母體的標準差(σ)，因此歸納公式轉變成：

$$(\mu_1 - \mu_2)\text{之}(1-\alpha)\%CI = (\bar{x}_1 - \bar{x}_2) \pm t_{\alpha/2}(s_p\sqrt{\frac{1}{n_1}+\frac{1}{n_2}})$$

範例說明

血液中的尿素氮(blood urea nitrogen, BUN)是評估腎臟功能的指標性生化檢查之一。今有 49 名非素食者血液中的尿素氮平均值$(\bar{x}_1)$為 14 mg/dL，其母體的標準差(σ_1)為 4 mg/dL，以及 36 名素食者，其尿素氮平均值$(\bar{x}_2)$為 10 mg/dL，其母體的標準差(σ_2)為 3 mg/dL。

1. 請以 99%的信賴區間(CI)估計兩族群母體間血液中尿素氮平均值的差異。

2. 如已知非素食者與素食者母體的尿素氮平均值(μ)的標準差均為 3.5 mg/dL，請分別以 99%及 95%的信賴區間(CI)估計兩族群母體間血液中的尿素氮平均值的差異。

3. 如果兩族群母體的標準差相等且未知，但是非素食者與素食者的標準差(s)已知，分別為 7 與 6 mg/dL。請利用 t 分布，以 95%的信賴區間(CI)估計兩族群母體間血液中的尿素氮平均值的差異。

解答

1. $(\mu_1 - \mu_2)$之 99%CI $= (\bar{x}_1 - \bar{x}_2) \pm 2.58\sqrt{\frac{\sigma_1{}^2}{n_1}+\frac{\sigma_2{}^2}{n_2}} = (14-10) \pm 2.58\sqrt{\frac{4^2}{49}+\frac{3^2}{36}} = 4 \pm$
$2.58\sqrt{0.3265 + 0.25} = 4 \pm 2.58 * 0.759 = 4 \pm 1.958 = (2.042, 5.958)$，亦即 $2.042 \le$
$\mu_1 - \mu_2 \le 5.958$。

2. $(\mu_1 - \mu_2)$之 99%CI $= (\mu_1 - \mu_2)$之$(1-\alpha)\%CI = (\bar{x}_1 - \bar{x}_2) \pm 2.58 * \sigma * \sqrt{\frac{1}{n_1}+\frac{1}{n_2}}$

$$= (14-10) \pm 2.58 * 3.5 * \sqrt{\frac{1}{49}+\frac{1}{36}}$$

$$= (14-10) \pm 2.58 * 3.5 * \sqrt{0.020408 + 0.027778}$$

$$= 4 \pm 2.58 * 3.5 * 0.2195 = 4 \pm 1.982$$

$$= (2.018, 5.982)，亦即 2.018 \le \mu_1 - \mu_2 \le 5.982。$$

$$(\mu_1 - \mu_2)\text{之 }95\%\text{CI} = (\mu_1 - \mu_2)\text{之}(1-\alpha)\%\text{CI} = (\bar{x}_1 - \bar{x}_2) \pm 1.96 * \sigma * \sqrt{\frac{1}{n_1} + \frac{1}{n_2}}$$

$$= (14 - 10) \pm 1.96 * 3.5 * \sqrt{\frac{1}{49} + \frac{1}{36}}$$

$$= (14 - 10) \pm 1.96 * 3.5 * \sqrt{0.020408 + 0.027778}$$

$$= 4 \pm 1.96 * 3.5 * 0.2195 = 4 \pm 1.506$$

$$= (2.494, 5.506)\text{，亦即 } 2.494 \leq \mu_1 - \mu_2 \leq 5.506\text{。}$$

3. $s_p = \sqrt{\frac{s_1{}^2(n_1-1) + s_2{}^2(n_2-1)}{n_1+n_2-2}} = \sqrt{\frac{7^2(49-1)+6^2(36-1)}{49+36-2}} = \sqrt{\frac{2352+1260}{83}} = \sqrt{43.518} = 6.60$

$$(\mu_1 - \mu_2)\text{之 }95\%\text{CI} = (\bar{x}_1 - \bar{x}_2) \pm t_{0.025}\left(s_p\sqrt{\frac{1}{n_1} + \frac{1}{n_2}}\right)$$

$$= (14 - 10) \pm 1.99\left(6.60\sqrt{\frac{1}{49} + \frac{1}{36}}\right) = 4 \pm 1.99 * 6.60 * 0.2195$$

$$= 4 \pm 2.883 = (1.117, 6.883)\text{，亦即 } 1.117 \leq \mu_1 - \mu_2 \leq 6.883\text{。}$$

當自由度為$=n_1+n_2-2=49+36-2=83$ 時，經查 t 分布表或用 Excel 函數 T.INV.2T（機率，自由度）=T.INV.2T(0.05,83)，$t_{0.025}$約等於 1.99。

End

 8.5　配對樣本的信賴區間估計

　　如果對每個樣本進行實驗前和實驗後的調查，則可以對每個樣本實驗前後的差異，進行信賴區間的估計。

編號	實驗前的數據 (x_i)	實驗後的數據 (x_i')	差異 $(d_i = x_i' - x_i)$
1	x_1	x_1'	$d_1 = x_1' - x_1$
2	x_2	x_2'	$d_2 = x_2' - x_2$
3	x_3	x_3'	$d_3 = x_3' - x_3$
4	x_4	x_4'	$d_4 = x_4' - x_4$

編號	實驗前的數據 (x_i)	實驗後的數據 (x_i')	差異 $(d_i = x_i' - x_i)$
5	x_5	x_5'	$d_5 = x_5' - x_5$
6	x_6	x_6'	$d_6 = x_6' - x_6$
:	:	:	:
n	x_n	x_n'	$d_n = x_n' - x_n$

上述之 d_i 為每個樣本實驗前後的差異，而下述之 $\bar{d}$ 和 s_d 為這些差異的平均數與標準差。

$$\bar{d} = \frac{\sum_{i=1}^n d_i}{n} = \frac{d_1 + d_2 + d_3 + \cdots + d_n}{n}$$

$$s_d = \sqrt{\frac{\sum_{i=1}^n (d_i - \bar{d})^2}{n-1}} = \sqrt{\frac{(d_1 - \bar{d})^2 + (d_2 - \bar{d})^2 + (d_3 - \bar{d})^2 + \cdots + (d_n - \bar{d})^2}{n-1}}$$

所以對配對樣本的信賴區間估計如下：

$$\mu_d 之 (1-\alpha)\% \text{CI} = \bar{d} \pm t_{\alpha/2} \frac{s_d}{\sqrt{n}}$$

範例說明

8.4

紅麴是一種真菌類的生物，科學家過去發現此真菌含有紅麴菌素 K (monacolin K)，並證實其為一種有效抑制膽固醇合成的物質，其衍生物已在臨床上使用超過 20 年。因此民間常拿紅麴菌搭配不同的食材，當作絕佳的養生配方。不過，紅麴也含有一種紅麴毒素(citrinin)，具有肝腎毒性。今為測試坊間某紅麴保健食品 X 是否具有肝臟毒性，故餵食 10 隻老鼠固定劑量的紅麴 X 產品，並在餵食前後測其血清中的麩丙酮酸轉胺基酵素(GPT/ALT)的濃度(U/mL)，其結果如下：

編號	餵食前的 GPT x_i(U/mL)	餵食後的 GPT x_i'(U/mL)
1	60	72
2	56	69
3	61	93
4	65	82
5	62	81
6	59	94
7	58	76
8	66	87
9	57	89
10	63	84

請以 95%的信賴區間估計紅麴 X 產品前後，老鼠血清中的麩丙酮酸轉胺基酵素(GPT/ALT)的濃度，並討論此例中的保健食品是否可能具有肝臟毒性。

 解答

計算每隻老鼠餵食紅麴 X 產品前後血清中的麩丙酮酸轉胺基酵素(GPT/ALT)濃度的差異：

編號	餵食前的 GPT x_i(U/mL)	餵食後的 GPT x_i'(U/mL)	差異 $(d_i = x_i' - x_i)$
1	60	72	$d_1 = 72 - 60 = 12$
2	56	69	$d_2 = 69 - 56 = 13$
3	61	93	$d_3 = 93 - 61 = 32$
4	65	82	$d_4 = 82 - 65 = 17$
5	62	81	$d_5 = 81 - 62 = 19$
6	59	94	$d_6 = 94 - 59 = 35$
7	58	76	$d_7 = 76 - 58 = 18$
8	66	87	$d_8 = 87 - 66 = 21$
9	57	89	$d_9 = 89 - 57 = 32$
10	63	84	$d_{10} = 84 - 63 = 21$

$$\bar{d} = \frac{\sum_{i=1}^{n} d_i}{n} = \frac{d_1 + d_2 + d_3 + \cdots + d_n}{n}$$

$$= \frac{12 + 13 + 32 + 17 + 19 + 35 + 18 + 21 + 32 + 21}{10} = \frac{220}{10} = 22$$

$$s_d = \sqrt{\frac{\sum_{i=1}^{n}(d_i - \bar{d})^2}{n-1}}$$

$$= \sqrt{\frac{(12-22)^2 + (13-22)^2 + (32-22)^2 + (17-22)^2 + (19-22)^2 + (35-22)^2 + (18-22)^2 + (21-22)^2 + (32-22)^2 + (21-22)^2}{10-1}}$$

$$= \sqrt{\frac{(-10)^2 + (-9)^2 + (10)^2 + (-5)^2 + (-3)^2 + (13)^2 + (-4)^2 + (-1)^2 + (10)^2 + (-1)^2}{10-1}}$$

$$= \sqrt{\frac{100 + 81 + 100 + 25 + 9 + 169 + 16 + 1 + 100 + 1}{10-1}} = \sqrt{\frac{602}{9}} = 8.18$$

$$95\%CI = \bar{d} \pm t_{\alpha/2} \frac{s_d}{\sqrt{n}} = 22 \pm 2.262 * \frac{8.18}{\sqrt{10}} = 22 \pm 2.262 * \frac{8.18}{3.162} = 22 \pm 2.262 * 2.587$$

$$= 22 \pm 5.85 = (16.15, 27.85)$$

在自由度$=(n-1)=(10-1)=9$ 的情況下，經查表或使用 Excel 函數，得到$t_{0.025}$值$=2.262$。

因為實驗前後的 GPT 指數介於 16.15 與 27.85 之間，因不涵蓋 0，代表實驗前後的 GPT 指數有差異。

End

8.6 母體比例的信賴區間估計
(The Confidence Interval of a Proportion)

如第七章所述，樣本比例抽樣分布的標準差$(\sigma_{\hat{p}})$及 Z 分數計算公式如下：

$$\sigma_{\hat{p}} = \sqrt{\frac{p(1-p)}{n}}$$

$$Z = \frac{\hat{p}-p}{\sigma_{\hat{p}}} = \frac{\hat{p}-p}{\sqrt{\frac{p(1-p)}{n}}}$$

其中

p：母體比例

$\hat{p}$：樣本比例

統計學家已證實，在大樣本數的情況下，可以樣本比例$\hat{p}$估計母體比例 p，所以樣本比例抽樣分布的標準差$(\sigma_{\hat{p}})$及標準化分數(Z)可以計算如下：

$$\sigma_{\hat{p}} = \sqrt{\frac{p(1-p)}{n}} = \sqrt{\frac{\hat{p}(1-\hat{p})}{n}}$$

$$Z = \frac{\hat{p}-p}{\sigma_{\hat{p}}} = \frac{\hat{p}-p}{\sqrt{\frac{p(1-p)}{n}}} = \frac{\hat{p}-p}{\sqrt{\frac{\hat{p}(1-\hat{p})}{n}}}$$

$$\hat{p} = \frac{x}{n}$$

其中

p：母體比例

$\hat{p}$：樣本比例

x：樣本成功次數

n：樣本試驗次數

1. CI 為 99%時

$$0.99 = 1 - \alpha = P(-2.58 \le Z \le +2.58) = P\left(-2.58 \le \frac{\hat{p} - p}{\sqrt{\frac{p(1-p)}{n}}} \le +2.58\right)$$

$$= P\left(\hat{p} - 2.58\sqrt{\frac{p(1-p)}{n}} \le p \le \hat{p} + 2.58\sqrt{\frac{p(1-p)}{n}}\right)$$

2. 當 CI 為 95%時

$$0.95 = 1 - \alpha = P(-1.96 \le Z \le +1.96) = P\left(-1.96 \le \frac{\hat{p} - p}{\sqrt{\frac{p(1-p)}{n}}} \le +1.96\right)$$

$$= P\left(\hat{p} - 1.96\sqrt{\frac{p(1-p)}{n}} \le p \le \hat{p} + 1.96\sqrt{\frac{p(1-p)}{n}}\right)$$

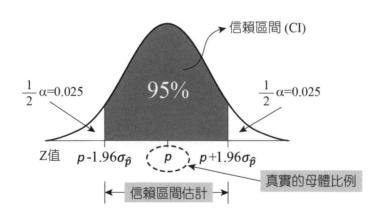

↘ 圖 8.8　母體比例 95%信賴區間估計圖示

當母體比例 p 已知時，其歸納的計算公式如下：

$$p \text{之} (1-\alpha)\%\text{CI} = \hat{p} \pm Z_{\alpha/2}\sqrt{\frac{p(1-p)}{n}}$$

當母體比例 p 未知，且在大樣本數的條件下，以樣本比例 $\hat{p}$ 取代母體比例 p，則歸納的計算公式為：

$$p \text{之} (1-\alpha)\% \text{CI} = \hat{p} \pm Z_{\alpha/2} \sqrt{\frac{\hat{p}(1-\hat{p})}{n}}$$

範例說明

今有某藥廠宣稱已開發一種可治癒某疾病的新藥物，在某次的臨床試驗中，50 個罹患該疾病的病人，經新藥物治療後，有 25 個人痊癒。請分別以 99% 及 95% 的信賴區間，評估此新藥的治癒率？

解答

因母體比例 p 未知，以樣本比例 $\hat{p}$ 取代，其信賴區間估計如下：

1. 99%的信賴區間估計

$$p \text{之 } 99\%\text{CI} = \hat{p} \pm Z\sqrt{\frac{\hat{p}(1-\hat{p})}{n}} = 0.5 \pm 2.58 \sqrt{\frac{\frac{25}{50}(1-\frac{25}{50})}{50}} = 0.5 \pm 2.58 \sqrt{\frac{0.5(1-0.5)}{50}}$$

$$= 0.5 \pm 2.58 \sqrt{\frac{0.5(1-0.5)}{50}} = 0.5 \pm 2.58 \left(\sqrt{\frac{0.25}{50}} \right) = 0.5 \pm 0.182$$

$$= (0.318, 0.682)$$

結論：新藥的療效在 99% 的信賴區間估計下，介於 31.8~68.2% 之間。

2. 95%的信賴區間估計

$$p \text{之 } 95\%\text{CI} = \hat{p} \pm Z\sqrt{\frac{\hat{p}(1-\hat{p})}{n}} = 0.5 \pm 1.96 \sqrt{\frac{\frac{25}{50}(1-\frac{25}{50})}{50}} = 0.5 \pm 1.96 \sqrt{\frac{0.5(1-0.5)}{50}}$$

$$= 0.5 \pm 1.96 \sqrt{\frac{0.5(1-0.5)}{50}} = 0.5 \pm 1.96 \left(\sqrt{\frac{0.25}{50}} \right) = 0.5 \pm 0.139$$

$$= (0.361, 0.639)$$

其中

$$\hat{p} = \frac{25}{50} = 0.5$$

結論：新藥的療效在 95%的信賴區間估計下，介於 36.1%~63.9%之間。

End

範例說明

假設某疾病標準的治癒率為 33%，今有某藥廠宣稱已開發一種可治癒該疾病的新藥物，在某次的臨床試驗中，100 個罹患該疾病的病人，經新藥物治療後，有 35 個人痊癒。請分別以 99%及 95%的信賴區間，評估此新藥是否較傳統治療方法好？

解答

因為新藥療效的母體比例 p 未知，故以樣本比例 $\hat{p}$ 取代，信賴區間估計如下：

1. 99%信賴區間

$$p \text{之 } 99\%\text{CI} = \hat{p} \pm Z\sqrt{\frac{p(1-p)}{n}} = 0.5 \pm 2.58\sqrt{\frac{0.35(1-0.35)}{50}} = 0.5 \pm 2.58\sqrt{\frac{0.2275}{50}}$$

$$= 0.5 \pm 2.58(0.0675) = 0.5 \pm 0.174 = (0.326, 0.674)$$

結論：因為新藥的療效在 99%的信賴區間估計下，介於 32.6%~67.4%之間，包括疾病標準治癒率的 33%，因此新藥療效沒有比標準療法好。

2. 95%信賴區間

$$p \text{之 } 95\%\text{CI} = \hat{p} \pm Z\sqrt{\frac{p(1-p)}{n}} = 0.5 \pm 1.96\sqrt{\frac{0.35(1-0.35)}{50}} = 0.5 \pm 1.96\sqrt{\frac{0.2275}{50}}$$

$$= 0.5 \pm 1.96(0.0675) = 0.5 \pm 0.132 = (0.368, 0.632)$$

其中

$$\hat{p} = \frac{25}{50} = 0.5$$

結論：因為新藥的療效在 95%的信賴區間估計下，介於 36.8%~63.2%之間，大於疾病標準治癒率的 33%，因此新藥療效比標準療法好。

End

 8.7　兩獨立母體比例差異之信賴區間估計

如第七章所述，統計學家研究得知兩組樣本比例差異之標準差($\sigma_{\hat{p}_1-\hat{p}_2}$)計算公式如下：

$$\sigma_{\hat{p}_1-\hat{p}_2} = \sqrt{\frac{p_1(1-p_1)}{n_1} + \frac{p_2(1-p_2)}{n_2}}$$

其中

p_1、p_2：母體 1 及母體 2 之母體比例

$\hat{p}_1$、$\hat{p}_2$：樣本 1 及樣本 2 之樣本比例

x_1、x_2：樣本 1 及樣本 2 之成功次數

n_1、n_2：樣本 1 及樣本 2 之試驗次數

在兩母體比例p_1、p_2已知時，兩母體比例差異$(p_1 - p_2)$之信賴區間估計如下：

$$(p_1 - p_2)之(1 - \alpha)\%CI = (\hat{p}_1 - \hat{p}_2) \pm Z \sqrt{\frac{p_1(1-p_1)}{n_1} + \frac{p_2(1-p_2)}{n_2}}$$

在$n_1 p_1 \geq 5$且$n_1(1-p_1) \geq 5$，$n_2 p_2 \geq 5$且$n_2(1-p_2) \geq 5$的條件下，根據中央極限定理，兩組樣本比例差異之抽樣分布近似於常態。因此在大樣本數的情況下，當母體比例p_1與p_2未知，則分別以樣本比例$\hat{p}_1$與$\hat{p}_2$取代母體比例p_1與p_2，所以兩母體比例差異$(p_1 - p_2)$之信賴區間估計如下：

$$(p_1 - p_2)之(1-\alpha)\%\text{CI} = (\hat{p}_1 - \hat{p}_2) \pm Z\sqrt{\frac{\hat{p}_1(1-\hat{p}_1)}{n_1} + \frac{\hat{p}_2(1-\hat{p}_2)}{n_2}}$$

範例說明

今有某藥廠宣稱已開發一種可治癒 X 疾病的新藥物,在某次的臨床試驗中,抽樣 200 個患有 X 疾病的病人,其中 80 個的病人,經新藥物治療後,有 40 個人痊癒,而另外 120 個病人經傳統藥物治療後,有 42 個人痊癒。請分別以 99%及 95%的信賴區間,評估此新藥是否較傳統治療方法好?

$$\hat{p}_1 = \frac{40}{80} = 0.5$$

$$\hat{p}_2 = \frac{42}{120} = 0.35$$

1. 99%的信賴區間估計:

因兩組母體比例 p_1 與 p_2 未知,分別以樣本比例 $\hat{p}_1$ 與 $\hat{p}_2$ 取代母體比例 p_1 與 p_2,所以兩母體比例差異 $(p_1 - p_2)$ 之 99%信賴區間估計如下:

$$(p_1 - p_2)之\ 99\%\text{CI} = (\hat{p}_1 - \hat{p}_2) \pm Z\sqrt{\frac{\hat{p}_1(1-\hat{p}_1)}{n_1} + \frac{\hat{p}_2(1-\hat{p}_2)}{n_2}}$$

$$= (0.5 - 0.35) \pm 2.58\sqrt{\frac{0.5(1-0.5)}{80} + \frac{0.35(1-0.35)}{120}}$$

$$= 0.15 \pm 2.58 * \sqrt{0.003125 + 0.001895833} = 0.15 \pm 2.58 * .070857838$$

$$= 0.15 \pm 0.1828 = (-0.0328, 0.3328)$$

所以在 99%的信賴區間下,兩個藥物治癒比例的差距在–3.28%~33.28%之間,因為包括 0%,所以兩種藥物對 X 疾病的治癒比例相同。

2. 95%的信賴區間估計：

$$(p_1 - p_2)之\ 95\%CI = (\hat{p}_1 - \hat{p}_2) \pm Z\sqrt{\frac{\hat{p}_1(1 - \hat{p}_1)}{n_1} + \frac{\hat{p}_2(1 - \hat{p}_2)}{n_2}}$$

$$= (0.5 - 0.35) \pm 1.96\sqrt{\frac{0.5(1 - 0.5)}{80} + \frac{0.35(1 - 0.35)}{120}}$$

$$= 0.15 \pm 1.96 * \sqrt{0.003125 + 0.001895833} = 0.15 \pm 1.96 * .070857838$$

$$= 0.15 \pm 0.138881364 = (0.011118636, 0.28881364)$$

所以在 95%的信賴區間下，兩個藥物治癒比例的差距在 1.11%~28.88%之間，因為大於 0%，所以兩種藥物對 X 疾病的治癒比例不相同，亦即新藥物對 X 疾病的療效較傳統藥物好。

End

8.8 母體變異數(σ^2)之信賴區間估計

母體變異數(σ^2)之信賴區間估計，可以卡方分布進行，其卡方值公式為：

$$x^2 = \frac{(n - 1)s^2}{\sigma^2}$$

其中s^2為樣本的變異數，n為樣本數。

所以信賴區間估計如下：

$$\%CI = 1 - \alpha = P\left(x^2_{1-\frac{\alpha}{2}} \leq x^2 \leq x^2_{\frac{\alpha}{2}}\right) = P\left(x^2_{1-\frac{\alpha}{2}} \leq \frac{(n-1)s^2}{\sigma^2} \leq x^2_{\frac{\alpha}{2}}\right)$$

$$= P\left(\frac{(n-1)s^2}{x^2_{\frac{\alpha}{2}}} \leq \sigma^2 \leq \frac{(n-1)s^2}{x^2_{1-\frac{\alpha}{2}}}\right)$$

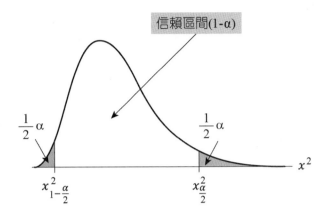

➘ 圖 8.9　母體變異數(σ^2)之信賴區間估計圖示

8.8　範例說明

　　假設有一常態分布之母體，從中隨機抽取 30 個樣本，計算得到其樣本變異數為 10，請以 95%的信賴區間估計其母體的變異數。

解答

　　經查表，當自由度=n−1=30−1=29 時，

$$x^2_{1-\frac{\alpha}{2}} = x^2_{1-\frac{0.05}{2}} = x^2_{0.975} = 16.047$$

$$x^2_{\frac{\alpha}{2}} = x^2_{\frac{0.05}{2}} = x^2_{0.025} = 45.772$$

　　95% CI 估算如下：

$$95\%CI = 1 - \alpha = (1 - 0.05) = P\left(\frac{(n-1)s^2}{x^2_{\frac{\alpha}{2}}} \leq \sigma^2 \leq \frac{(n-1)s^2}{x^2_{1-\frac{\alpha}{2}}}\right)$$

$$= P\left(\frac{(30-1)*10}{45.772} \leq \sigma^2 \leq \frac{(30-1)*10}{16.047}\right) = P(6.336 \leq \sigma^2 \leq 18.072)$$

　　所以在 95%信賴區間，母體變異數的估計值位於6.336~18.072之間。

End

8.9 兩母體變異數比例(σ_1^2/σ_2^2)之信賴區間估計

兩母體變異數比例(σ_1^2/σ_2^2)之信賴區間估計，如六章所述，可以 F 分布進行估

計，其公式如下：

$$F = \frac{s_1^2/\sigma_1^2}{s_2^2/\sigma_2^2}$$

$$\%CI = 1 - \alpha = P\left(F_{(1-\frac{\alpha}{2}, n_1-1, n_2-1)} \leq \frac{s_1^2/\sigma_1^2}{s_2^2/\sigma_2^2} \leq F_{(\frac{\alpha}{2}, n_1-1, n_2-1)}\right)$$

$$\%CI = 1 - \alpha = P\left(F_{(1-\frac{\alpha}{2}, n_1-1, n_2-1)} \leq \frac{s_1^2/s_2^2}{\sigma_1^2/\sigma_2^2} \leq F_{(\frac{\alpha}{2}, n_1-1, n_2-1)}\right)$$

$$\%CI = 1 - \alpha = P\left(\frac{1}{F_{(\frac{\alpha}{2}, n_1-1, n_2-1)}} \leq \frac{\sigma_1^2/\sigma_2^2}{s_1^2/s_2^2} \leq \frac{1}{F_{(1-\frac{\alpha}{2}, n_1-1, n_2-1)}}\right)$$

$$\%CI = 1 - \alpha = P\left(\frac{s_1^2/s_2^2}{F_{(\frac{\alpha}{2}, n_1-1, n_2-1)}} \leq \frac{\sigma_1^2}{\sigma_2^2} \leq \frac{s_1^2/s_2^2}{F_{(1-\frac{\alpha}{2}, n_1-1, n_2-1)}}\right)$$

其中s_1^2與s_2^2分別為兩組樣本的變異數，而n_1與n_2分別為兩組樣本的樣本數。

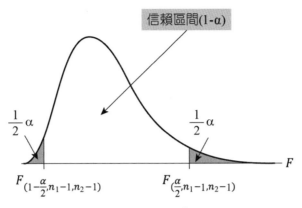

▶ 圖 8.10　兩母體變異數比例($\sigma_1^2 \big/ \sigma_2^2$)之信賴區間估計圖示

範例說明

　　假設今有兩樣本其樣本數分別為 n_1=4 及 n_2=6，及標準差分別為 s_1=1.5 及 s_2=2.3，請以 95%的信賴區間估計兩母體變異數比例($\sigma_1^2 \big/ \sigma_2^2$)。

$$95\%CI = 1 - \alpha = P\left(\frac{s_1^2 \big/ s_2^2}{F_{(\frac{\alpha}{2}, n_1-1, n_2-1)}} \leq \frac{\sigma_1^2}{\sigma_2^2} \leq \frac{s_1^2 \big/ s_2^2}{F_{(1-\frac{\alpha}{2}, n_1-1, n_2-1)}} \right)$$

$$= P\left(\frac{1.5^2 \big/ 2.3^2}{F_{(\frac{\alpha}{2}, n_1-1, n_2-1)}} \leq \frac{\sigma_1^2}{\sigma_2^2} \leq \frac{1.5^2 \big/ 2.3^2}{F_{(1-\frac{\alpha}{2}, n_1-1, n_2-1)}} \right)$$

經查表，

$$F_{(\frac{\alpha}{2}, n_1-1, n_2-1)} = F_{(\frac{0.05}{2}, 4-1, 6-1)} = F_{(0.025, 3, 5)} = 7.76$$

$$F_{(1-\frac{\alpha}{2}, n_1-1, n_2-1)} = \frac{1}{F_{(\frac{\alpha}{2}, n_2-1, n_1-1)}} = \frac{1}{F_{(\frac{0.05}{2}, 6-1, 4-1)}} = \frac{1}{F_{(0.025, 5, 3)}} = \frac{1}{14.9} = 0.067$$

因為

$$F_{(1-\frac{\alpha}{2},n_1-1,n_2-1)} = \frac{1}{F_{(\frac{\alpha}{2},n_2-1,n_1-1)}}$$

或以 Excel 函數計算

$$F_{(1-\frac{\alpha}{2},n_1-1,n_2-1)} = \text{F.INV.RT}(0.025,3,5) = 7.763589482$$

$$F_{(1-\frac{\alpha}{2},n_1-1,n_2-1)} = \text{F.INV.RT}(0.975,3,5) = 0.067182526$$

所以

$$95\%\text{CI} = 1-\alpha = P\left(\frac{1.5^2/2.3^2}{F_{(\frac{\alpha}{2},n_1-1,n_2-1)}} \leq \frac{\sigma_1^2}{\sigma_2^2} \leq \frac{1.5^2/2.3^2}{F_{(1-\frac{\alpha}{2},n_1-1,n_2-1)}}\right)$$

$$= P\left(\frac{2.25/5.29}{7.76} \leq \frac{\sigma_1^2}{\sigma_2^2} \leq \frac{2.25/5.29}{0.067}\right) = P\left(\frac{2.25/5.29}{7.76} \leq \frac{\sigma_1^2}{\sigma_2^2} \leq \frac{2.25/5.29}{0.067}\right)$$

$$= P\left(0.0548 \leq \frac{\sigma_1^2}{\sigma_2^2} \leq 6.3482\right)$$

兩母體變異數比例(σ_1^2/σ_2^2)之信賴區間為

$$0.0548 \leq \frac{\sigma_1^2}{\sigma_2^2} \leq 6.3482$$

End

8.10 樣本數抽樣大小的決定

1. 假設我們希望母體平均數與樣本平均數之差距($d = \bar{x} - \mu$)能在某範圍內,則達到此差距所需最少的樣本數計算如下:

因為

$$Z = \frac{\bar{x} - \mu}{\frac{\sigma}{\sqrt{n}}}$$

所以當母體平均數與樣本平均數之差以$(\bar{x} - \mu) = d$ 表示時，所需的樣本數可以下列公式計算：

$$n = (\frac{Z * \sigma}{d})^2$$

範例說明

假設某群體的膽固醇平均值為 200(mg/dL)，標準差為 40，今從該群體抽取樣本數為 n 的一組樣本，請問 n 至少為多少，才能使 99%的樣本的膽固醇平均值位於 185~215 之間？

因為 99%樣本的膽固醇平均值位於 185~215 之間，所以

$$Z_{0.01} = 2.58 \text{ 且 } \sigma = 40$$

$$d = \frac{215 - 185}{2} = 15$$

故

$$n = (\frac{Z * \sigma}{d})^2 = (\frac{2.58 * 40}{15})^2 = (6.88)^2 = 47.3344$$

因此樣本數至少應為 48，才能使 99%的樣本的膽固醇平均值位於 185~215 之間。

End

2. 如果我們希望母體比例與樣本比例之差距$(d = \hat{p} - p)$能在某特定範圍內，則達到此差距所需最少的樣本數計算如下：

$$\sigma_{\hat{p}} = \sqrt{\frac{p(1-p)}{n}}$$

$$Z = \frac{\hat{p} - p}{\sigma_{\hat{p}}} = \frac{\hat{p} - p}{\sqrt{\frac{p(1-p)}{n}}} = \frac{d}{\sqrt{\frac{p(1-p)}{n}}}$$

所以

$$Z\sqrt{\frac{p(1-p)}{n}} = d$$

經化簡得到

$$n = p(1-p)\left(\frac{Z}{d}\right)^2$$

其中

p：母體比例

$\hat{p}$：樣本比例

範例說明

已知某新藥可治癒 40%的病人，今欲進行臨床試驗，請問至少需召募多少個病人，才可以讓 95%的受試病人，其治癒比例與母體的差距能在 10%以內？

由題目可知

$$p = 0.4, \quad Z_{0.05} = 1.96 \quad 且 \quad d = 0.1$$

$$n = p(1-p)\left(\frac{Z}{d}\right)^2 = 0.4(1 - 0.4)\left(\frac{1.96}{0.1}\right)^2 = 0.4 * 0.6 * 384.16 = 92.1984$$

所以至少需要召募 93 個病人，才可以讓 95%的受試病人，其治癒比例與母體的差距能在 10%以內。

End

課後摘要

SUMMARY

1. 單一樣本信賴區間估計

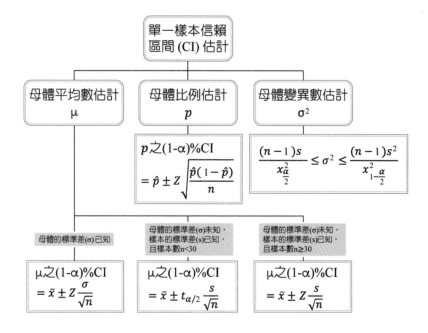

2. 兩組獨立樣本信賴區間估計

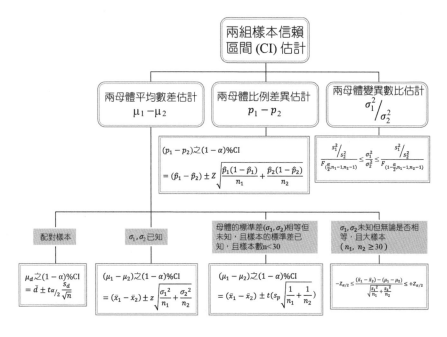

課後習題

1. 血液中的尿素氮(blood urea nitrogen, BUN)是評估腎臟功能的指標性生化檢查之一。今有 49 名素食者，其血液中的尿素氮平均值($\bar{x}$)為 10.0 mg/dL。

    (1) 如已知素食者母體的尿素氮平均值的標準差(σ)為 4.9 mg/dL，請分別以 95% 及 87%的信賴區間(CI)估計全體素食者血液中的尿素氮平均值。

    (2) 假設臺灣全體成人血液中的尿素氮平均值(μ)為 8.7 mg/dL。請討論在不同的信賴區間下，全體成人與素食者的血液中的尿素氮平均值異同的情況。

    (3) 同(1)之條件，在 95%的信賴區間，需多少個樣本數，才能讓素食者母體平均數與樣本平均數的差距在 1.5 mg/dL 之內。

    (4) 如果母體的標準差未知，今隨機抽樣 25 名素食者，檢驗發現其血液中的尿素氮平均數($\bar{x}$)及標準差(s)分別為 12 及 3 mg/dL。請計算素食者血液中的尿素氮平均值 95%的信賴區間。

2. 伊波拉病毒屬於線狀病毒科(Filoviridae)，自 1976 年開始多次在非洲爆發 Ebola virus disease(EVD)流行，其致死率甚高。今假設在非洲某村落發現有 120 人感染伊波拉病毒，最後有 66 人死亡。請問感染伊波拉病毒的群體死亡率的點估計及 95%信賴區間是多少？

3. 有一母體其變異數未知，但該母體屬常態分布。假設隨機抽樣 9 個樣本，得到樣本平均數為 18.5，樣本的變異數為 6.25，請問母體平均數 80%的信賴區間為何？

4. 科學家調查伊波拉病毒感染後在人體的潛伏期，隨機抽樣 10 個伊波拉病人，發現他們的潛伏期天數如下：19、18、21、23、22、21、17、24、24、21。請問此群體伊波拉病毒潛伏期的 99%信賴區間為何？

5. 已知一母體平均數 90%的信賴區間估計為(10.0124~12.9876)，假設此信賴區間是由樣本數為 9，標準差為 2.4 的一組樣本估計而得，請問此樣本的平均數為何？

[參考文獻]

1. 基礎醫學‧葉滋穗、張文道、宋育民、周崇頌、劉丕華‧兒童及青少年的新陳代謝症候群‧第 21 卷第 7 期‧p197-204。

假說檢定(1)－單一樣本檢定
Hypothesis Testing(1)-One-Sample Tests

Chapter 09

學習目標 LEARNING OBJECTIVES

- 瞭解信賴區間與假說檢定的相關性
- 學習單一樣本檢定的方法
- 區別各種檢定的應用時機

假說檢定

　　統計學最重要的課題之一，就是用來比較兩母體或多個母體其參數(parameter)之間的異同，並賦予統計學上的意義，亦即給予統計學上顯著性(significance)的結論。例如我們想要比較兩母體某參數的平均值（如以 μ_1 與 μ_2 表示）是否相同，會先建立假說(hypothesis)，其中陳述兩者相等的假說，稱為虛無假說（null hypothesis, H_0；發音："H-naught"），以 H_0：$\mu_1=\mu_2$ 表示；而兩者不相等的假說則稱為對立假說（alternative hypothesis, H_1；發音："H-one"），以 H_1：$\mu_1 \neq \mu_2$ 表示。

 ## 9.1　單一樣本假說檢定：母體平均數的假設檢定

　　假設今有一組樣本，其樣本平均數為$\bar{x}$，且樣本數為 n，想要瞭解此組樣本來自於平均數及標準差分別為 μ 及 σ 的母體的可能性為何。首先會根據中央極限定理，依據樣本平均數的抽樣分布，利用欲比較母體的平均數及其標準誤，建立信賴區間，然後檢定樣本平均數($\bar{x}$)是否包括在此信賴區間中；如果是，則表示樣本來自於此比較母體的可能性大，亦即樣本來源的母體其平均數(μ_1)與欲比較母體的平均數(μ_2)是相等。

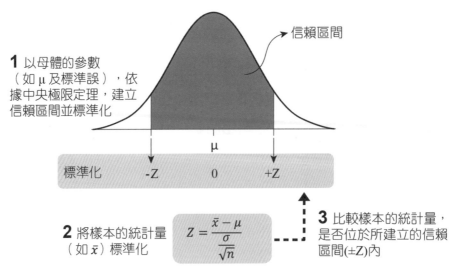

↘ 圖 9.1　假說檢定與信賴區間

9.2 假說檢定的相關名詞與圖示

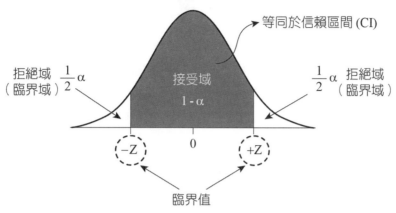

> ↘ 圖 9.2 假說檢定圖示

1. **虛無假說(null hypothesis, H_0)：**例如在雙尾檢定中，兩比較母體的參數相等的假說，以 $H_0：\mu_1=\mu_2$ 表示。

   對立假說(alternative hypothesis, H_1)：例如在雙尾檢定中，兩比較母體的參數不相等的假說，以 $H_1：\mu_1 \neq \mu_2$ 表示。

2. **接受域：**也稱非拒絕域，等同於所設定的信賴區間(CI)。例如在雙尾檢定中，如果樣本的檢定統計量位於此區域內，則接受虛無假說，亦即兩比較母體的參數相等。

3. **拒絕域：**又稱為臨界域。例如在雙尾檢定中，如果樣本的檢定統計量位於此區域內，則拒絕虛無假說，接受對立假說，亦即兩比較母體的參數不相等。

4. **顯著水平(level of significance)：**即拒絕域（臨界域）的大小，以 α 代表。

5. **臨界值(critical value)：**界定拒絕域（臨界域）的標準化分數。雙尾檢定中，臨界值為一正一負，左尾檢定的臨界值通常為負值，而右尾檢定的臨界值則通常為正值。

6. **檢定統計量(statistic)：**由樣本的統計量，經標準化後所得到的數值。即計算 Z 分數或 t 分數（也稱 Z 值或 t 值）。如：

$$Z = \frac{\bar{x} - \mu}{\frac{\sigma}{\sqrt{n}}}$$

或

$$t = \frac{\bar{x} - \mu}{\frac{s}{\sqrt{n}}}$$

7. p 值(p-value)：在單尾的情形下，p 值為檢定統計量至其檢定尾端的面積（機率）；但如果是雙尾，則 p 值為檢定統計量至最近尾端的面積（機率）的兩倍。一般在研究論文中，如 $\alpha = 0.05$，$p < \alpha$ 常用一個星號代表 "*"；而 $\alpha = 0.01$，$p < \alpha$ 則常用兩個星號代表 "**"。

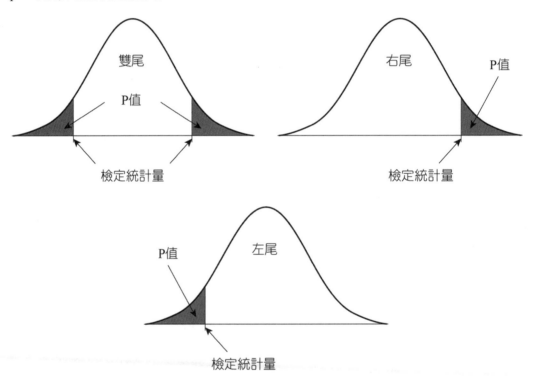

➘ 圖 9.3　單雙尾檢定與 p 值

8. *p* 值(*p*-value)與顯著水平(α)之間的關係：

(1) 當檢定統計量位於接受域時，代表接受虛無假說，拒絕對立假說，此時
　 $p > \alpha$，有下列幾種情況：

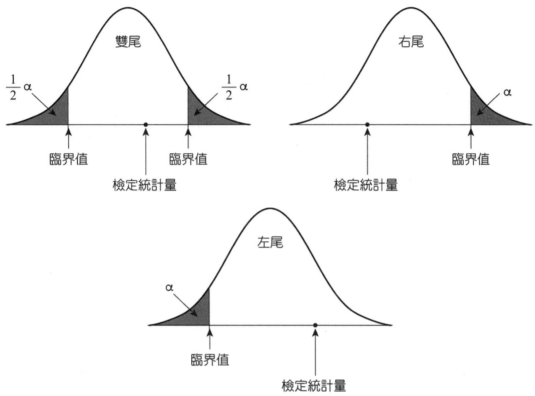

▶ 圖 9.4(a)　假說檢定與 *p* 值及顯著水平之間的關係(1)

(2) 當檢定統計量位於拒絕域時，代表拒絕虛無假說，接受對立假說，此時
　 $p < \alpha$，有下列幾種情況：

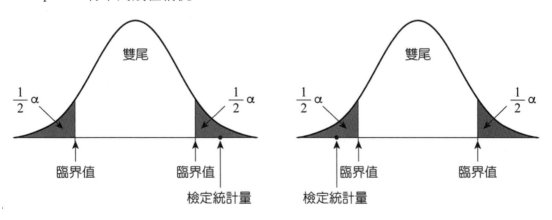

▶ 圖 9.4(b)　假說檢定與 *p* 值及顯著水平之間的關係(2)

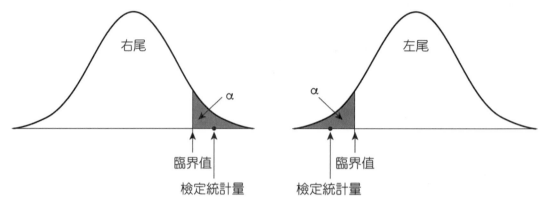

➘ 圖 9.4(b)　假說檢定與 p 值及顯著水平之間的關係(2)（續）

9.3　假說檢定的型式

以下 μ_1 代表檢定樣本的母體平均數，μ_2 代表欲比較母體的平均數。

1. **雙尾檢定(two-tailed test)：** 檢定兩母體的參數（如兩母體的平均數 μ_1 與 μ_2）是否相等，其中 μ_1 未知，但 μ_2 已知。

$H_0：\mu_1=\mu_2$ vs. $H_1：\mu_1 \neq \mu_2$

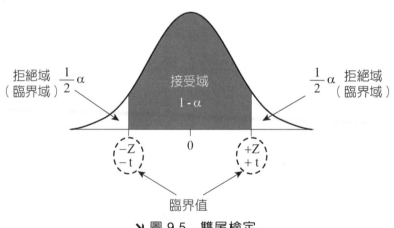

➘ 圖 9.5　雙尾檢定

2. **左尾檢定(left-tailed test)**：檢定某母體的參數（如平均數 μ_1，未知）是否小於欲比較母體的相對應參數（如平均數 μ_2，已知）。

$H_0 : \mu_1 \geq \mu_2$ vs. $H_1 : \mu_1 < \mu_2$

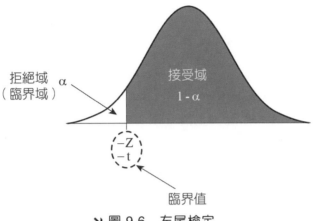

↘ 圖 9.6　左尾檢定

3. **右尾檢定(right-tailed test)**：檢定某母體的參數（如平均數 μ_1，未知）是否大於欲比較母體的相對應參數（μ_2，已知）。

$H_0 : \mu_1 \leq \mu_2$ vs. $H_1 : \mu_1 > \mu_2$

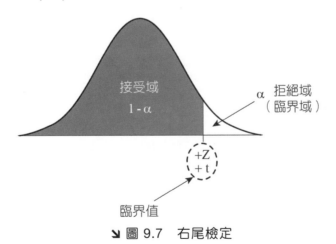

↘ 圖 9.7　右尾檢定

9.4 假說檢定的步驟（五步驟法）

1. **建立假說：** 首先須決定以雙尾或單尾來進行檢定，並建立虛無假說與對立假說。

2. **決定顯著水平：** 通常以α = 0.05或α = 0.01當作檢定標準。

3. **計算檢定統計量：**

   (1) 如果欲比較母體的標準差(σ)已知，計算 Z 分數，此種檢定稱為 Z 檢定(Z-test)。不過，Z 檢定在現實生活上很少用到。

$$Z = \frac{\bar{x} - \mu}{\frac{\sigma}{\sqrt{n}}}$$

   (2) 反之，如果母體的標準差(σ)未知，樣本的標準差(s)已知，且樣本數n < 30，則計算 t 分數。此種檢定稱為 t 檢定(t-test)，這也是用到最多的一種檢定方法。

$$t = \frac{\bar{x} - \mu}{\frac{s}{\sqrt{n}}}$$

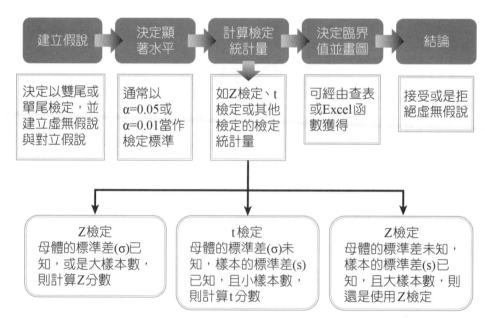

↘ 圖 9.8　假說檢定的步驟

(3) 但是如果母體的標準差未知，樣本的標準差(s)已知，且樣本數$n \geq 30$，則還是使用 Z 檢定，但 Z 分數之計算更改為：

$$Z = \frac{\bar{x} - \mu}{\frac{s}{\sqrt{n}}}$$

4. **決定臨界值並畫圖：**臨界值可經由查表或 Excel 函數功能獲得。

5. **結論：**接受或是拒絕虛無假說，並以 $p > \alpha$ 或 $p < \alpha$ 表示。

範例說明

　　臨床上膽固醇(cholesterol)與三酸甘油酯(TG)為兩項心血管疾病發生率的重要指標。全臺一般成年母群體的膽固醇平均數(μ)與標準差(σ)分別為 180 mg/dL 與 25 mg/dL。今隨機調查 25 名長期喝酒民眾，發現此 25 名民眾的膽固醇平均數($\bar{x}$)為 190 mg/dL。(1)請問喝酒族群的膽固醇平均數是否與一般族群不同？(2)請問喝酒族群的膽固醇平均數是否大於一般族群的膽固醇平均數？(3)如果一般族群的膽固醇平均數(μ)為 180 mg/dL 但標準差未知，不過此 25 名長期喝酒民眾的膽固醇平均數($\bar{x}$)與標準差(s)分別為 190 與 30 mg/dL，請問喝酒族群的膽固醇平均數是否與一般族群不同？(α=0.05)

(1) 因母體標準差已知，樣本標準差未知，使用 Z 檢定

　① 假說：H_0：μ=180 vs. H_1：$\mu \neq 180$（雙尾檢定）

　② 顯著水平：α =0.05

　③ 檢定統計量：

$$Z = \frac{\bar{x} - \mu}{\frac{\sigma}{\sqrt{n}}} = \frac{190 - 180}{\frac{25}{\sqrt{25}}} = \frac{10}{5} = 2$$

④ 臨界值：

在雙尾且 α =0.05 的條件下，查 Z 表，得到臨界值為±1.96

或由 Excel 函數獲得：NORM.S.INV(0.975)= 1.959963985。

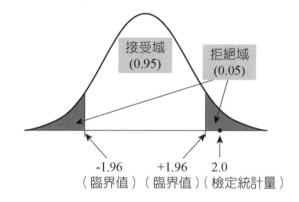

-1.96　　　+1.96　　2.0
（臨界值）（臨界值）（檢定統計量）

⑤ 結論：

因為檢定統計量＝ 2 >臨界值 1.96，所以拒絕虛無假說，接受對立假說，亦即喝酒族群的膽固醇平均數與一般族群的膽固醇平均數有顯著性的不同；亦即 $p<\alpha$ 或 $p<0.05$。

(2) 同上一小題，因母體標準差已知，樣本標準差未知，仍使用 Z 檢定

① 假說：H_0：$\mu \le 180$ vs. H_1：$\mu > 180$（右尾檢定）

② 顯著水平： α =0.05

③ 檢定統計量：

$$Z = \frac{\bar{x} - \mu}{\frac{\sigma}{\sqrt{n}}} = \frac{190 - 180}{\frac{25}{\sqrt{25}}} = \frac{10}{5} = 2$$

④ 臨界值：

在右尾且 α =0.05 的條件下，查 Z 表，得到臨界值為±1.645。

或由 Excel 函數獲得：NORM.S.INV(0.95)= 1.644853627。

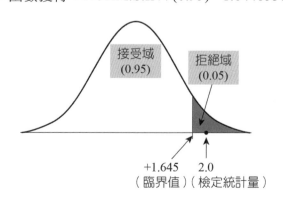

+1.645　　2.0
（臨界值）（檢定統計量）

⑤ 結論：

因為檢定統計量＝ 2 >臨界值 1.645，所以拒絕虛無假說，接受對立假說，亦即喝酒族群的膽固醇平均數顯著高於一般族群的膽固醇平均數；亦即 $p<\alpha$ 或 $p<0.05$。

(3) 因母體標準差未知，樣本標準差已知，屬於小樣本數，故使用 t 檢定

① 假說：H_0：$\mu=180$ vs. H_1：$\mu \neq 180$（雙尾檢定）

② 顯著水平：$\alpha=0.05$

③ 檢定統計量：

$$t = \frac{\bar{x} - \mu}{\frac{s}{\sqrt{n}}} = \frac{190 - 180}{\frac{30}{\sqrt{25}}} = \frac{10}{6} = 1.67$$

④ 臨界值：

在自由度=n–1=25–1=24，雙尾且 $\alpha=0.05$ 的條件下，查 t 表，得到臨界值為±2.0639。

或由 Excel 函數獲得：T.INV.2T(0.05,24)= 2.063898562。

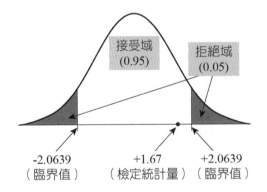

⑤ 結論：

因為檢定統計量＝ 1.67<臨界值 2.0639，所以接受虛無假說，拒絕對立假說，亦即喝酒族群的膽固醇平均數與一般族群沒有顯著的不同；亦即 $p>\alpha$ 或 $p>0.05$。

End

9.2

範例說明

　　為瞭解每日健走是否會降低身體質量指數(body mass index, BMI)。今隨機抽樣 16 個平日有健走習慣的成年男性，經測量其 BMI，得到平均值為 20.5，標準差為 3.5。假設全國成年男性的 BMI 平均值為 23.6，請問健走族群的 BMI 是否低於全國成年男性的 BMI 平均值？(α=0.01)（$BMI = \dfrac{體重（公斤）}{身高^2（公尺^2）}$）

解答

1. 假說：H_0：$\mu \geq 23.6$ vs. H_1：$\mu < 23.6$（左尾檢定）

2. 顯著水平：α =0.01

3. 檢定統計量：

$$t = \frac{\bar{x} - \mu}{\frac{s}{\sqrt{n}}} = \frac{20.5 - 23.6}{\frac{3.5}{\sqrt{16}}} = \frac{-3.1}{0.875} = -3.54$$

4. 臨界值：

　　在自由度=n–1=16–1=15，左尾檢定且 α =0.01 的條件下，查 t 表，得到臨界值為–2.602。

　　或由 Excel 函數獲得：T.INV(0.01,15)=–2.602480295。

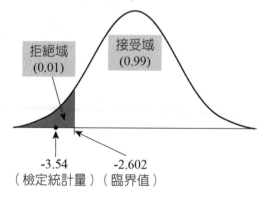

拒絕域
(0.01)

接受域
(0.99)

-3.54　　　　-2.602
（檢定統計量）（臨界值）

5. 結論：

　　因為檢定統計量= −3.54<臨界值−2.602，所以拒絕虛無假說，接受對立假說，亦即健走族群的 BMI 平均值顯著低於全國成年男性的 BMI 平均值；亦即 $p<\alpha$ 或 $p<0.01$。

End

9.5 母體比例之假說檢定

如第七章及第八章所述，樣本比例抽樣分布的標準差$(\sigma_{\hat{p}})$計算公式如下：

$$\sigma_{\hat{p}} = \sqrt{\frac{p(1-p)}{n}}$$

其中

p：母體比例

n：樣本數

在$np \geq 5$且$n(1-p) \geq 5$的條件下，樣本比例$\hat{p}$的抽樣分配近似於常態，則樣本比例抽樣分布可以常態分布替代，所以標準化計算如下：

$$Z = \frac{\hat{p}-p}{\sigma_{\hat{p}}} = \frac{\hat{p}-p}{\sqrt{\frac{p(1-p)}{n}}}$$

$$\hat{p} = \frac{x}{n}$$

其中

p：母體比例

$\hat{p}$：樣本比例

x：樣本成功次數

n：樣本試驗次數

範例說明

假設某疾病標準的治癒率為 35%，今有某藥廠宣稱已開發一種可治癒該疾病的新藥物，在某次的臨床試驗中，50 個罹患該疾病的病人，經新藥物治療後，有 25 個人痊癒。請分別以 α=0.01 及 α=0.05，評估此新藥的療效是否高於標準治療方法？

 解答

1. 假說：H_0：H_0：$p \leq 0.35$ vs. H_1：$p > 0.35$（右尾檢定）

2. 顯著水平：$\alpha = 0.01$

3. 檢定統計量：

因為 $np = 50 * 0.35 = 17.5 \geq 5$ 且 $n(1-p) = 50 * (1-0.35) = 32.5 \geq 5$，所以樣本比例$\hat{p}$的抽樣分布近似於常態，故檢定統計量計算如下：

$$Z = \frac{\hat{p} - p}{\sigma_{\hat{p}}} = \frac{\hat{p} - p}{\sqrt{\frac{p(1-p)}{n}}} = \frac{0.5 - 0.35}{\sqrt{\frac{0.35(1-0.35)}{50}}} = \frac{0.15}{\sqrt{\frac{0.2275}{50}}} = \frac{0.15}{0.0675} = 2.22$$

其中母體比例已知為

$$p = 0.35$$

樣本比例為

$$\hat{p} = \frac{25}{50} = 0.5$$

4. 臨界值：

(1) 當 $\alpha = 0.01$ 時，臨界值為 2.33。

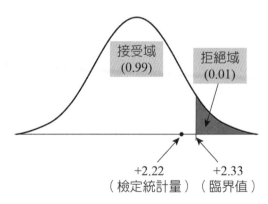

(2) 當 $\alpha = 0.05$ 時，臨界值為 1.65。

5. 結論：

(1) 當 α =0.01 時，因為檢定統計量 2.22<臨界值 2.33，因此新藥療效沒有顯著高於標準療法；亦即 $p>\alpha$ 或 $p>0.01$。

(2) 當 α =0.05 時，因為檢定統計量 2.22>臨界值 1.65，因此新藥療效顯著高於標準療法；亦即 $p<\alpha$ 或 $p<0.05$。

End

9.6　母體變異數(σ^2)的假說檢定

如欲進行母體變異數的顯著性檢定時，可利用樣本數為 n 之卡方分布，其檢定統計量計算如下：

$$x^2 = \frac{(n-1)s^2}{\sigma^2}$$

其中 σ 為母體的標準差，s 為樣本的標準差，自由度為 n-1。

範例說明

假設今有一組樣本其樣本數為 10，變異數為 16，請問此組樣本其母體的變異數與變異數為 25 的母體是否有顯著性的差異？(α=0.05)（假設此母體為常態分布）

1. 建立假說

   $H_0 : \sigma^2 = 5^2$　vs. $H_1 : \sigma^2 \neq 5^2$

2. α=0.05

3. 計算檢定統計量

$$x^2 = \frac{(n-1)s^2}{\sigma^2} = \frac{(10-1)16}{25} = \frac{144}{25} = 5.76$$

4. 決定臨界值

在雙尾檢定下，當自由度為 10–1=9，且 α=0.05 的條件下，經查表後得其臨界值為 $x^2_{0.025,9} = 19.023,\ x^2_{0.975,9} = 2.700$

亦可利用以下之 Excel 函數獲得：

$$\text{CHISQ.INV.RT}(0.025,9)= 19.0227678$$

$$\text{CHISQ.INV.RT}(0.975,9)= 2.7003895$$

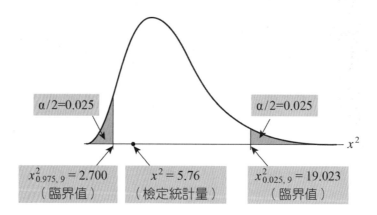

5. 結論

因為檢定統計量=5.76<16.919 但>2.700，位於接受域，所以接受虛無假說，亦即此樣本之母體的變異數，與變異數為 25 的母體沒有顯著性的差異；亦即 $p>\alpha$ 或 $p>0.05$。

End

課後摘要

SUMMARY

單一樣本假說檢定整理

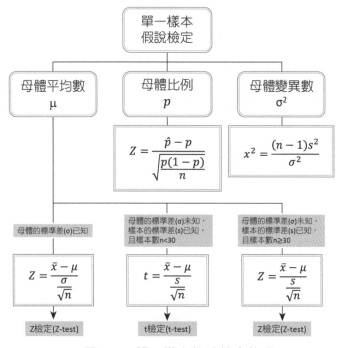

↘ 圖 9.9　單一樣本假說檢定整理

課後習題

1. 假設某雙尾檢定的檢定統計量為 4.71，而在顯著水平 α=0.01 的條件下，經查表得到臨界值為 0.25 及 3.71。請回答下列問題：
   (1) 此檢定的結論為何？
   (2) 此檢定的 p-值　(A)等於 0.01　(B)大於 0.01　(C)小於 0.01　(D)無法比較。

2. 假設某左尾檢定的檢定統計量為 4.71，而在顯著水平 α=0.01 的條件下，經查表得到臨界值為 3.71。請回答下列問題：
   (1) 此檢定的結論為何？
   (2) 此檢定的 p-值　(A)等於 0.01　(B)大於 0.01　(C)小於 0.01　(D)無法比較。

3. 假設某右尾檢定的檢定統計量為 4.71，而在顯著水平 α=0.01 的條件下，經查表得到臨界值為 3.71。請回答下列問題：
   (1) 此檢定的結論為何？
   (2) 此檢定的 p-值　(A)等於 0.01　(B)大於 0.01　(C)小於 0.01　(D)無法比較。

4. 今隨機調查某國小 16 名六年級男學生每天至少有一餐吃速食對於 BMI 的影響，發現這些學生的 BMI 平均值為 24.7，標準差為 9.3，假如全國小六男學生的 BMI 平均值為 19，標準差為 1.3。請問吃速食的小六男學生族群的 BMI 平均值：(1)是否高於全國平均值？(α=0.01)並請計算 p-值；(2)是否與全國平均值有顯著性的差異？(α=0.05)並請計算 p-值；(3)並請以此 16 名小六男學生 BMI 平均值，估計吃速食的小六男學生族群的 BMI 平均值（90%信賴區間）。

5. 今隨機抽樣 25 個樣本，得到樣本的平均數為 100，樣本的標準差為 25。當檢定該樣本是否來自於平均數為 90 的母體時，假設此檢定結果接受虛無假說，拒絕對立假說，請問此檢定的顯著水平(α)　(A)需小於 0.0285　(B)需大於 0.0285　(C)需小於 0.0569　(D)需大於 0.0569。

6. 同上題，今抽樣 25 個樣本，得到樣本平均數為 100，樣本的標準差為 25。當檢定該樣本的母體其平均數是否大於 90 時，假設此檢定結果拒絕虛無假說，接受對立假說，即該母體的平均數大於 90，請問此檢定的顯著水平(α)？　(A)需小於 0.0285　(B)需大於 0.0285　(C)需小於 0.0569。

7. 全身性紅斑狼瘡(systemic lupus erythematosus, SLE)為一種全身性自體免疫性疾病，似乎好發於女性。今調查 100 名 SLE 患者，發現有 65 名女性，35 名男性。請問 SLE 的罹患是否真的與性別有關？(α=0.01)

[參考文獻]

1. 國小學童身體質量指數發展分析，徐菀謙 林貴福，國立新竹教育大學體育學系
運動生理暨體能學報，第 11 輯，13~23 頁(2010.12)。

圖解式生物統計學—以Excel為例

Illustrated

Biostatistics

Complemented

with

Microsoft Excel

假說檢定(2) — 兩組樣本檢定
Hypothesis Testing(2)- Two-Sample Tests

Chapter 10

學習目標 LEARNING OBJECTIVES

- 區別獨立樣本與非獨立樣本
- 學習兩母體平均數差異的檢定過程
- 學習配對樣本 t-檢定
- 學習兩母體比例差異的檢定過程
- 決定雙尾或單尾檢定的時機
- 學習兩母體變異數比 σ_1^2 / σ_2^2 的假說檢定

- 學習假說檢定錯誤的類型與統計檢定力的計算方式

獨立樣本與非獨立樣本(independent samples vs. dependent samples)

　　一般而言，一組樣本的抽樣如果不會影響到另一組樣本抽樣的決定，則稱此兩組樣本為獨立樣本(independent samples)。例如，隨機抽取兩組樣本，若兩組樣本抽樣對象的決定互不影響，則此兩樣本為獨立樣本。

　　但如一組樣本的抽樣對象影響到另一組樣本抽樣的決定，稱此兩組樣本為非獨立樣本（dependent samples，也稱為相依樣本）或配對樣本(matched-pair samples)。例如，同一組樣本內的個體，進行處理前與處理後的試驗，則處理前後所獲得的資料為非獨立樣本；或是選取兩組年紀相當、性別相同或某些生理功能、生活習慣相似的樣本進行試驗或調查，則此兩組樣本也稱為非獨立樣本或配對樣本。

10.1　兩組母體平均數差異之假說檢定

　　根據中央極限定理，兩組母體平均數差異($\mu_1 - \mu_2$)的分布也趨近於常態，其母體平均數差異的標準差（也稱為標準誤，$SE_{(\bar{x}_1 - \bar{x}_2)}$）及 Z 分數分別計算如下：

$$SE_{(\bar{x}_1 - \bar{x}_2)} = \sqrt{\frac{\sigma_1^2}{n_1} + \frac{\sigma_2^2}{n_2}}$$

$$Z = \frac{(\bar{x}_1 - \bar{x}_2) - (\mu_1 - \mu_2)}{\sqrt{\frac{\sigma_1^2}{n_1} + \frac{\sigma_2^2}{n_2}}}$$

其中

μ_1, μ_2：兩組母體的平均數

σ_1, σ_2：兩組母體的標準差

$\bar{x}_1, \bar{x}_2$：兩組樣本的平均數

n_1, n_2：兩組樣本的樣本數

1. 兩母體平均數差異之假說檢定型式

(1) 當 $\sigma_1{}^2$ 與 $\sigma_2{}^2$ 已知，使用 Z 檢定

$$Z = \frac{(\bar{x}_1 - \bar{x}_2) - (\mu_1 - \mu_2)}{\sqrt{\dfrac{\sigma_1{}^2}{n_1} + \dfrac{\sigma_2{}^2}{n_2}}}$$

若 $\sigma_1{}^2 = \sigma_2{}^2 = \sigma^2$，則公式改為

$$Z = \frac{(\bar{x}_1 - \bar{x}_2) - (\mu_1 - \mu_2)}{\sigma\sqrt{\dfrac{1}{n_1} + \dfrac{1}{n_2}}}$$

(2) 當 $\sigma_1{}^2$ 與 $\sigma_2{}^2$ 未知但無論是否相等，若為大樣本（例如 n_1, $n_2 \geq 30$），則使用 Z 檢定

$$Z = \frac{(\bar{x}_1 - \bar{x}_2) - (\mu_1 - \mu_2)}{\sqrt{\dfrac{s_1{}^2}{n_1} + \dfrac{s_2{}^2}{n_2}}}$$

(3) 當 $\sigma_1{}^2 = \sigma_2{}^2 = \sigma^2$ 但未知，且小樣本（例如 n_1, $n_2 < 30$），則使用 t 檢定，其檢定統計量的計算公式如下：

$$t = \frac{(\bar{x}_1 - \bar{x}_2) - (\mu_1 - \mu_2)}{s_p\sqrt{\dfrac{1}{n_1} + \dfrac{1}{n_2}}}$$

$s_p{}^2$ 為綜合樣本變異數(pooled sample variance)，公式如下：

$$s_p{}^2 = \frac{s_1{}^2(n_1 - 1) + s_2{}^2(n_2 - 1)}{n_1 + n_2 - 2}$$

所以

$$s_p = \sqrt{\frac{s_1{}^2(n_1 - 1) + s_2{}^2(n_2 - 1)}{n_1 + n_2 - 2}}$$

上述之 s_p 為綜合樣本標準差；$(n_1 + n_2 - 2)$ 為自由度。

(4) 當 $\sigma_1{}^2$ 與 $\sigma_2{}^2$ 未知且不相等，若為小樣本（例如 n_1, $n_2 < 30$），則使用 t 檢定（也稱為 Welch's t-test）。其檢定統計量計算如下：

$$t = \frac{(\bar{x}_1 - \bar{x}_2) - (\mu_1 - \mu_2)}{\sqrt{\dfrac{s_1{}^2}{n_1} + \dfrac{s_2{}^2}{n_2}}}$$

但是其自由度（d.f.或以ν代表）計算較為複雜，計算公式如下：

$$\text{d. f.} = \frac{({s_1^2}/{n_1} + {s_2^2}/{n_2})^2}{{({s_1^2}/{n_1})^2}\big/{(n_1 - 1)} + {({s_2^2}/{n_2})^2}\big/{(n_2 - 1)}}$$

左右尾檢定之判斷標準如同第九章單一樣本平均數檢定，其檢定型式整理如下：

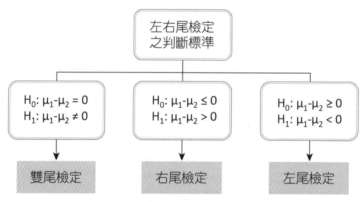

▶ 圖 10.1　假說與左右尾檢定之判斷標準

10.1　　　　　　　　　　　　　　　　　　　　　　　　　　　　　　　　**範例說明**

如「範例 3.1」某大學為調查學生罹患糖尿病的傾向，隨機抽取兩班學生進行空腹（飯前）血糖值的測定。兩班共有女生 55 位及男生 46 位，於前一天晚上開始禁食至少八小時，並於隔日早上抽血檢驗血液中葡萄糖的濃度，濃度以 mg/dL（毫克／百毫升）表示；因受限於檢驗方法的分析靈敏度(analytical sensitivity)，數據以整數代表。其數據（觀察值）分別如下：

	血糖值(mg/dL)														
女生 (n=55)	72	104	72	113	55	88	74	87	82	59	84	67	63	69	62	86
	87	89	90	88	91	93	92	121	124	116	71	132	78	72	150
	51	138	99	87	86	89	90	98	102	71	107	90	84	83	108	76
	100	73	89	72	112	77	97	74							
男生 (n=46)	66	135	73	117	99	77	68	86	129	85	91	93	80	83	87	98
	78	86	89	100	139	92	97	95	101	87	83	81	76	117	88
	103	110	82	106	113	88	126	53	69	79	81	80	79	106	149

　　經計算後得知 55 位女生的血糖平均值及變異數分別為 88.8 及 415.3 mg/dL，46 位男生的血糖平均值及變異數分別為 93.5 及 404.6 mg/dL。請分別以下列條件檢定女生與男生這兩班的血糖值是否有所差異？(α=0.01)

1. 假設女生與男生母體的標準差分別為 15 與 20。

2. 假設女生與男生母體的標準差未知但相等。

1. 雙尾 Z 檢定(two-tailed Z-test)：男女生母體的標準差已知

　(1) 假設

　　　$H_0: \mu_1-\mu_2 = 0$ vs. $H_1: \mu_1-\mu_2 \neq 0$

　　　μ_1：女生母群體的血糖平均值；μ_2：男生母群體的血糖平均值

　(2) 顯著水平α=0.01

　(3) 檢定統計量

$$Z = \frac{(\bar{x}_1 - \bar{x}_2) - (\mu_1 - \mu_2)}{\sqrt{\frac{\sigma_1^2}{n_1} + \frac{\sigma_2^2}{n_2}}} = \frac{(88.8 - 93.5) - (0)}{\sqrt{\frac{15^2}{55} + \frac{20^2}{46}}} = \frac{-4.7}{\sqrt{4.09 + 8.70}} = \frac{-4.7}{3.58} = -1.31$$

　　　因假設 $H_0: \mu_1-\mu_2 = 0$，所以上述檢定統計量的算式中$(\mu_1 - \mu_2)$以 0 計算。在單尾（右尾或左尾）的檢定中，亦均假設 $\mu_1-\mu_2 = 0$

　(4) 臨界值=±2.576，可經由查表以內差法計算取近似值，或利用 Excel 函數 NORM.S.INV(0.995)= 2.575829304，取近似值 2.576 或 2.58。

　(5) 結論

　　　因檢定統計量=−1.31 位於接受域，故接受虛無假說，這兩班女生與男生的血糖平均值沒有顯著性的差異；亦即 $p>α$ 或 $p>0.01$。

[Excel 實作說明]

(1) 將原始資料輸入 Excel 儲存格範圍，例如此範例將資料輸入儲存格位址 D4 至 D59（女生的血糖平均值），以及儲存格位址 E4 至 E50（男生的血糖平均值）中。

(2) 選取功能表中的【資料】。

(3) 選取工具列右邊的【資料分析】，之後會出現【資料分析】視窗。

(4) 從【資料分析】視窗選取【z 檢定：兩個母體平均數差異檢定】。

(5) 按【確定】，此時會出現【z 檢定：兩個母體平均數差異檢定】視窗。

(6) 從【z 檢定：兩個母體平均數差異檢定】視窗中的【輸入範圍】，圈選資料所在的範圍，如此範例的資料輸入範圍分別為：[變數 1 的範圍]－儲存格位址 D4 至 D59（女生的血糖平均值），以及[變數 2 的範圍]－儲存格位址 E4 至 E50（男生的血糖平均值）。

(7) 【假設的均數差】填入 0（因假設 $\mu_1-\mu_2 = 0$）。

(8) 填入兩個變異數的值，此處分別為 $15^2=225$ 及 $20^2=400$。

(9) 勾選【標記】，並決定顯著水平α，（此例設定為 0.01）。（勾選【標記】表示會將儲存格位址 D4：[女生血糖值]及 E4：[男生血糖值]兩個名稱標示於結果中，如下圖 10.3）

(10) 勾選【輸出選項】（如此例設定為「新工作表」）。

(11) 最後按【確定】，所呈現的資料會出現在新工作表中。

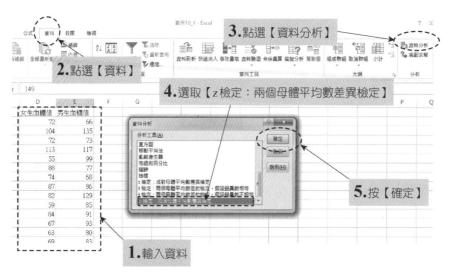

↳ 圖 10.2　Excel 統計功能【z 檢定：兩個母體平均數差異檢定】(1)

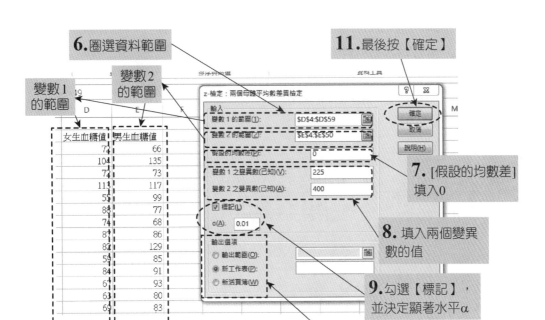

239

↘ 圖 10.3　Excel 統計功能【z 檢定：兩個母體平均數差異檢定】(2)

結果：

z 檢定：兩個母體平均數差異檢定		
	女生血糖值	男生血糖值
平均數	88.8	93.47826087
已知的變異數	225	400
觀察值個數	55	46
假設的均數差	0	
z	-1.30830064	
P(Z<=z) 單尾	0.095385679	
臨界值：單尾	2.326347874	
P(Z<=z) 雙尾	0.190771359	
臨界值：雙尾	2.575829304	

2. 雙尾 Z 檢定(two-tailed Z-test)：男生與女生母體的標準差未知但相等

  (1) 假說

    $H_0: \mu_1 - \mu_2 = 0$ vs. $H_1: \mu_1 - \mu_2 \neq 0$

  (2) 顯著水平α=0.01

  (3) 檢定統計量

$$Z = \frac{(\bar{x}_1 - \bar{x}_2) - (\mu_1 - \mu_2)}{\sqrt{\frac{s_1^2}{n_1} + \frac{s_2^2}{n_2}}} = \frac{(88.8 - 93.5) - (0)}{\sqrt{\frac{415.3}{55} + \frac{404.6}{46}}} = \frac{-4.7}{\sqrt{7.55 + 8.80}} = \frac{-4.7}{4.04} = -1.16$$

  (4) 臨界值±2.576

  (5) 結論

    因檢定統計量= −1.16，位於接受域內，所以接受虛無假說，表示這兩班女生與男生的血糖平均值沒有顯著性的差異；亦即 $p>\alpha$ 或 $p>0.01$。

End

範例說明

    今有兩組飼料用來試驗對養殖龍膽石斑的效果，從 A 飼料及 B 飼料飼養的魚群中，分別隨機選取 7 及 5 尾魚，其體重結果如下(Kg)：

    A 飼料：2.4、2.9、2.2、2.5、2.6、2.3、2.8

    B 飼料：2.2、1.8、1.6、1.7、1.6

    假設此兩組飼料飼養的魚群其母體體重的變異數未知但相等。請問這兩組飼料是否具有相等的增重效果？(α=0.05)

雙尾 t 檢定(two-tailed t-test)：

1. 假說

  $H_0: \mu_1 - \mu_2 = 0$ vs. $H_1: \mu_1 - \mu_2 \neq 0$

2. 顯著水平α=0.05

3. 檢定統計量

$$\bar{x}_1 = \left[\sum_{i=1}^{n} x_i\right] \div n = \frac{x_1 + x_2 + x_3 + \cdots + x_n}{n} = \frac{2.4 + 2.9 + 2.2 + \cdots + 2.8}{7} = 2.53$$

$$\bar{x}_2 = \left[\sum_{i=1}^{n} x_i\right] \div n = \frac{x_1 + x_2 + x_3 + \cdots + x_n}{n} = \frac{2.2 + 1.8 + 1.6 + \cdots + 1.6}{5} = 1.78$$

$$s_1^2 = \frac{\sum_{i=1}^{n}(x_i - \bar{x})^2}{n-1} = \frac{[(2.4 - 2.53)^2 + (2.9 - 2.53)^2 + (2.2 - 2.53)^2 + \cdots + (2.8 - 2.53)^2]}{7 - 1}$$
$$= 0.066$$

$$s_2^2 = \frac{\sum_{i=1}^{n}(x_i - \bar{x})^2}{n-1} = \frac{[(2.2 - 1.78)^2 + (1.8 - 1.78)^2 + (1.6 - 1.78)^2 + \cdots + (1.6 - 1.78)^2]}{5 - 1}$$
$$= 0.062$$

$$s_p = \sqrt{\frac{s_1^2(n_1 - 1) + s_2^2(n_2 - 1)}{n_1 + n_2 - 2}} = \sqrt{\frac{0.066(7 - 1) + 0.062(5 - 1)}{7 + 5 - 2}} = \sqrt{0.064}$$

$$t = \frac{(\bar{x}_1 - \bar{x}_2) - (\mu_1 - \mu_2)}{s_p\sqrt{\frac{1}{n_1} + \frac{1}{n_2}}} = \frac{(2.53 - 1.78) - (0)}{\sqrt{0.064}\sqrt{\frac{1}{7} + \frac{1}{5}}} = 5.044$$

4. 在自由度$(n_1+n_2-2)=7+5-2=10$，$\alpha=0.05$ 的條件下，其對應的臨界值$=\pm2.228$。

5. 結論

因為統計檢定量$=5.044>$臨界值 2.228，所以拒絕虛無假說，接受對立假說，表示兩種飼料的效果具有顯著性的差異；亦即 $p<\alpha$ 或 $p<0.05$。

End

[Excel 實作說明]

1. 將原始資料輸入 Excel 儲存格範圍，例如此範例將資料輸入儲存格位址 D3 至 D10（A 飼料），以及儲存格位址 E3 至 E8（B 飼料）中。

2. 選取功能表中的【資料】。

3. 選取工具列右邊的【資料分析】，之後會出現【資料分析】視窗。

4. 從【資料分析】視窗選取【t 檢定：兩個母體平均數差的檢定，假設變異數相等】。

5. 按【確定】，此時會出現【t 檢定：兩個母體平均數差的檢定，假設變異數相等】視窗。

6. 從【t 檢定：兩個母體平均數差的檢定，假設變異數相等】視窗中的【輸入範圍】，圈選資料所在的範圍，如此範例的資料輸入範圍分別為：[變數 1 的範圍]－儲存格位址 D3 至 D10（A 飼料），以及[變數 2 的範圍]－儲存格位址 E3 至 E8（B 飼料）。

7. 【假設的均數差】填入 0。

8. 勾選【標記】，並決定顯著水平α，（此例設定為 0.05）。（勾選【標記】表示會將儲存格位址 D3：[A 飼料]及 E3：[B 飼料]兩個名稱標示於結果中，如下圖）

9. 勾選【輸出選項】（如此例設定為「新工作表」）。

10. 最後按【確定】，所呈現的資料會出現在新工作表中。

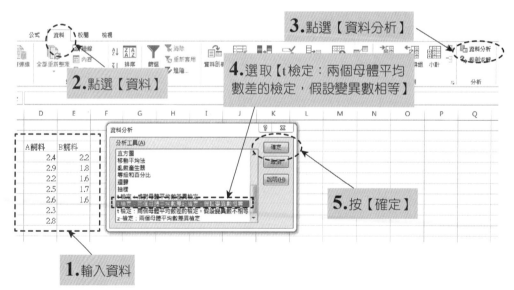

→ 圖 10.4　Excel 統計功能【t 檢定：兩個母體平均數差的檢定，假設變異數相等】(1)

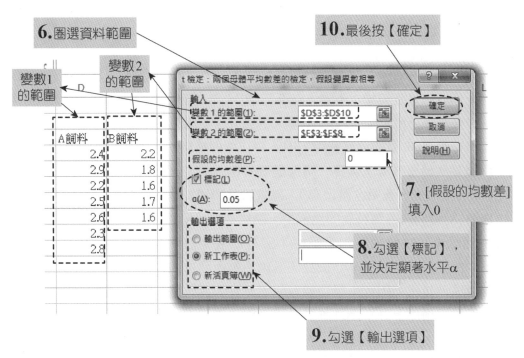

6. 圈選資料範圍

10. 最後按【確定】

變數1
的範圍

變數2
的範圍

7. [假設的均數差]
填入0

8. 勾選【標記】，
並決定顯著水平α

9. 勾選【輸出選項】

↘ 圖 10.5　Excel 統計功能【t 檢定：兩個母體平均數差的檢定，假設變異數相等】(2)

結果：

t 檢定：兩個母體平均數差的檢定，假設變異數相等		
	A飼料	B飼料
平均數	2.528571429	1.78
變異數	0.065714286	0.062
觀察值個數	7	5
Pooled 變異數	0.064228571	
假設的均數差	0	
自由度	10	
t 統計	5.04443482	
P(T<=t) 單尾	0.00025167	
臨界值：單尾	1.812461123	
P(T<=t) 雙尾	0.00050334	
臨界值：雙尾	2.228138852	

範例說明

10.3

　　在 2012 年的調查中，臺灣是世界洗腎率排名第 4 名的國家，其他前三名分別為墨西哥的 2 個城市以及美國；不過，在西元 2012 年之前，臺灣還蟬連了好幾年的世界第一。過去臺灣每百萬人中，超過 400 人洗腎，目前則降為每百萬人約 370 人洗腎，而且每年需花費 400 億的健保費用，因此腎功能的檢驗在臺灣非常受到重視。今傳言臺灣中南部某些地區洗腎率偏高，可能是因為當地某些人民長期服用某國進口的中草藥 X 所致（重金屬、農藥含量過高）。為求證此項疑點是否屬實，今從該地區有長期服用中草藥 X 但尚未有腎臟病的民眾中，隨機抽樣十名男性；同時也從當地沒有服用該草藥的民眾中，隨機抽樣九名男性，進行血液中血清肌酸酐(creatinine)濃度的檢驗。血液中的肌酸酐主要是來自於身體肌肉活動所產生的代謝產物，全部都經腎臟過濾後完全由尿液排出。因此，腎功能有問題時，因無法完全排出所產生的肌酸酐，而造成血中肌酸酐濃度上升。上升越高，代表腎功能越不好。以下為這兩組受試者的肌酸酐濃度結果：

編號	長期服用某國進口的中草藥 X 的民眾 其血清肌酸酐值(mg/dL)	沒有服用該草藥的民眾 其血清肌酸酐值(mg/dL)
1	2.3	1.7
2	2.0	1.5
3	1.7	0.9
4	1.6	1.1
5	1.7	1.3
6	1.6	0.9
7	1.5	1.2
8	1.5	1.1
9	1.8	1.4
10	2.3	

　　假設兩組民眾的母體為常態分布且變異數相等，請在顯著水平 α=0.01 的條件下，以兩組樣本之統計量進行以下之檢定：

1. 請問服用此種進口中草藥 X 是否會造成這些民眾血清肌酸酐值，與一般沒有服用的民眾有顯著性的差異？

2. 請問服用此種進口中草藥 X 是否會造成這些民眾血清肌酸酐值高於一般沒有服用的民眾？

3. 假設臺灣男性民眾的血清肌酸酐(creatinine)濃度的平均數(μ)為 1.1 mg/dL。請問此服用中草藥 X 的族群，其血清肌酸酐(Creatinine)濃度是否高於全臺灣民眾的平均數？

1. μ_1：長期服用該中草藥民眾其母體的血清肌酸酐平均值

   μ_2：未服用該草藥的民眾其母體的血清肌酸酐平均值

   (1) 假說

   　　因兩母體之變異數未知但相等，且小樣本數(n_1, $n_2 \leq 30$)，故使用 t 檢定（雙尾檢定）。假說如下：

   　　$H_0：\mu_1=\mu_2$ vs. $H_1：\mu_1 \neq \mu_2$

   　　也可寫成：

   　　$H_0：\mu_1-\mu_2 = 0$ vs. $H_1：\mu_1-\mu_2 \neq 0$

   (2) 顯著水平 $\alpha=0.01$

   (3) 檢定統計量

   　　樣本平均數($\bar{x}$)：

$$\bar{x}_1 = \left[\sum_{i=1}^{n} x_i\right] \div n = \frac{2.3 +2.0 + 1.7 + 1.6 + 1.7 + 1.6 + 1.5 + 1.5 + 1.8 + 2.3}{10} = \frac{18}{10} = 1.8$$

　　　　樣本變異數：

$$\begin{aligned}
s_1{}^2 &= \frac{\sum_{i=1}^{n}(x_i - \bar{x})^2}{n-1} = \frac{[(x_1 - \bar{x})^2 +(x_2 - \bar{x})^2 + (x_3 - \bar{x})^2 + \cdots + (x_n - \bar{x})^2]}{n-1} \\
&= \frac{[(2.3 - 1.8)^2 +(2.0 - 1.8)^2 + (1.7 - 1.8)^2 + \cdots + (2.3 - 1.8)^2]}{10-1} \\
&= \frac{[0.25 + 0.04 + 0.01 + 0.04 + 0.01 + 0.04 + 0.09 + 0.09 + 0 + 0.25]}{9} \\
&= \frac{0.82}{9} = 0.0911
\end{aligned}$$

樣本平均數($\bar{x}$)：

$$\bar{x}_2 = \left[\sum_{i=1}^{n} x_i\right] \div n = \frac{1.7 + 1.5 + 0.9 + 1.1 + 1.3 + 0.9 + 1.2 + 1.1 + 1.4}{9} = \frac{11.1}{9} = 1.23$$

樣本變異數：

$$s_2{}^2 = \frac{\sum_{i=1}^{n}(x_i - \bar{x})^2}{n-1} = \frac{[(x_1 - \bar{x})^2 + (x_2 - \bar{x})^2 + (x_3 - \bar{x})^2 + \cdots + (x_n - \bar{x})^2]}{n-1}$$
$$= \frac{[(1.7 - 1.23)^2 + (1.5 - 1.23)^2 + (0.9 - 1.23)^2 + \cdots + (1.4 - 1.23)^2]}{9-1}$$
$$= 0.0725$$

$$s_p = \sqrt{\frac{s_1{}^2(n_1 - 1) + s_2{}^2(n_2 - 1)}{n_1 + n_2 - 2}} = \sqrt{\frac{0.0911(10 - 1) + 0.0725(9 - 1)}{10 + 9 - 2}} = \sqrt{\frac{0.8199 + 0.58}{17}}$$
$$= 0.2870$$

檢定統計量：

$$t = \frac{(\bar{x}_1 - \bar{x}_2) - (\mu_1 - \mu_2)}{s_p\sqrt{\frac{1}{n_1} + \frac{1}{n_2}}} = \frac{(1.8 - 1.23) - (0)}{0.2870\sqrt{\frac{1}{10} + \frac{1}{9}}} = \frac{0.57}{0.132} = 4.318$$

其中$\mu_1 - \mu_2$假設等於 0。

(4) 臨界值

在自由度$=n_1+n_2-2=10+9-2=17$，雙尾且 $\alpha=0.01$ 的條件下，查 t 表，得到臨界值為± 2.8982。

(5) 結論

因為檢定統計量$= 4.318 >$臨界值 2.8982，所以拒絕虛無假說，接受對立假說，表示服用此種進口中草藥 X 會造成這些民眾血清肌酸酐值與一般沒有服用的民眾有顯著性的差異；亦即 $p<\alpha$ 或 $p<0.01$。

2. (1) 假說

本小題仍使用 t 檢定，但改為右尾檢定。假說如下：

H_0: $\mu_1-\mu_2 \leq 0$ vs. H_1: $\mu_1-\mu_2 > 0$

(2) 顯著水平 α=0.01

(3) 檢定統計量

檢定統計量同上一小題。

(4) 臨界值

在自由度=n_1+n_2-2=10+9−2=17，單尾且 α=0.01 的條件下，查 t 表，得到臨界值為±2.567。

(5) 結論

因為檢定統計量= 4.318>臨界值 2.567，所以拒絕虛無假說，接受對立假說，表示服用此種進口中草藥 X 會造成這些民眾血清肌酸酐值顯著高於一般沒有服用的民眾；亦即 $p<α$ 或 $p<0.01$。

3. (1) 假說

本小題因母體的標準差(σ)未知，樣本的標準差(s)已知，且樣本數 n ≤ 30，所以進行 t 檢定；另因比較 10 位服用中草藥 X 的民眾，其血清肌酸酐(creatinine)濃度是否高於全臺灣民眾的平均數，屬單一樣本檢定且為右尾檢定。假說如下：

$H_0：μ_1≤1.1$ vs. $H_1：μ_1>1.1$

(2) 顯著水平 α=0.01

(3) 檢定統計量

$$s_1 = \sqrt{s_1^2} = \sqrt{0.0911} = 0.302$$

$$t = \frac{\bar{x} - μ}{\frac{s}{\sqrt{n}}} = \frac{1.8 - 1.1}{\frac{0.302}{\sqrt{10}}} = \frac{0.7}{0.096} = 7.29$$

(4) 臨界值

在自由度=(n_1-1)=(10−1)=9，單尾且 α=0.01 的條件下，查 t 表，得到臨界值為 2.821。

(5) 結論

因為檢定統計量= 7.29>臨界值，所以拒絕虛無假說，接受對立假說，表示服用此種進口中草藥 X 會造成這些民眾血清肌酸酐值顯著高於一般沒有服用的民眾；亦即 $p<α$ 或 $p<0.01$。

10.2　配對樣本 t-檢定（Paired t-Test，或稱爲成對樣本 t-檢定）

編號	實驗前的數據 (x_i)	實驗後的數據 (x'_i)	差異 $(d_i = x'_i - x_i)$
1	x_1	x'_1	$d_1 = x'_1 - x_1$
2	x_2	x'_2	$d_2 = x'_2 - x_2$
3	x_3	x'_3	$d_3 = x'_3 - x_3$
4	x_4	x'_4	$d_4 = x'_4 - x_4$
5	x_5	x'_5	$d_5 = x'_5 - x_5$
6	x_6	x'_6	$d_6 = x'_6 - x_6$
n	x_n	x'_n	$d_n = x'_n - x_n$

$$\bar{d} = \frac{\sum_{i=1}^{n} d_i}{n} = \frac{d_1 + d_2 + d_3 + \cdots + d_n}{n}$$

$$s_d = \sqrt{\frac{\sum_{i=1}^{n}(d_i - \bar{d})^2}{n-1}} = \sqrt{\frac{(d_1 - \bar{d})^2 + (d_2 - \bar{d})^2 + (d_3 - \bar{d})^2 + \cdots + (d_n - \bar{d})^2}{n-1}}$$

$$t = \frac{\bar{d} - \mu_d}{\frac{s_d}{\sqrt{n}}}$$

假說的類型

1. 雙尾檢定

   $H_0: \mu_d = 0$ vs. $H_1: \mu_d \neq 0$

2. 左尾檢定

   $H_0: \mu_d \geq 0$ vs. $H_1: \mu_d < 0$

3. 右尾檢定

   $H_0: \mu_d \leq 0$ vs. $H_1: \mu_d > 0$

10.4

　　今為測試坊間某紅麴保健食品 X 是否具有肝臟毒性，故餵食 10 隻老鼠固定劑量的紅麴 X 產品，並在餵食前後測其血清中的麩丙酮酸轉胺基酵素(GPT/ALT)的濃度，其結果如下：

編號	餵食前的 GPT x_i(U/mL)	餵食後的 GPT x'_i(U/mL)	差異 $(d_i = x'_i - x_i)$
1	60	72	$d_1 = 72 - 60 = 12$
2	56	69	$d_2 = 69 - 56 = 13$
3	61	93	$d_3 = 93 - 61 = 32$
4	65	82	$d_4 = 82 - 65 = 17$
5	62	81	$d_5 = 81 - 62 = 19$
6	59	94	$d_6 = 94 - 59 = 35$
7	58	76	$d_7 = 76 - 58 = 18$
8	66	87	$d_8 = 87 - 66 = 21$
9	57	89	$d_9 = 89 - 57 = 32$
10	63	84	$d_{10} = 84 - 63 = 21$

　　請問老鼠餵食紅麴保健食品 X 之前與之後的肝指數 GPT 是否有差異？(α=0.05)

[檢定步驟]

1. 建立假說

　　H_0：μ_d=0 vs. H_1：$\mu_d \neq 0$

2. 顯著水平 α =0.05

3. 計算檢定統計量

$$\bar{d} = \frac{\sum_{i=1}^{n} d_i}{n} = \frac{d_1 + d_2 + d_3 + \cdots + d_n}{n}$$
$$= \frac{12 + 13 + 32 + 17 + 19 + 35 + 18 + 21 + 32 + 21}{10} = \frac{220}{10} = 22$$

$$s_d = \sqrt{\frac{\sum_{i=1}^{n}(d_i - \bar{d})^2}{n-1}}$$

$$= \sqrt{\frac{(12-22)^2 + (13-22)^2 + (32-22)^2 + (17-22)^2 + (19-22)^2 + (35-22)^2 + (18-22)^2 + (21-22)^2 + (32-22)^2 + (21-22)^2}{10-1}}$$

$$= \sqrt{\frac{(-10)^2 + (-9)^2 + (10)^2 + (-5)^2 + (-3)^2 + (13)^2 + (-4)^2 + (-1)^2 + (10)^2 + (-1)^2}{10-1}}$$

$$= \sqrt{\frac{100 + 81 + 100 + 25 + 9 + 169 + 16 + 1 + 100 + 1}{10-1}} = \sqrt{\frac{602}{9}} = 8.18$$

$$t = \frac{\bar{d} - \mu_d}{\frac{s_d}{\sqrt{n}}} = \frac{22 - 0}{\frac{8.18}{\sqrt{10}}} = \frac{22}{2.59} = 8.49$$

4. 決定臨界值

在自由度$=(n-1)=(10-1)=9$ 且 $\alpha=0.05$ 及雙尾的情況下，經查表得到臨界值 $=2.2622$。

5. 結論

因檢定統計量$t = 8.49 >$ 臨界值 2.2622，所以拒絕虛無假說 H_0，接受對立假說 H_1，表示老鼠餵食紅麴保健食品 X 之前與之後的肝指數 GPT 有顯著性的差異；亦即 $p<\alpha$ 或 $p<0.05$。

[Excel 實作說明]

1. 將原始資料輸入 Excel 儲存格範圍，例如此範例將資料輸入儲存格位址 D3 至 D13(A 飼料)，以及儲存格位址 E3 至 E13（B 飼料）中。

2. 選取功能表中的【資料】。

3. 選取工具列右邊的【資料分析】，之後會出現【資料分析】視窗。

4. 從【資料分析】視窗選取【t 檢定：成對母體平均數差異檢定】。

5. 按【確定】，此時會出現【t 檢定：成對母體平均數差異檢定】視窗。

6. 從【t 檢定：成對母體平均數差異檢定】視窗中的【輸入範圍】，圈選資料所在的範圍，如此範例的資料輸入範圍分別為：[變數 1 的範圍]－儲存格位址 D3 至 D13（餵食前的 GPT），以及[變數 2 的範圍]－儲存格位址 E3 至 E13（餵食後的 GPT）。

7. 【假設的均數差】填入 0。

8. 勾選【標記】，並決定顯著水平α，（此例設定為 0.05）。（勾選【標記】表示會將儲存格位址 D3：[餵食前的 GPT]及 E3：[餵食後的 GPT]兩個名稱標示於結果中，如下圖）

9. 勾選【輸出選項】（如此例設定為「新工作表」）。

10. 最後按【確定】，所呈現的資料會出現在新工作表中。

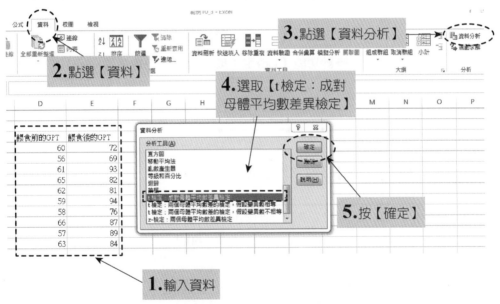

↘ 圖 10.6　Excel 統計功能【t 檢定：成對母體平均數差異檢定】(1)

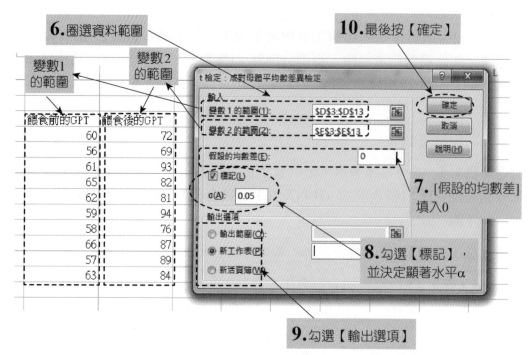

6. 圈選資料範圍

10. 最後按【確定】

變數1
的範圍

變數2
的範圍

7. [假設的均數差]
填入0

8. 勾選【標記】，
並決定顯著水平α

9. 勾選【輸出選項】

↘ 圖 10.7　Excel 統計功能【t 檢定：成對母體平均數差異檢定】(2)

t 檢定：成對母體平均數差異檢定		
	餵食前的GPT	餵食後的GPT
平均數	60.7	82.7
變異數	11.12222222	71.56666667
觀察值個數	10	10
皮耳森相關係數	0.280011529	
假設的均數差	0	
自由度	9	
t 統計	-8.506397827	
P(T<=t) 單尾	6.75577E-06	
臨界值：單尾	1.833112933	
P(T<=t) 雙尾	1.35115E-05	
臨界值：雙尾	2.262157163	

10.3 兩組母體比例差異之假說檢定

如第七章及第八章所述，兩組樣本比例差異分布之標準差$(\sigma_{\hat{p}_1-\hat{p}_2})$如下：

$$\sigma_{\hat{p}_1-\hat{p}_2} = \sqrt{\frac{p_1(1-p_1)}{n_1} + \frac{p_2(1-p_2)}{n_2}}$$

若兩組母體比例p_1與p_2未知，在進行假說檢定時，必須先計算綜合樣本比例$(\hat{p})$：

$$\hat{p} = \frac{x_1 + x_2}{n_1 + n_2}$$

然後以綜合樣本比例$(\hat{p})$估計兩母體比例p_1與p_2時，所以兩組樣本比例差異分布之標準差如下：

$$\sigma_{\hat{p}_1-\hat{p}_2} = \sqrt{\frac{p_1(1-p_1)}{n_1} + \frac{p_2(1-p_2)}{n_2}} = \sqrt{\frac{\hat{p}(1-\hat{p})}{n_1} + \frac{\hat{p}(1-\hat{p})}{n_2}} = \sqrt{\hat{p}(1-\hat{p})(\frac{1}{n_1} + \frac{1}{n_2})}$$

當兩母體比例p_1與p_2未知時，以綜合樣本比例$(\hat{p})$估計母體比例，所以檢定統計量計算如下：

$$Z = \frac{(\hat{p}_1-\hat{p}_2)-(p_1-p_2)}{\sqrt{\frac{p_1(1-p_1)}{n_1} + \frac{p_2(1-p_2)}{n_2}}} = \frac{(\hat{p}_1-\hat{p}_2)-(p_1-p_2)}{\sqrt{\frac{\hat{p}(1-\hat{p})}{n_1} + \frac{\hat{p}(1-\hat{p})}{n_2}}} = \frac{(\hat{p}_1-\hat{p}_2)-(p_1-p_2)}{\sqrt{\hat{p}(1-\hat{p})(\frac{1}{n_1} + \frac{1}{n_2})}} \sim N(0,1)$$

範例說明

如「範例說明 8.7」，今有某藥廠宣稱已開發一種可治癒 X 疾病的新藥物，在某次的臨床試驗中，抽樣 200 個患有 X 疾病的病人，其中 80 個的病人，經新藥物治療後，有 40 個人痊癒，而另外 120 個病人經傳統藥物治療後，有 42 個人痊癒。請分別以 α=0.01 及 α=0.05，比較新藥和傳統治療方法是否有顯著性的差異？

解答

1. 建立假說

   雙尾 Z 檢定(Two-Tailed)

   $H_0: \mu_1 - \mu_2 = 0$ vs. $H_1: \mu_1 - \mu_2 \neq 0$

2. 顯著水平

   (1) $\alpha = 0.01$

   (2) $\alpha = 0.05$

3. 計算檢定統計量

$$\hat{p}_1 = \frac{40}{80} = 0.5$$

$$\hat{p}_2 = \frac{42}{120} = 0.35$$

$$\hat{p} = \frac{x_1 + x_2}{n_1 + n_2} = \frac{40 + 42}{80 + 120} = \frac{82}{200} = 0.41$$

$$Z = \frac{(\hat{p}_1 - \hat{p}_2) - (p_1 - p_2)}{\sqrt{\frac{p_1(1 - p_1)}{n_1} + \frac{p_2(1 - p_2)}{n_2}}} = \frac{(\hat{p}_1 - \hat{p}_2) - (p_1 - p_2)}{\sqrt{\hat{p}(1 - \hat{p})(\frac{1}{n_1} + \frac{1}{n_2})}} = \frac{(0.5 - 0.35) - (0)}{\sqrt{0.41(1 - 0.41)(\frac{1}{80} + \frac{1}{120})}}$$

$$= \frac{0.15}{\sqrt{0.2419 * 0.0208}} = \frac{0.15}{0.0709} = 2.1156$$

4. 決定臨界值

   (1) 當 $\alpha = 0.01$，臨界值為±2.58。

   (2) 當 $\alpha = 0.05$，臨界值為±1.96。

5. 結論

   (1) 當 $\alpha = 0.01$，因為檢定統計量=2.1156<臨界值 2.58，因此新藥療效和標準療法沒有顯著性的差異；亦即 $p > \alpha$ 或 $p > 0.01$。

   (2) 當 $\alpha = 0.05$，因為檢定統計量=2.1156>臨界值 1.96，因此新藥療效和標準療法有顯著性的差異；亦即 $p < \alpha$ 或 $p < 0.05$。

End

10.4　兩母體變異數的檢定：兩母體變異數比 ($\frac{\sigma_1^2}{\sigma_2^2}$)的假說檢定

　　如欲進行母體變異數比例的檢定時，可利用 F 分布來決定其顯著性，檢定統計量計算如下：

$$F = s_1^2 \Big/ s_2^2$$

其中 s_1 與 s_2 分別為兩組比較樣本的標準差。

範例說明

10.6

　　承「範例說明 8.9」，假設今有兩樣本其樣本數分別為 $n_1=4$ 及 $n_2=6$，及標準差分別為 $s_1=1.5$ 及 $s_2=2.3$，請問此兩樣本之母體的變異數是否有顯著性的差異？($\alpha=0.05$)

解答

1. 建立假說

   $H_0 : \sigma_1^2=\sigma_2^2$　vs. $H_1 : \sigma_1^2 \neq \sigma_2^2$

2. $\alpha=0.05$

3. 計算檢定統計量

$$F = s_1^2 \Big/ s_2^2 = 1.5^2 \Big/ 2.3^2 = \frac{2.25}{5.29} = 0.425$$

4. 決定臨界值

　　在雙尾檢定下，當分子與分母的自由度分別為 4−1=3 及 6−1=5，且 $\alpha=0.05$ 的條件下，經查表後得其臨界值為 $F_{(0.025,3,5)} = 7.76$, $F_{(0.975,3,5)} = \frac{1}{F_{(0.025,5,3)}} = \frac{1}{14.88} = 0.067$

　　其中，$F_{1-\alpha,n_1-1,n_2-1} = \frac{1}{F_{\alpha,n_2-1,n_1-1}}$

　　亦可利用以下之 Excel 函數獲得：

F.INV.RT(0.025,3,5)= 7.763589482

F.INV.RT(0.975,3,5)= 0.067182526

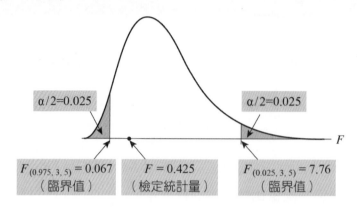

5. 結論

因為檢定統計量=0.425<7.76 但>0.067，位於接受域，所以接受虛無假說，表示此兩樣本之母體的變異數，沒有顯著性的差異；亦即 $p>\alpha$ 或 $p>0.05$。

End

兩組樣本假說檢定摘要

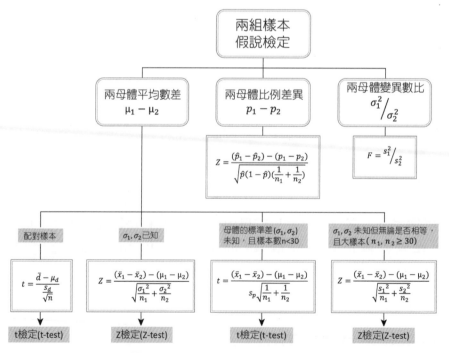

↘ 圖 10.8　兩組樣本假說檢定摘要

10.5　假說檢定錯誤 (Errors in Hypothesis Testing)

1. **第一型錯誤(type I error)：** 也稱為 alpha 型(α)錯誤。當 H_0 為真，但判斷為偽，此種錯誤的判斷稱為第一型錯誤，又稱為 α 型錯誤，也就是偽陽性(false positive)。

2. **第二型錯誤(type II error)：** 也稱為 beta 型(β)錯誤。當 H_0 為偽，但判斷為真，此種錯誤的判斷稱為第二型錯誤，又稱為 β 型錯誤，也就是偽陰性(false negative)。

		真實情形	
		H_0 為真	H_0 為偽
判斷結果	H_0 為真	正確判斷	第二型錯誤
	H_0 為偽	第一型錯誤	正確判斷

↘ 圖 10.9　假說檢定錯誤類型

10.6　統計檢定力 (Statistical Power)

　　統計檢定力為統計學上用來偵測兩者真實差異的能力，以($1-\beta$)表示，亦即避免犯下第二型錯誤的機率；換句話說，統計檢定力就是避免接受錯誤的虛無假說的機率。當兩母體參數的差異越小且具顯著性，則所需的觀察值數目就必須要越大，或是提高第一型錯誤(α)的機率。通常統計檢定力要大於 80%，才認為該研究調查具有統計學上足夠的檢定能力。

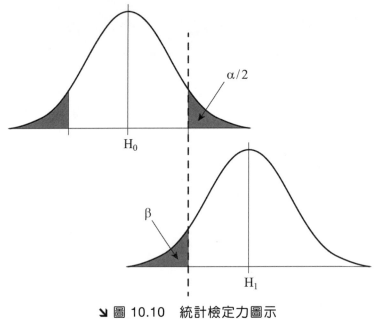

↘ 圖 10.10　統計檢定力圖示

10.7 範例說明

假設某研究調查母體真實的平均數為 8.5，但是卻錯誤的猜測為 6，為了避免接受平均數為 6 的虛無假說，可以下列方式計算其統計檢定力（假設標準差(σ)已知為 2，樣本數(n)為 4 且顯著水平 α=0.1）。

1. 分別建立以平均數為 6，標準差為 2 的虛無假說，及以平均數為 8.5，標準差為 2 的對立假說

   H_0：μ= 6 vs. H_1：μ=8.5

2. 計算在虛無假說分配上，其臨界點上的樣本平均數

   當在 Z 分布，雙尾的條件下，α/2=0.05 時，臨界值為 1.645，所以

$$Z = \frac{\bar{x} - \mu}{\frac{\sigma}{\sqrt{n}}}$$

$$1.645 = \frac{\bar{x} - 6}{\frac{2}{\sqrt{4}}}$$

$$\bar{x} = 1.645 * 1 + 6 = 7.645$$

3. 計算在以 $\mu=8.5$，標準差$=2$ 的對立假說的分配下，$\bar{x} = 7.645$的標準化分數（Z 值）
   計算如下：

$$Z = \frac{\bar{x} - \mu}{\frac{\sigma}{\sqrt{n}}} = \frac{7.645 - 8.5}{\frac{2}{\sqrt{4}}} = \frac{-0.855}{1} = -0.855$$

4. 計算在 Z$=-0.855$ 下，右邊的面積（機率）
   以 Excel 函數計算 Z$=-0.855$ 下，左邊的面積（機率）
   P(Z<-0.855)=NORM.S.DIST(−0.855,1)= 0.196275574
   所以右邊的面積（機率）為 P(Z>−0.855)=1−0.196275574=0.803724426

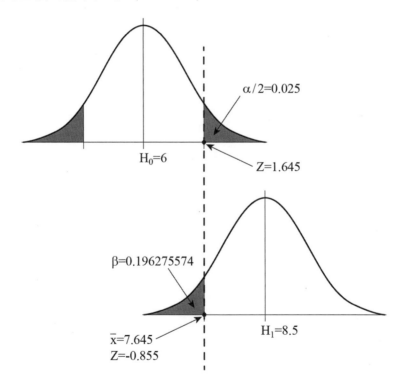

   [結論] 統計檢定力為 80.37%

影響統計檢定力的因素

1. 增加樣本數，可以提高檢定力。

2. 提高第一型錯誤(α)的機率，可以提高檢定力。

3. 兩母體間的差異越小，檢定力越低。

4. 母體的標準差(σ)越小，檢定力越高。

課後習題

1. 今有一實驗，分為實驗組與對照組，其樣本均來自於常態分布的相同母體，三重複的實驗結果如下：

   實驗組：10.3、12.5、11.7

   對照組：9.8、8.9、10.1

   請問這兩組的結果是否相同($\alpha=0.10$)？

2. 假設 μ_1 與 μ_2 為常態分布，其虛無假說 H_0：$\mu_1=\mu_2$ 及對立假說 H_1：$\mu_1 \neq \mu_2$。請繪圖表示虛無假說的接受域、拒絕域、第一型錯誤（α 型錯誤）、第二型錯誤（β 型錯誤），以及統計檢定力等。

3. 當虛無假說(H_0)為真時，作成錯誤決定的機率為　(A)α　(B)β　(C)$1-\alpha$　(D)$1-\beta$。

4. 當虛無假說(H_0)為真時，作成正確決定的機率為　(A)α　(B)β　(C)$1-\alpha$　(D)$1-\beta$。

5. 當虛無假說(H_0)為偽時，作成錯誤決定的機率為　(A)α　(B)β　(C)$1-\alpha$　(D)$1-\beta$。

6. 當虛無假說(H_0)為偽時，作成正確決定的機率為　(A)α　(B)β　(C)$1-\alpha$　(D)$1-\beta$。

7. 血液中的尿素氮(BUN, blood urea nitrogen)為身體蛋白質的主要代謝物，是用來檢驗腎臟功能的指標之一。當尿素氮異常升高，表示腎臟可以受損；若異常降低，表示可能肝臟病變或營養不良。若已知健康成年人血液中的尿素氮平均值為 14(mg/dL)，標準差為 8。假設我們想研究尿毒症(uremia)患者（腎功能喪失）血液中的尿素氮平均值是否高於 18(mg/dL)，請回答以下問題：

   (1) 若召募 25 名病人，且第一型錯誤為 0.05，請問此診斷尿毒症的統計檢定力為何？

   (2) 若召募 25 名病人，且第一型錯誤為 0.01，請問此診斷尿毒症的統計檢定力為何？

   (3) 若召募 100 名病人，且第一型錯誤為 0.05，請問此診斷尿毒症的統計檢定力為何？

(4) 並請討論當改變第一型錯誤的機率，或是改變樣本數，對統計檢定力有何影響？

(5) 假設第一型錯誤為 0.05，且希望統計檢定力能達到 0.9 以上，請問至少需要召募多少名的病人？

8. 某藥廠宣稱其所研發成功的藥物 A 比傳統使用的藥物 B，對於治療某疾病有更高的療效。為驗證此新藥是否具有較高的療效，召募 200 位罹患該疾病的病人，經雙盲試驗後，其中 100 位病人經服用 A 藥物後，有 45 個病人痊癒，而另外 100 位病人經服用 B 藥物後，有 35 個病人痊癒。

(1) 請問藥物 A 是否比傳統使用的藥物 B，具有更高的療效？(α=0.01)

(2) 請計算兩藥物療效差異的 95%的信賴區間。

[參考文獻]

1. 洗腎王國換人當！臺灣洗腎發生率降為全球第 4 位．NowNews 今日新聞．陳鈞凱報導．2012 年 03 月 07 日。

Illustrated

Biostatistics

Complemented

with

Microsoft Excel

卡方檢定
The Chi-Square (χ²) Test

Chapter **11**

 LEARNING OBJECTIVES

- 區別適合度檢定與獨立性檢定和期望值的關係
- 學習卡方檢定的應用時機與分析方法

11.1　卡方檢定的先決條件

　　如第三章所述，資料型態基本上可分為質性變項與量性變項兩種，卡方檢定(the Chi-square (χ^2) test)是分析質性變項（又稱為類別變項）的一種統計方法。卡方檢定最早由統計學家卡爾·皮爾森在 1900 年發表，用於次數的檢定，因此也稱為「皮爾森卡方檢定」(Pearson Chi-square test)。卡方檢定主要應用於「適合度檢定」(test for goodness-of-fit)與「獨立性檢定」(test for independence)兩種，兩者間最大的區別在於期望值的計算。

卡方檢定的先決條件：

1. 次數形態的資料。

2. 一或兩組以上的類別變項。

3. 簡單隨機樣本。

4. 適當大小的樣本數($n \geq 10$)。

11.2　卡方檢定的統計量計算公式與檢定步驟

$$x^2 = \sum_{i=1}^{n} \frac{(O_i - E_i)^2}{E_i}$$

O：觀察次數

E：期望次數

卡方檢定步驟：

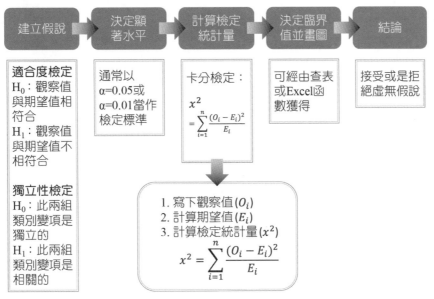

> ↘ 圖 11.1 卡方檢定的步驟

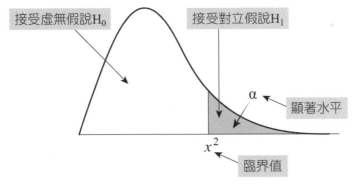

> ↘ 圖 11.2 卡方檢定圖示

11.3 適合度檢定 (Test for Goodness-of-Fit)

　　此檢定主要適用於具有期望值（理論值）可以比較的類別變項的資料。其假說分別陳述為：

　　H_0：觀察值與期望值（理論值）相符合

　　H_1：觀察值與期望值（理論值）不相符合

範例說明

今擲一枚骰子 120 次，各面出現次數分別如下：一點：17 次；二點：25 次；三點：19 次；四點：18 次；五點：23 次；六點：18 次。請問這枚骰子是否異常？（α=0.05）

 解答

1. 建立假說

    H_0：觀察值與期望值相符合（這枚骰子沒有異常）

    H_1：觀察值與期望值不相符合（這枚骰子異常）

2. 決定顯著水平

    α=0.05

3. 計算檢定統計量

    骰子共有六面，每面出現的機率均為 1/6，所以擲一枚骰子 120 次，每面出現的期望次數均為 20 次，所以檢定統計量（卡方值）計算如下：

$$x^2 = \sum_{i=1}^{n} \frac{(O_i - E_i)^2}{E_i}$$
$$= \frac{(17-20)^2}{20} + \frac{(25-20)^2}{20} + \frac{(19-20)^2}{20} + \frac{(18-20)^2}{20} + \frac{(23-20)^2}{20}$$
$$+ \frac{(18-20)^2}{20} = 2.6$$

4. 決定臨界值並畫圖

    自由度 df=n−1=6−1=5，如果 α=0.05，經查表得臨界值為 11.07

    或可由 Excel 函數獲得：CHISQ.INV.RT(0.05,5)= 11.07049769

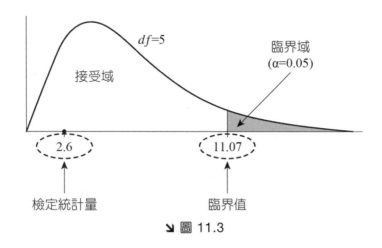

$$df=5$$

接受域

臨界域
($α=0.05$)

2.6

11.07

檢定統計量

臨界值

↘ 圖 11.3

5. 結論

　　檢定統計量位於接受域內，所以接受虛無假說 H_0：觀察值與期望值相符合，代表此枚骰子並無異常；亦即 $p>α$ 或 $p>0.05$。

End

範例說明

11.2

　　孟德爾的遺傳定律就是一種適合度檢定的例子。從 1856 年到 1863 年之間，奧地利的植物學家同時也是修道士的孟德爾(Gregor Johann Mendel, 1822-1884)，他觀察不同顏色、高度與豌莢大小的豌豆植物(pea plant)的雜交，在經過兩代約 28,000 株植物的實驗結果，於西元 1866 年提出了遺傳性狀是可以由上一代傳至下一代的結論，並將此結果在奧地利的「Natural Science Society」（自然科學學會）發表，這個就是所謂的「Laws of Heredity」（遺傳定律）。

　　假設在一次的豌豆雜交實驗中，F2 子代得到以下的結果：

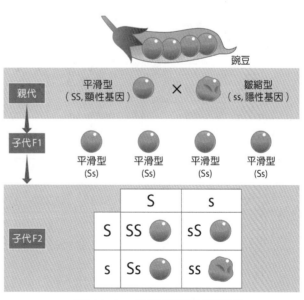

↘ 圖 11.4　孟德爾與豌豆實驗

	S	s	總和
S	22	90	112
s	63	25	88
總和	85	115	200

請問基因型(genotype)和表現型(phenotype)出現的比例是否異常？(α=0.05)

解答

1. 建立假說

    H_0：觀察值與期望值相符合（基因型和表現型出現的比例沒有異常）

    H_1：觀察值與期望值不相符合（基因型和表現型出現的比例異常）

2. 決定顯著水平

    α=0.05

3. 計算檢定統計量

    (1) 基因型(genotype)

    出現 SS、Ss、ss 等基因型的機率分別為$\frac{1}{4}$、$\frac{1}{2}$、$\frac{1}{4}$，所以檢定統計量（卡方值）計算如下：

	觀察值(O)	期望值(E)	$(O-E)$	$(O-E)^2$	$\frac{(O-E)^2}{E}$
SS	22	$200*\frac{1}{4}=50$	-28	784	15.68
Ss	90+63=153	$200*\frac{1}{2}=100$	53	2809	28.09
ss	25	$200*\frac{1}{4}=50$	-25	625	12.5
				總和	56.27

$$x^2 = \sum \frac{(O_i - E_i)^2}{E_i} = \frac{(22-50)^2}{50} + \frac{(153-100)^2}{100} + \frac{(25-50)^2}{50} = \frac{784}{50} + \frac{2809}{100} + \frac{625}{50}$$
$$= 15.68 + 28.09 + 12.5 = 56.27$$

(2) 表現型(phenotype)

出現平滑型及皺縮型等表現型的機率分別為$\frac{3}{4}$及$\frac{1}{4}$，所以檢定統計量（卡方值）計算如下：

	觀察值(O)	期望值(E)	($O-E$)	$(O-E)^2$	$\dfrac{(O-E)^2}{E}$
平滑型	22+90+63=175	$200*\frac{3}{4}$=150	25	625	4.17
皺縮型	25	$200*\frac{1}{4}$=50	25	625	12.5
				總和	16.67

$$x^2 = \sum \frac{(O_i - E_i)^2}{E_i} = \frac{(175-150)^2}{150} + \frac{(25-50)^2}{50} = \frac{625}{150} + \frac{625}{50} = 4.17 + 12.5 = 16.67$$

因其自由度 df=n-1=2-1=1，所以可以使用葉氏連續性校正（見 11.5），其較正後之檢定統計量計算如下：

$$x^2 = \sum \frac{(|O_i - E_i| - 0.5)^2}{E_i} = \frac{(|175-150|-0.5)^2}{150} + \frac{(|25-50|-0.5)^2}{50}$$
$$= \frac{(24.5)^2}{150} + \frac{(24.5)^2}{50} = \frac{600.25}{150} + \frac{600.25}{50} = 4.00 + 12.01 = 16.01$$

4. 決定臨界值

(1) 基因型(genotype)

因為有三種基因型，所以自由度 df=n-1=3-1=2。α=0.05，經查表得臨界值為 5.991 ；或可由 Excel 函數獲得：CHISQ.INV.RT(0.05,2)=5.991464547。

(2) 表現型(phenotype)

因為有兩種表現型，所以自由度 df=n-1=(2-1)=1。α=0.05，經查表得臨界值為 3.841 ；或可由 Excel 函數獲得：CHISQ.INV.RT(0.05,1)=3.841458821。

5. 結論

(1) 基因型(genotype)

因為檢定統計量$x^2 = 56.27 >$ 臨界值 5.991，所以拒絕虛無假說，接受對立假說，亦即基因型出現的比例異常（觀察值與期望值不符合）；亦即 $p<α$ 或 $p<0.05$。

(2) 表現型(phenotype)

因為檢定統計量 $x^2 = 16.01 >$ 臨界值 3.841，所以拒絕虛無假說，接受對立假說，亦即表現型(phenotype)出現的比例異常（觀察值與期望值不符合）；亦即 $p<\alpha$ 或 $p<0.05$。

End

 ## 11.4　獨立性檢定(Test for Independence)

也稱為相關性檢定(test for association)，主要適用於檢定來自於單一母體的兩組類別變項之間，是否相關的統計方法。其假說分別陳述為：

H_0：此兩組類別變項是獨立的；

H_1：此兩組類別變項是相關的。

如今欲比較類別變項 X 與類別變項 Y 之間是否相關，可以列聯表呈現所獲得的資料：

	類別變項 X1	類別變項 X2	類別變項 X3	總和
類別變項 Y1	a (E_{11})	b (E_{21})	c (E_{31})	a+b+c
類別變項 Y2	d (E_{12})	e (E_{22})	f (E_{32})	d+e+f
類別變項 Y3	g (E_{13})	h (E_{23})	i (E_{33})	g+h+i
總和	a+d+g	b+e+h	c+f+i	a+b+c+d+e+f+g+h+i=N

a、b、c、d、e、f、g、h、i 等代表實際得到的觀察值，而括號內的符號代表期望值，其計算公式如下：

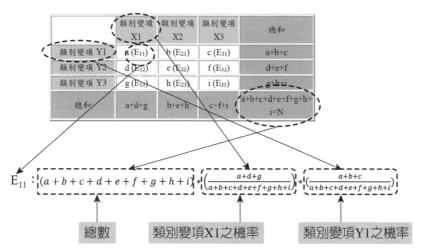

圖 11.5　獨立性檢定的期望值計算

E_{11}：

$$(a+b+c+d+e+f+g+h+i) * \left(\frac{a+d+g}{a+b+c+d+e+f+g+h+i}\right) * \left(\frac{a+b+c}{a+b+c+d+e+f+g+h+i}\right) = \frac{(a+d+g)*(a+b+c)}{(a+b+c+d+e+f+g+h+i)} = \frac{(a+d+g)*(a+b+c)}{N}$$

E_{12}：

$$(a+b+c+d+e+f+g+h+i) * \left(\frac{a+d+g}{a+b+c+d+e+f+g+h+i}\right) * \left(\frac{d+e+f}{a+b+c+d+e+f+g+h+i}\right) = \frac{(a+d+g)*(d+e+f)}{(a+b+c+d+e+f+g+h+i)} = \frac{(a+d+g)*(d+e+f)}{N}$$

E_{13}：

$$(a+b+c+d+e+f+g+h+i) * \left(\frac{a+d+g}{a+b+c+d+e+f+g+h+i}\right) * \left(\frac{g+h+i}{a+b+c+d+e+f+g+h+i}\right) = \frac{(a+d+g)*(g+h+i)}{(a+b+c+d+e+f+g+h+i)} = \frac{(a+d+g)*(g+h+i)}{N}$$

E_{21}：

$$(a+b+c+d+e+f+g+h+i) * \left(\frac{b+e+h}{a+b+c+d+e+f+g+h+i}\right) * \left(\frac{a+b+c}{a+b+c+d+e+f+g+h+i}\right) = \frac{(b+e+h)*(a+b+c)}{(a+b+c+d+e+f+g+h+i)} = \frac{(b+e+h)*(a+b+c)}{N}$$

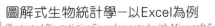
E_{22}：

$$(a + b + c + d + e + f + g + h + i) * \left(\frac{b+e+h}{a+b+c+d+e+f+g+h+i}\right) * \left(\frac{d+e+f}{a+b+c+d+e+f+g+h+i}\right) = \frac{(b+e+h)*(d+e+f)}{(a+b+c+d+e+f+g+h+i)} = \frac{(b+e+h)*(d+e+f)}{N}$$

E_{23}：

$$(a + b + c + d + e + f + g + h + i) * \left(\frac{b+e+h}{a+b+c+d+e+f+g+h+i}\right) * \left(\frac{g+h+i}{a+b+c+d+e+f+g+h+i}\right) = \frac{(b+e+h)*(g+h+i)}{(a+b+c+d+e+f+g+h+i)} = \frac{(b+e+h)*(g+h+i)}{N}$$

E_{31}：

$$(a + b + c + d + e + f + g + h + i) * \left(\frac{c+f+i}{a+b+c+d+e+f+g+h+i}\right) * \left(\frac{a+b+c}{a+b+c+d+e+f+g+h+i}\right) = \frac{(c+f+i)*(a+b+c)}{(a+b+c+d+e+f+g+h+i)} = \frac{(c+f+i)*(a+b+c)}{N}$$

E_{32}：

$$(a + b + c + d + e + f + g + h + i) * \left(\frac{c+f+i}{a+b+c+d+e+f+g+h+i}\right) * \left(\frac{d+e+f}{a+b+c+d+e+f+g+h+i}\right) = \frac{(c+f+i)*(d+e+f)}{(a+b+c+d+e+f+g+h+i)} = \frac{(c+f+i)*(d+e+f)}{N}$$

E_{33}：

$$(a + b + c + d + e + f + g + h + i) * \left(\frac{c+f+i}{a+b+c+d+e+f+g+h+i}\right) * \left(\frac{g+h+i}{a+b+c+d+e+f+g+h+i}\right) = \frac{(c+f+i)*(g+h+i)}{(a+b+c+d+e+f+g+h+i)} = \frac{(c+f+i)*(g+h+i)}{N}$$

11.3

有學者懷疑病毒性 A、B 及 C 型肝炎的發生似乎與地域性有關。今從北、中、南三個區域各隨機抽樣 120、100、80 名 A、B 或 C 型肝炎患者，調查各區域中不同型肝炎的病人數，結果如下：

	北部	中部	南部	總和
A 型肝炎	36	16	11	63
B 型肝炎	45	47	28	120
C 型肝炎	39	37	41	117
總和	120	100	80	300

請問病毒性肝炎發生的種類是否與地域性有關？($\alpha=0.05$)

解答

1. 建立假設

    H_0：病毒性肝炎的發生與地域性無關；

    H_1：病毒性肝炎的發生與地域性有關。

2. 決定顯著水平

    $\alpha=0.05$

3. 計算檢定統計量

觀察值(O)	期望值(E)	$(O-E)$	$(O-E)^2$	$\dfrac{(O-E)^2}{E}$
36	25.2	10.8	116.64	4.63
45	48	−3	9	0.19
39	46.8	−7.8	60.84	1.3
16	21	−5	25	1.19
47	40	7	49	1.23
37	39	−2	4	0.10
11	16.8	−5.8	33.64	2.00
28	32	−4	16	0.5

觀察值(O)	期望值(E)	($O-E$)	($O-E$)^2	$\dfrac{(O-E)^2}{E}$
41	31.2	9.8	96.04	3.08
			總和	14.22

E_{11}：

$$(a+b+c+d+e+f+g+h+i) * \left(\frac{a+d+g}{a+b+c+d+e+f+g+h+i}\right) *$$
$$\left(\frac{a+b+c}{a+b+c+d+e+f+g+h+i}\right) = \frac{120*63}{300} = 25.2$$

E_{12}：

$$(a+b+c+d+e+f+g+h+i) * \left(\frac{a+d+g}{a+b+c+d+e+f+g+h+i}\right) *$$
$$\left(\frac{d+e+f}{a+b+c+d+e+f+g+h+i}\right) = \frac{120*120}{300} = 48$$

E_{13}：

$$(a+b+c+d+e+f+g+h+i) * \left(\frac{a+d+g}{a+b+c+d+e+f+g+h+i}\right) *$$
$$\left(\frac{g+h+i}{a+b+c+d+e+f+g+h+i}\right) = \frac{120*117}{300} = 46.8$$

E_{21}：

$$(a+b+c+d+e+f+g+h+i) * \left(\frac{b+e+h}{a+b+c+d+e+f+g+h+i}\right) *$$
$$\left(\frac{a+b+c}{a+b+c+d+e+f+g+h+i}\right) = \frac{100*63}{300} = 21$$

E_{22}：

$$(a+b+c+d+e+f+g+h+i) * \left(\frac{b+e+h}{a+b+c+d+e+f+g+h+i}\right) *$$
$$\left(\frac{d+e+f}{a+b+c+d+e+f+g+h+i}\right) = \frac{100*120}{300} = 40$$

E_{23}：

$$(a+b+c+d+e+f+g+h+i)*\left(\frac{b+e+h}{a+b+c+d+e+f+g+h+i}\right)*$$
$$\left(\frac{g+h+i}{a+b+c+d+e+f+g+h+i}\right)=\frac{100*117}{300}=39$$

E_{31}：

$$(a+b+c+d+e+f+g+h+i)*\left(\frac{c+f+i}{a+b+c+d+e+f+g+h+i}\right)*$$
$$\left(\frac{a+b+c}{a+b+c+d+e+f+g+h+i}\right)=\frac{80*63}{300}=16.8$$

E_{32}：

$$(a+b+c+d+e+f+g+h+i)*\left(\frac{c+f+i}{a+b+c+d+e+f+g+h+i}\right)*$$
$$\left(\frac{d+e+f}{a+b+c+d+e+f+g+h+i}\right)=\frac{80*120}{300}=32$$

E_{33}：

$$(a+b+c+d+e+f+g+h+i)*\left(\frac{c+f+i}{a+b+c+d+e+f+g+h+i}\right)*$$
$$\left(\frac{g+h+i}{a+b+c+d+e+f+g+h+i}\right)=\frac{80*117}{300}=31.2$$

$$x^2=\frac{(O_i-E_i)^2}{E_i}=4.63+0.19+1.3+1.19+1.23+0.10+2.00+0.5+3.08=14.22$$

4. 決定臨界值

　　自由度 $df=(n_1-1)(n_2-1)=(3-1)(3-1)=4$，$\alpha=0.05$，經查表得臨界值為 9.488；或可由 Excel 函數獲得：CHISQ.INV.RT(0.05,4)=9.487729037。

5. 結論

　　因為檢定統計量（卡方值）14.22>臨界值 9.488，所以拒絕虛無假說，接受對立假說，亦即病毒性肝炎的發生與地域性有關；亦即 $p<\alpha$ 或 $p<0.05$。

End

11.5 葉氏連續性校正
(Yates's Correction for Continuity)

在**自由度=1** 的卡方檢定中（例如使用2×2列聯表分析（或稱為雙變項交叉表分析）），假設任一細格(cell)中的期望值均大於 5，則使用葉氏連續性校正。但是如果 a~d 四個細格中，有任一細格的期望值小於 5，則使用費雪精確性檢定（Fisher's exact test，見本書第十四章）較為適當。

	X 類別變項		
	X1	X2	總和
Y 類別變項 Y1	a	b	a+b
Y2	c	d	c+d
總和	a+c	b+d	a+b+c+d=N

上述之列聯表用來檢定 X 與 Y 兩組類別變項的相關性，假設 a、b、c、d 四個細格的期望值均大於 5，並且自由度=1，所以可進行下述之葉氏連續性校正：

$$x^2 = \sum \frac{(|O_i - E_i| - 0.5)^2}{E_i} = \frac{N(|ad - bc| - 0.5N)^2}{(a+b)(c+d)(a+c)(b+d)}$$

其中 N = a + b + c + d。

範例說明

11.4

假設想研究酒駕是否與教育程度有關聯，隨機抽樣 100 人，得到以下的資料：

	酒駕	沒酒駕	總和
大學以上畢業	10	35	45
高中以下畢業	15	40	55
總和	25	75	100

請以 α=0.01，檢定酒駕是否與教育程度有關？

解答

1. 建立假說

    H_0：酒駕與教育程度無關；

    H_1：酒駕與教育程度相關。

2. 決定顯著水平

    $\alpha=0.01$

3. 計算檢定統計量

[方法一]

    期望值計算如下：

	酒駕	沒酒駕	總和
大學以上畢業	E_{11}	E_{21}	45
高中以下畢業	E_{12}	E_{22}	55
總和	25	75	100

$E_{11}：=100*\dfrac{45}{100}*\dfrac{25}{100}=11.25$

$E_{12}：=100*\dfrac{55}{100}*\dfrac{25}{100}=13.75$

$E_{21}：=100*\dfrac{45}{100}*\dfrac{75}{100}=33.75$

$E_{22}：=100*\dfrac{55}{100}*\dfrac{75}{100}=41.25$

因其自由度為 1，且任一方格的期望值均大於 5，所以進行葉氏連續性校正，其檢定統計量計算如下：

$$x^2 = \sum \frac{(|O_i - E_i| - 0.5)^2}{E_i} = \frac{(|10 - 11.25| - 0.5)^2}{11.25} + \frac{(|15 - 13.75| - 0.5)^2}{13.75}$$
$$+ \frac{(|35 - 33.75| - 0.5)^2}{33.75} + \frac{(|40 - 41.25| - 0.5)^2}{41.25}$$
$$= \frac{(0.75)^2}{11.25} + \frac{(0.75)^2}{13.75} + \frac{(0.75)^2}{33.75} + \frac{(0.75)^2}{41.25} = 0.050 + 0.041 + 0.017 + 0.014$$
$$= 0.122$$

[方法二]

或以下列公式計算：

$$x^2 = \frac{N(|ad - bc| - 0.5N)^2}{(a+b)(c+d)(a+c)(b+d)} = \frac{100(|10*40 - 35*15| - 0.5*100)^2}{(10+35)(15+40)(10+15)(35+40)}$$
$$= \frac{100(125 - 50)^2}{(45)(55)(25)(75)} = \frac{562500}{4640625} = 0.121$$

4. 決定臨界值

自由度 $df=(2-1)(2-1)=1$，$\alpha=0.01$，經查表得臨界值為 6.635；或可由 Excel 函數獲得：CHISQ.INV.RT(0.01,1)= 6.634896601。

5. 結論

因為經葉氏連續性校正後的檢定統計量 $x^2 = 0.121 <$ 臨界值 6.635，所以接受虛無假說，拒絕對立假說，表示酒駕與教育程度無關；亦即 $p>\alpha$ 或 $p>0.01$。

[方法三]

本題也可以利用第 10 章所提到之兩母體比例差異之假設檢定。分析如下：

假設大學以上畢業，酒駕的比例為 $\hat{p}_1$，高中以下畢業，酒駕的比例為 $\hat{p}_2$。

由上述之結果得知

$$\hat{p}_1 = \frac{10}{45} = 0.22$$
$$\hat{p}_2 = \frac{15}{55} = 0.27$$

1. 建立假說

H$_0$: $p_1 = p_2$（亦即酒駕與教育程度無關）

H$_1$: $p_1 \neq p_2$（亦即酒駕與教育程度有關）

其中

p_1：大學以上畢業，酒駕的母體比例

p_2：高中以下畢業，酒駕的母體比例

2. 決定顯著水平

$\alpha=0.01$

3. 計算檢定統計量

如第 7 章及第 8 章所述，兩母體比例差異之標準差($\sigma_{\hat{p}_1-\hat{p}_2}$)如下：

$$\sigma_{\hat{p}_1-\hat{p}_2} = \sqrt{\frac{p_1(1-p_1)}{n_1} + \frac{p_2(1-p_2)}{n_2}}$$

當兩母體比例p_1與p_2未知時，必須計算綜合樣本比例($\hat{p}$)：

$$\hat{p} = \frac{x_1 + x_2}{n_1 + n_2} = \frac{10 + 15}{45 + 55} = \frac{25}{100} = 0.25$$

以綜合樣本比例($\hat{p}$)估計兩母體比例p_1與p_2時，兩母體比例差異之標準差如下：

$$\sigma_{\hat{p}_1-\hat{p}_2} = \sqrt{\hat{p}(1-\hat{p})(\frac{1}{n_1} + \frac{1}{n_2})} = \sqrt{0.25(1-0.25)(\frac{1}{45} + \frac{1}{55})}$$
$$= \sqrt{0.25 * 0.75 * (0.022 + 0.018)} = \sqrt{0.25 * 0.75 * 0.04} = 0.087$$

當兩母體比例p_1與p_2未知時，以綜合樣本比例($\hat{p}$)估計母體比例，所以檢定統計量計算如下：

$$Z = \frac{(\hat{p}_1 - \hat{p}_2) - (p_1 - p_2)}{\sqrt{\frac{p_1(1-p_1)}{n_1} + \frac{p_2(1-p_2)}{n_2}}} = \frac{(\hat{p}_1 - \hat{p}_2) - (p_1 - p_2)}{\sqrt{\frac{\hat{p}(1-\hat{p})}{n_1} + \frac{\hat{p}(1-\hat{p})}{n_2}}} = \frac{(\hat{p}_1 - \hat{p}_2) - (p_1 - p_2)}{\sqrt{\hat{p}(1-\hat{p})(\frac{1}{n_1} + \frac{1}{n_2})}}$$
$$= \frac{(0.22 - 0.27) - (0)}{0.087} = -0.575$$

4. 決定臨界值

當 α=0.01，經查常態分布表得臨界值＝±2.576；或利用 Excel 函數獲得：$Z_{0.995}$=NORM.S.INV(0.995)=+2.575829304，$Z_{0.005}$=NORM.S.INV(0.005)=−2.575829304。

5. 結論

因為檢定統計量 Z=−0.575>臨界值−2.576 且<+2.576，所以接受虛無假說，拒絕對立假說，表示酒駕與教育程度無關；同樣的，$p>α$ 或 $p>0.01$。

End

課後習題

1. 某國內政部發布人口統計資料顯示，該國男女比例似乎有失衡的現象。今調查該國 30 歲以下不同年齡層的男女比例，結果如下：

年齡層（歲）	男／女(%)
0-9	108.76
10-19	108.72
20-29	106.20

請問該國 30 歲以下之男女比例是否有顯著性失衡的現象？（α =0.05）

2. A 型流感病毒是以病毒表面的兩種蛋白質血球凝集素(hemagglutinin, H)及神經胺酸酶(neuraminidase, A)的組合來區分。A 型流感病毒共有 16 種不同的血球凝集素以及 9 種不同的神經胺酸酶，因此就以 H1N1、H2N2…等組合來命名。目前臨床上僅發現 H1N1、H2N2 及 H3N2 這 3 種 A 型流感病毒會感染人類。今若懷疑 H1N1、H2N2 及 H3N2 的感染與性別有關，故在感冒流行季節（11 月下旬到翌年 3 月）調查 100 名流感病人的病毒型別與性別之間的關係，結果整理如下：

	H1N1	H2N2	H3N2	總和
女	25	8	19	52
男	12	25	11	48
總和	37	33	30	100

(1) 請以 α=0.01，檢定流感病人的病毒型別與性別之間是否相關。
(2) 請問流感病人中，女性與男性感染 H1N1 病毒的勝算比為何？

3. 在何種情況下，需使用葉氏連續性校正計算卡方檢定的統計量？

4. 今調查某國大選前，男女生對不同政黨的支持度是否有差別，得到如下的資料

	支持執政黨	支持在野黨
女性	30	35
男性	40	95

請問男女生對政黨的支持是否有差異性？（α =0.05）

[參考文獻]

1. 原文網址：臺灣「女多於男」百年來首見－11 月份多了 956 人 | ETtoday 生活新聞 | ETtoday 新聞雲 http://www.ettoday.net/news/20131205/304074.htm #ixzz3AErLoJwg

圖解式生物統計學－以Excel為例

變異數分析
Analysis of Variance

Chapter **12**

 LEARNING OBJECTIVES

- 瞭解變異數分析的意義
- 區別單因子及雙因子變異數分析的異同
- 學習單因子及雙因子變異數分析的應用時機
- 瞭解雙因子變異數分析的兩種應用

12.1 單因子變異數分析 (One-Way Analysis of Variance)

單因子變異數分析(one-way analysis of variance, One-way ANOVA)可以用來比較在單一因素影響下，2 組或 2 組以上樣本變異數(σ^2)的異同，常應用於 3 組或 3 組以上的母體平均數(μ)的顯著性檢定。而 2 組母體平均數的檢定，通常用本書第九及十章所說明的 Z 檢定(Z test)或是 t 檢定(t test)進行。

組別	1	2	3	...	k
	x_{11}	x_{12}	x_{13}	...	x_{1k}
	x_{21}	x_{22}	x_{23}	...	x_{2k}
	x_{31}	x_{32}	x_{33}	...	x_{3k}
	$\vdots$	$\vdots$	$\vdots$	...	$\vdots$
	$\vdots$	$\vdots$	$\vdots$	...	$\vdots$
	$x_{n_1 1}$	$x_{n_2 2}$	$x_{n_3 3}$	...	$x_{n_k k}$
樣本數	n_1	n_2	n_3	...	n_k
組平均數	$\bar{x}_1$	$\bar{x}_2$	$\bar{x}_3$		$\bar{x}_k$

N：樣本總數

k：組數

$\bar{x}_k$：各組的樣本平均數

$\bar{\bar{x}}$：總平均數

假說分別陳述為：

H_0：各組母體的平均數均相等($\mu_1 = \mu_2 = \cdots = \mu_k$)；

H_1：並非各組母體的平均數均相等。

1. 總平均數

$$\bar{\bar{x}} = \frac{\sum_{j=1}^{k} \sum_{i=1}^{n_j} x_{ij}}{N}$$

2. 組間平方和(between-group sum of squares, SSB)

$$SSB = \sum_{j=1}^{k} n_j \left(\bar{x}_j - \bar{\bar{x}} \right)^2 = n_1 (\bar{x}_1 - \bar{\bar{x}})^2 + n_2 (\bar{x}_2 - \bar{\bar{x}})^2 + \cdots + n_k (\bar{x}_k - \bar{\bar{x}})^2$$

3. 組內平方和 (error sum of squares, SSE ; 也稱為 within-group sum of squares)

$$SSE = \sum_{j=1}^{k} \sum_{i=1}^{n_j} \left(x_{ij} - \bar{x}_j \right)^2$$
$$= (x_{11} - \bar{x}_1)^2 + (x_{21} - \bar{x}_1)^2 + \cdots + \left(x_{n_1 1} - \bar{x}_1 \right)^2 + (x_{12} - \bar{x}_2)^2$$
$$+ (x_{22} - \bar{x}_2)^2 + \cdots + \left(x_{n_2 2} - \bar{x}_2 \right)^2 + \cdots + (x_{1k} - \bar{x}_k)^2 + (x_{2k} - \bar{x}_k)^2 + \cdots$$
$$+ \left(x_{n_k k} - \bar{x}_k \right)^2 = \sum_{j=1}^{k} (n_j - 1) s_j^2 \text{，其中} s_j^2 \text{為各組樣本的變異數。}$$

4. 總平方和(total sum of squares, SST)

$$SST = \sum_{j=1}^{k} \sum_{i=1}^{n_j} (x_{ij} - \bar{\bar{x}})^2 = SSB + SSE$$

變異來源	平方和	自由度	均方
組間	$SSB = \sum_{j=1}^{k} n_j \left(\bar{x}_j - \bar{\bar{x}} \right)^2$	$k - 1$	$MSB = \dfrac{SSB}{k-1}$
組內	$SSE = \sum_{j=1}^{k} \sum_{i=1}^{n_j} (x_{ij} - \bar{x}_j)^2$	$N - k$	$MSE = \dfrac{SSE}{N-k}$
總和	$SST = \sum_{j=1}^{k} \sum_{i=1}^{n_j} (x_{ij} - \bar{\bar{x}})^2$	$N - 1$	$MST = \dfrac{SST}{N-1}$

5. F 檢定統計量計算公式

$$F_{(k-1,\ N-k)} = \frac{MSB}{MSE}$$

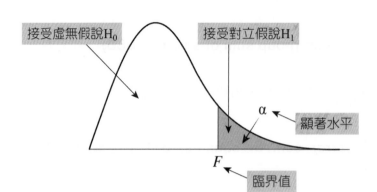

> 圖 12.1　單因子變異數分析圖示

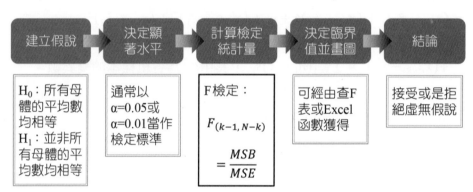

> 圖 12.2　單因子變異數假說檢定步驟(1)

單因子變異數分析的先決條件：

1. 所有 k 組樣本必須是隨機樣本。

2. 所有 k 組樣本必須是獨立樣本。

3. 所有 k 組樣本的母體必須是常態分布。

4. 所有 k 組樣本其母體必須具同質性，亦即要有相同的變異數(σ^2)。

12.1　　　　　　　　　　　　　　　　　　　　　　　　　範例說明

請比較以下三組樣本的平均數是否有顯著性的差異。(α=0.05)

	樣本 1	樣本 2	樣本 3
1	9	13	10
2	12	10	12
3	8	16	10
4	11	11	9
5	9	12	12
6	10	11	10
7	11	15	13
8	10	13	11
9		12	12
10		17	
樣本數	$n_1 = 8$	$n_2 = 10$	$n_3 = 9$
組平均數	$\bar{x}_1 = 10$	$\bar{x}_2 = 13$	$\bar{x}_3 = 11$

解答

1. 建立假設

　　H_0：各組母體的平均數均相等$(\mu_1 = \mu_2 = \mu_3)$；

　　H_1：並非各組母體的平均數均相等（至少有一組母體的平均數與其他組不同）。

2. 決定顯著水平

　　α=0.05

3. 計算檢定統計量

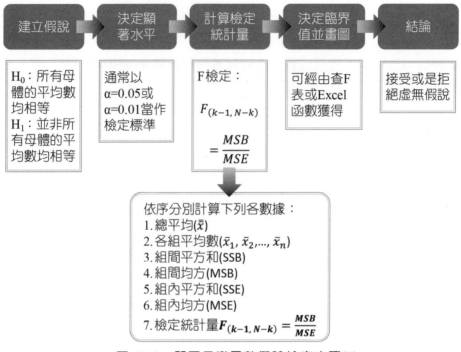

↘ 圖 12.3　單因子變異數假說檢定步驟(2)

(1) 總平均數

$$\bar{\bar{x}} = \frac{\sum_{j=1}^{k}\sum_{i=1}^{n_j} x_{ij}}{N}$$
$$= \frac{(9 + 12 + \cdots + 11 + 10) + (13 + 10 + \cdots + 12 + 17) + (10 + 12 + \cdots + 11 + 12)}{8 + 10 + 9} = \frac{309}{27}$$
$$= 11.44$$

(2) 各組平均數

$$\bar{x}_1 = \frac{9 + 12 + \cdots + 11 + 10}{8} = 10$$

$$\bar{x}_2 = \frac{13 + 10 + \cdots + 12 + 17}{10} = 13$$

$$\bar{x}_3 = \frac{10 + 12 + \cdots + 11 + 12}{9} = 11$$

(3) 組間平方和(SSB)

$$SSB = \sum_{j=1}^{k} n_j \left(\bar{x}_j - \bar{\bar{x}}\right)^2 = n_1(\bar{x}_1 - \bar{\bar{x}})^2 + n_2(\bar{x}_2 - \bar{\bar{x}})^2 + \cdots + n_k(\bar{x}_k - \bar{\bar{x}})^2$$

$$= 8 * (10 - 11.44)^2 + 10 * (13 - 11.44)^2 + 9 * (11 - 11.44)^2$$

$$= 16.59 + 24.34 + 1.74 = 42.67$$

(4) 組間均方(MSB)

$$MSB = \frac{SSB}{k-1} = \frac{42.67}{3-1} = 21.34$$

(5) 組內平方和(SSE)

$$SSE = \sum_{j=1}^{k} \sum_{i=1}^{n_j} (x_{ij} - \bar{x}_j)^2$$

$$= (x_{11} - \bar{x}_1)^2 + (x_{21} - \bar{x}_1)^2 + \cdots + \left(x_{n_1 1} - \bar{x}_1\right)^2 + (x_{12} - \bar{x}_2)^2$$

$$+ (x_{22} - \bar{x}_2)^2 + \cdots + \left(x_{n_2 2} - \bar{x}_2\right)^2 + \cdots + (x_{1k} - \bar{x}_k)^2 + (x_{2k} - \bar{x}_k)^2 + \cdots$$

$$+ \left(x_{n_k k} - \bar{x}_k\right)^2$$

$$= (9 - 10)^2 + (12 - 10)^2 + \cdots + (10 - 10)^2 + (13 - 13)^2 + (10 - 13)^2$$

$$+ \cdots + (17 - 13)^2 + (10 - 11)^2 + (12 - 11)^2 + \cdots + (12 - 11)^2 = 74$$

另外，亦可利用以下公式：

$$SSE = \sum_{j=1}^{k} \left(n_j - 1\right)s_j^2 = (n_1 - 1)s_1^2 + (n_2 - 1)s_2^2 + \cdots + (n_k - 1)s_k^2$$

其中

$$s_1^2 = \frac{\sum_{i=1}^{n_1}(x_{i1} - \bar{x}_1)^2}{n_1 - 1} = \frac{\left[(x_{11} - \bar{x}_1)^2 + (x_{21} - \bar{x}_1)^2 + \cdots + \left(x_{n_1 1} - \bar{x}_1\right)^2\right]}{n_1 - 1}$$

$$= \frac{[(9 - 10)^2 + (12 - 10)^2 + \cdots + (10 - 10)^2]}{8 - 1} = 1.71$$

$$s_2{}^2 = \frac{\sum_{i=1}^{n_2}(x_{i2}-\bar{x}_2)^2}{n_2-1} = \frac{\left[(x_{12}-\bar{x}_2)^2 + (x_{22}-\bar{x}_2)^2 + \cdots + \left(x_{n_2 2}-\bar{x}_2\right)^2\right]}{n_2-1}$$

$$= \frac{[(13-13)^2 + (10-13)^2 + \cdots + (17-13)^2]}{10-1} = 5.33$$

$$s_3{}^2 = \frac{\sum_{i=1}^{n_3}(x_{i3}-\bar{x}_3)^2}{n_3-1} = \frac{[(x_{11}-\bar{x}_1)^2 + (x_{21}-\bar{x}_1)^2 + (x_{31}-\bar{x}_1)^2 + \cdots + (x_{n11}-\bar{x}_1)^2]}{n_3-1}$$

$$= \frac{[(10-11)^2 + (12-11)^2 + \cdots + (12-11)^2]}{9-1} = 1.75$$

所以

$$SSE = \sum_{j=1}^{k} (n_j-1)s_j{}^2 = (n_1-1)s_1{}^2 + (n_2-1)s_2{}^2 + \cdots + (n_k-1)s_k{}^2$$

$$= (8-1)*1.71 + (10-1)*5.33 + (9-1)*1.75$$

$$= 11.97 + 47.97 + 14 = 73.94 \cong 74$$

(6) 組內均方(MSE)

$$MSE = \frac{SSE}{N-k} = \frac{74}{27-3} = 3.08$$

(7) F 檢定

$$F_{(k-1,\ N-k)} = \frac{MSB}{MSE} = \frac{21.34}{3.08} = 6.93$$

4. 決定臨界值

經查表，α=0.05 時，臨界值

$$F_{0.05(2,\ 24)} = 3.4028$$

5. 結論

因為檢定統計量$F = 6.93 >$ 臨界值$F_{0.05(2,\ 24)} = 3.4028$，所以拒絕虛無假說，接受對立假說，表示至少有一組樣本的平均數與其他組樣本的平均數有顯著性的差異；亦即 $p<α$ 或 $p<0.05$。

End

有些學者認為素食者因吃大量的豆類，會導致體內尿酸含量過高，易引起痛風。但是又有另一派學者認為只有肉類、動物內臟、海鮮、酒等才會引起高尿酸，菇類、蘆筍、豆類等植物性食物並不會增加尿酸值，反而還有利於尿酸的代謝。為了進一步研究素食是否會造成尿酸過高，今從同一母體隨機抽樣 30 人，分為非素食、2 餐素及全素三組，每組十人，經過 1 個月的控制性機能飲食實驗後，測其尿酸值(mg/dL)，結果如下：

	非素食	2 餐素	全素
1	6.8	6.6	6.0
2	6.0	5.9	5.7
3	6.5	7.1	6.2
4	5.5	6.4	4.3
5	5.9	5.6	4.8
6	5.5	5.2	5.1
7	7.2	6.1	5.3
8	4.6	4.9	7.0
9	4.9	5.4	4.8
10	5.7	4.6	6.3

1. 總平均數

$$\bar{\bar{x}} = \frac{\sum_{j=1}^{k} \sum_{i=1}^{n_j} x_{ij}}{N} = \frac{(6.8 + 6.0 + \cdots + 5.7) + (6.6 + 5.9 + \cdots + 4.6) + (6.0 + 5.7 + \cdots + 6.3)}{10 + 10 + 10}$$

$$= \frac{58.6 + 57.8 + 55.5}{30} = 5.73$$

2. 各組平均數

$$\bar{x}_1 = \frac{6.8 + 6.0 + \cdots + 5.7}{10} = \frac{58.6}{10} = 5.86$$

$$\bar{x}_2 = \frac{6.6 + 5.9 + \cdots + 4.6}{10} = \frac{57.8}{10} = 5.78$$

$$\bar{x}_3 = \frac{6.0 + 5.7 + \cdots + 6.3}{10} = \frac{55.5}{10} = 5.55$$

3. 組間平方和(SSB)

$$SSB = \sum_{j=1}^{k} n_j(\bar{x}_j - \bar{\bar{x}})^2 = n_1(\bar{x}_1 - \bar{\bar{x}})^2 + n_2(\bar{x}_2 - \bar{\bar{x}})^2 + \cdots + n_k(\bar{x}_k - \bar{\bar{x}})^2$$

$$= 10 * (5.86 - 5.73)^2 + 10 * (5.78 - 5.73)^2 + 10 * (5.55 - 5.73)^2$$

$$= 0.169 + 0.025 + 0.324 = 0.518$$

4. 組間均方(MSB)

$$MSB = \frac{SSB}{k-1} = \frac{0.518}{3-1} = 0.259$$

5. 組內平方和(SSE)

$$SSE = \sum_{j=1}^{k} \sum_{i=1}^{n_j} (x_{ij} - \bar{x}_j)^2$$

$$= (x_{11} - \bar{x}_1)^2 + (x_{21} - \bar{x}_1)^2 + \cdots + \left(x_{n_1 1} - \bar{x}_1\right)^2 + (x_{12} - \bar{x}_2)^2$$

$$+ (x_{22} - \bar{x}_2)^2 + \cdots + \left(x_{n_2 2} - \bar{x}_2\right)^2 + \cdots + (x_{1k} - \bar{x}_k)^2 + (x_{2k} - \bar{x}_k)^2 + \cdots$$

$$+ \left(x_{n_k k} - \bar{x}_k\right)^2$$

$$= [(6.8 - 5.86)^2 + (6.0 - 5.86)^2 + \cdots + (5.7 - 5.86)^2] + [(6.6 - 5.78)^2$$

$$+ (5.9 - 5.78)^2 + \cdots + (4.6 - 5.78)^2] + [(6.0 - 5.55)^2 + (5.7 - 5.55)^2 + \cdots$$

$$+ (6.3 - 5.55)^2] = 17.765$$

6. 組內均方(MSE)

$$MSE = \frac{SSE}{N-k} = \frac{17.765}{30-3} = 0.658$$

7. F 檢定

$$F_{(k-1,\ N-k)} = \frac{MSB}{MSE} = \frac{0.259}{0.658} = 0.394$$

經查表，當 α=0.01 時，臨界值為：

$$F_{0.01(2,\ 27)} = 5.4881$$

或由 Excel 函數獲得臨界值：

F.INV.RT(0.01,2,27)= 5.488117768

因為檢定統計量

$$F = 0.394 < 臨界值 F_{0.01(2,\ 27)} = 5.4881$$

所以接受虛無假說，拒絕對立假說，表示素食者與非素食者體內的尿酸濃度沒有顯著性的差異；亦即 $p>\alpha$ 或 $p>0.01$。

End

12.2　如何使用 Excel 進行單因子變異數分析

[操作步驟]

1. 將原始資料輸入 Excel 儲存格範圍，例如此範例將資料輸入儲存格位址 C3 至 F13 中。

2. 選取功能表中的【資料】。

3. 選取工具列右邊的【資料分析】，之後會出現【資料分析】視窗。

4. 從【資料分析】視窗選取【單因子變異數分析】。

5. 按【確定】，此時會出現【單因子變異數分析】視窗。

6. 從【單因子變異數分析】視窗中的【輸入範圍】，圈選資料所在的範圍，如此範例的資料輸入範圍為 D4 至 F13（注意：只圈選有觀察值的儲存格）。

7. 勾選【逐欄】

8. 決定顯著水平（α，此例設定為 0.05）。

9. 勾選【輸出選項】（此例設定為「新工作表」）。

10. 最後按【確定】，所呈現的資料會出現在新工作表中。

以上述「範例 12.1」說明如何使用 Excel 進行單因子變異數分析：

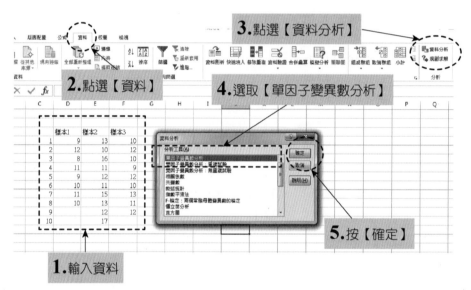

▶ 圖 12.4　Excel 函數功能【單因子變異數分析】(1)

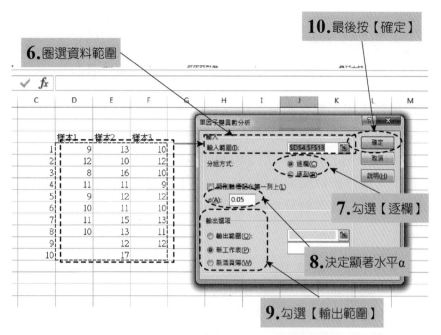

➘ 圖 12.5　Excel 函數功能【單因子變異數分析】(2)

結果：

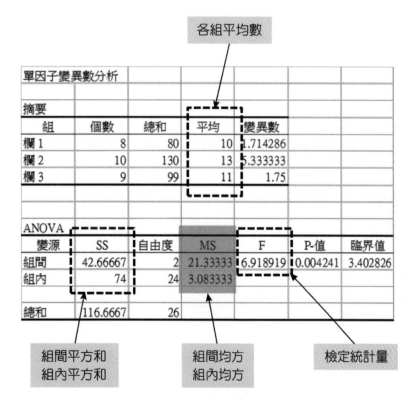

➘ 圖 12.6　Excel 函數功能【單因子變異數分析】(3)

12.3　雙因子（二因子）變異數分析 (Two-Way Analysis of Variance)

在上一節提到單因子變異數分析(one-way analysis of variance, One-way ANOVA)用來比較在單一因素影響下，2 組或 2 組以上樣本變異數的異同情形，而本節之雙因子變異數分析(two-way analysis of variance, Two-way ANOVA)，則是在 A 及 B 兩種因子的影響下，進行各組變異數的分析。以下將分為無重複抽樣及有重複抽樣等兩種不同條件下，說明變異數分析的過程：

1. 無重複抽樣

無重複抽樣即是在一種 A 因子，加上一種 B 因子的各種組合影響下，僅有一個觀察值的紀錄。如下表，在 A 與 B 因子的雙重影響下，各個觀察值以 x_{ij} 代表，而各平方和、均方及 F 值計算公式如下：

A 因子	B 因子				
	1	2	3	…	b
1	x_{11}	x_{12}	x_{13}	…	x_{1b}
2	x_{21}	x_{22}	x_{23}	…	x_{2b}
	x_{31}	x_{32}	x_{33}	…	x_{3b}
	⋮	⋮	⋮	…	⋮
	⋮	⋮	⋮	…	⋮
a	x_{a1}	x_{a2}	x_{a3}	…	x_{ab}

N：樣本總數

$\bar{\bar{x}}$：總平均數

總平均數：

$$\bar{\bar{x}} = \frac{\sum_{i=1}^{a} \sum_{j=1}^{b} x_{ij}}{N}$$

雙因子變異數分析：無重複抽樣檢定的假設分別陳述為：

1. A 因子

   H_0：A 因子的影響下，各組的平均數均相同；

   H_1：A 因子的影響下，各組的平均數不盡相同。

2. B 因子

   H_0：B 因子的影響下，各組的平均數均相同；

   H_1：B 因子的影響下，各組的平均數不盡相同。

- **總平方和**(sum of square of total, SST)

$$SST = \sum_{i=1}^{a} \sum_{j=1}^{b} x_{ij}^2 - \left[\frac{(\sum_{i=1}^{a} \sum_{j=1}^{b} x_{ij})^2}{ab}\right]$$

　　自由度為(ab−1)

- **A 組間平方和**(SS(A))

$$SS(A) = \frac{[\sum_{i=1}^{a}(\sum_{j=1}^{b} x_{ij})^2]}{b} - \left[\frac{(\sum_{i=1}^{a} \sum_{j=1}^{b} x_{ij})^2}{ab}\right]$$

　　自由度為(a−1)

- **B 組間平方和**(SS(B))

$$SS(B) = \frac{[\sum_{j=1}^{b}(\sum_{i=1}^{a} x_{ij})^2]}{a} - \left[\frac{(\sum_{i=1}^{a} \sum_{j=1}^{b} x_{ij})^2}{ab}\right]$$

　　自由度為(b−1)

- **殘差平方和**(SSE)

$$SSE = SST - SS(A) - SS(B)$$

　　自由度為(a−1)(b−1)

- **各均方**(mean of square)**計算如下**

$$MS(A) = \frac{SS(A)}{a-1}$$

$$MS(B) = \frac{SS(B)}{b-1}$$

$$MSE = \frac{SSE}{(a-1)(b-1)}$$

· F 值計算如下

$$F_A = \frac{MS(A)}{MSE}$$

$$F_B = \frac{MS(B)}{MSE}$$

範例說明

假設統計學家想比較各地區中，不同學齡層的人每天上網的時間（小時），是否不同，調查結果如下：（α=0.05）

	北區	中區	南區	總和
國小	1.7	1.4	1	4.1
國中	2	1.8	1.3	5.1
高中	2.5	2.2	1.5	6.2
大學	3.3	2.9	2.3	8.5
總和	9.5	8.3	6.1	23.9

1. 建立假說

A 因子

H_0：不同學齡層的人每天上網的時間相同

H_1：不同學齡層的人每天上網的時間不同

B 因子

H_0：不同地區的人每天上網的時間相同

H_1：不同地區的人每天上網的時間不同

2. 決定顯著水平

    α=0.05

3. 計算檢定統計量

$$SST = \sum_{i=1}^{a} \sum_{j=1}^{b} x_{ij}^2 - \left[\frac{\left(\sum_{i=1}^{a} \sum_{j=1}^{b} x_{ij} \right)^2}{ab} \right]$$

$$= (1.7^2 + 2^2 + 2.5^2 + \cdots + 1.5^2 + 2.3^2) - \left[\frac{23.9^2}{4*3} \right] = 52.71 - 47.60 = 5.11$$

$$SS(A) = \frac{\left[\sum_{i=1}^{a} \left(\sum_{j=1}^{b} x_{ij} \right)^2 \right]}{b} - \left[\frac{\left(\sum_{i=1}^{a} \sum_{j=1}^{b} x_{ij} \right)^2}{ab} \right] = \frac{4.1^2 + 5.1^2 + 6.2^2 + 8.5^2}{3} - \left[\frac{23.9^2}{4*3} \right]$$

$$= \frac{153.51}{3} - 47.60 = 51.17 - 47.60 = 3.57$$

$$SS(B) = \frac{\left[\sum_{j=1}^{b} \left(\sum_{i=1}^{a} x_{ij} \right)^2 \right]}{a} - \left[\frac{\left(\sum_{i=1}^{a} \sum_{j=1}^{b} x_{ij} \right)^2}{ab} \right] = \frac{9.5^2 + 8.3^2 + 6.1^2}{4} - \left[\frac{23.9^2}{4*3} \right]$$

$$= \frac{196.35}{4} - 47.60 = 49.09 - 47.60 = 1.49$$

$$SSE = SST - SS(A) - SS(B) SSE = 5.11 - 3.57 - 1.49 = 0.05$$

$$MS(A) = \frac{SS(A)}{a-1} = \frac{3.57}{4-1} = 1.19$$

$$MS(B) = \frac{SS(B)}{b-1} = \frac{1.49}{3-1} = 0.745$$

$$MSE = \frac{SSE}{(a-1)(b-1)} = \frac{0.05}{(4-1)(3-1)} = 0.0083$$

$$F_A = \frac{MS(A)}{MSE} = \frac{1.19}{0.0083} = 143.37$$

$$F_B = \frac{MS(B)}{MSE} = \frac{0.745}{0.0083} = 89.76$$

4. 決定臨界值

經查 F 表，當 α=0.05 時，臨界值分別為：

$$F_{0.05(3,\ 6)} = 4.76$$

$$F_{0.05(2,\ 6)} = 5.14$$

或由 Excel 函數獲得臨界值：

F.INV.RT(0.05,3,6)= 4.757062663

F.INV.RT(0.05,2,5)= 5.14325285

5. 結論
   (1) A 因子的檢定

      因為檢定統計量= 143.37>臨界值4.76，所以拒絕虛無假說，接受對立假說，表示不同學齡層的人每天上網的時間不同；亦即 $p<α$ 或 $p<0.05$。
   (2) B 因子的檢定

      因為檢定統計量= 89.76>臨界值5.14，所以拒絕虛無假說，接受對立假說，表示不同地區的人每天上網的時間也不同；亦即 $p<α$ 或 $p<0.05$。

End

12.4 如何使用 Excel 進行無重複抽樣的雙因子變異數分析

[操作步驟]

1. 將原始資料輸入 Excel 儲存格範圍，例如此範例將資料輸入儲存格位址 B3 至 E7 中。

2. 選取功能表中的【資料】。

3. 選取工具列右邊的【資料分析】，之後會出現【資料分析】視窗。

4. 從【資料分析】視窗選取【雙因子變異數分析：無重複試驗】。

5. 按【確定】，此時會出現【雙因子變異數分析：無重複試驗】視窗。

6. 從【雙因子變異數分析：無重複試驗】視窗中的【輸入範圍】，圈選資料所在的範圍，如此範例的資料輸入範圍為 B3 至 E7。

7. 勾選【標記】，並決定顯著水平（α，此例設定為 0.05）。

8. 勾選【輸出選項】（如此例設定為「新工作表」）。

9. 最後按【確定】，所呈現的資料會出現在新工作表中。

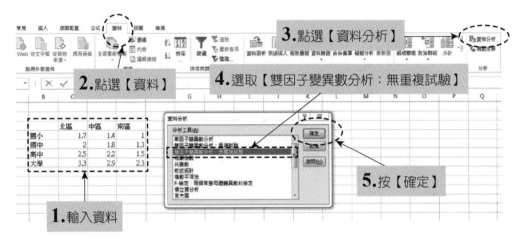

➘ 圖 12.7　Excel 函數功能【雙因子變異數分析：無重複試驗】(1)

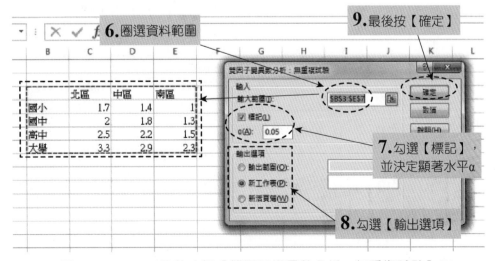

➘ 圖 12.8　Excel 函數功能【雙因子變異數分析：無重複試驗】(2)

結果：

各組平均數

雙因子變異數分析：無重複試驗

摘要	個數	總和	平均	變異數
國小	3	4.1	1.366667	0.123333
國中	3	5.1	1.7	0.13
高中	3	6.2	2.066667	0.263333
大學	3	8.5	2.833333	0.253333
北區	4	9.5	2.375	0.489167
中區	4	8.3	2.075	0.409167
南區	4	6.1	1.525	0.309167

ANOVA

變源	SS	自由度	MS	F	P-值	臨界值
列	3.569167	3	1.189722	133.8438	6.94E-06	4.757063
欄	1.486667	2	0.743333	83.625	4.15E-05	5.143253
錯誤	0.053333	6	0.008889			
總和	5.109167	11				

A組間平方和
B組間平方和
殘差平方和

A組間均方
B組間均方
殘差均方

檢定統計量

2. 重複抽樣

　　此謂重複抽樣即在一種 A 因子，加上一種 B 因子的每一種組合影響下，有 c 個觀察值。如下表，在 A 與 B 因子分別有 a 及 b 種條件的雙重影響，以及每個區段有 c 個重複試驗下，各個觀測值以x_{ijk}代表，而各平方和、均方及 F 值計算公式如下：

A 因子	B 因子				
	1	2	3	...	b
1	x_{111}	x_{121}	x_{131}	...	x_{1b1}
	x_{112}	x_{122}	x_{132}	...	x_{1b2}
	x_{113}	x_{123}	x_{133}	...	x_{1b3}
	⋮	⋮	⋮	...	⋮
	⋮	⋮	⋮	...	⋮
	x_{11c}	x_{12c}	x_{13c}	...	x_{1bc}

	B 因子				
2	x_{211}	x_{221}	x_{231}	...	x_{2b1}
	x_{212}	x_{222}	x_{232}	...	x_{2b2}
	x_{213}	x_{223}	x_{233}	...	x_{2b3}
	$\vdots$	$\vdots$	$\vdots$	...	$\vdots$
	$\vdots$	$\vdots$	$\vdots$	...	$\vdots$
	x_{21c}	x_{22c}	x_{23c}	...	x_{2bc}
	...	...	...	...	...
	...	...	...	...	...
$\vdots$	...	...	...	...	...
$\vdots$	...	...	...	...	...
	...	...	...	...	...
	...	...	...	...	...
a	x_{a11}	x_{a21}	x_{a31}	...	x_{ab1}
	x_{a12}	x_{a22}	x_{a32}	...	x_{ab2}
	x_{a13}	x_{a23}	x_{a33}	...	x_{ab3}
	$\vdots$	$\vdots$	$\vdots$	...	$\vdots$
	$\vdots$	$\vdots$	$\vdots$	...	$\vdots$
	x_{a1c}	x_{a2c}	x_{a3c}	...	x_{abc}

N：樣本總數

$\bar{x}$：總平均數

雙因子變異數分析：重複抽樣檢定的假說分別陳述為：

1. A 因子

   H_0：A 因子的影響下，各組的平均數均相同；

   H_1：A 因子的影響下，各組的平均數不盡相同。

2. B 因子

   H_0：B 因子的影響下，各組的平均數均相同；

   H_1：B 因子的影響下，各組的平均數不盡相同。

3. A 因子與 B 因子

　　H_0：A 因子與 B 因子之間沒有交互作用(interaction)；

　　H_1：A 因子與 B 因子之間有交互作用(interaction)。

- **總平均數**

$$\bar{\bar{x}} = \frac{\sum_{i=1}^{a}\sum_{j=1}^{b}\sum_{k=1}^{c}x_{ijk}}{N}$$

- **總平方和(sum of square of total, SST)**

$$SST = \sum_{i=1}^{a}\sum_{j=1}^{b}\sum_{k=1}^{c}(x_{ijk}-\bar{\bar{x}})^2 = SS(A) + SS(AB) + SS(AB) + SSE$$

　　自由度為 a*b*c−1

- **A 組間平方和(SS(A))**

$$SS(A) = bc\sum_{i=1}^{a}(\bar{x}_{i**}-\bar{\bar{x}})^2$$

　　自由度為(a-1)

- **B 組間平方和(SS(B))**

$$SS(B) = ac\sum_{j=1}^{b}(\bar{x}_{*j*}-\bar{\bar{x}})^2$$

　　自由度為(b-1)

- **AB 組間平方和(SS(AB))**

$$SS(AB) = c\sum_{i=1}^{a}\sum_{j=1}^{b}(\bar{x}_{ij*}-\bar{x}_{i**}-\bar{x}_{*j*}+\bar{\bar{x}})^2$$

　　自由度為(a-1)(b-1)

- **殘差平方和(SSE)**

$$SSE = \sum_{i=1}^{a}\sum_{j=1}^{b}\sum_{k=1}^{c}(x_{ijk}-\bar{x}_{ij*})^2 = SST - SS(A) - SS(B) - SS(AB)$$

　　自由度為 a*b*(c-1)

- **各均方(mean of square)計算如下**

$$MS(A) = \frac{SS(A)}{a-1}$$

$$MS(B) = \frac{SS(AB)}{(a-1)(b-1)}$$

$$MS(AB) = \frac{SS(B)}{b-1}$$

$$MSE = \frac{SSE}{ab(c-1)}$$

- **F 值計算如下**

$$F_A = \frac{MS(A)}{MSE}$$

$$F_B = \frac{MS(B)}{MSE}$$

$$F_{AB} = \frac{MS(AB)}{MSE}$$

因計算繁瑣，故以下直接以 Excel 說明計算及結果分析。

[範例說明]

同上題之範例，但每種學齡層均有 c 個重複試驗。(α=0.05)

	北區	中區	南區
國小	1.7	1.4	1.3
	2	1.5	1.3
	1.6	1.2	1.5
	2.3	1.9	1.6
國中	2.2	2.4	1.5
	2	1.8	1.3
	2.5	2.1	1.5
	3.8	2.0	2.1

	北區	中區	南區
高中	2.5	1.4	1.6
	2.2	1.8	1.7
	2.5	2.7	2.0
	2.8	2.9	2.3
大學	2.9	2.4	2.0
	3.1	2.8	2.3
	3.4	2.2	2.5
	3.3	2.9	2.3

如何使用 Excel 進行重複抽樣的雙因子變異數分析？

[操作步驟]

1. 將原始資料輸入 Excel 儲存格範圍，例如此範例將資料輸入儲存格位址 D3 至 G19 中。

2. 選取功能表中的【資料】。

3. 選取工具列右邊的【資料分析】，之後會出現【資料分析】視窗。

4. 從【資料分析】視窗選取【雙因子變異數分析：重複試驗】。

5. 按【確定】，此時會出現【雙因子變異數分析：重複試驗】視窗。

6. 從【雙因子變異數分析：重複試驗】視窗中的【輸入範圍】，圈選資料所在的範圍，如此範例的資料輸入範圍為 D3 至 G19。

7. 填入每一樣本的列數（此例 c=4），並決定顯著水平（α，此例設定為 0.05）。

8. 勾選【輸出選項】（如此例設定為「新工作表」）。

9. 最後按【確定】，所呈現的資料會出現在新工作表中。

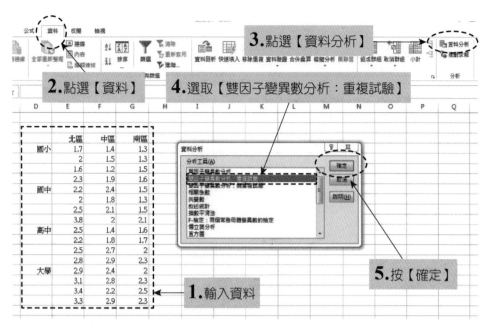

↘ 圖 12.9　Excel 函數功能【雙因子變異數分析：重複試驗】(1)

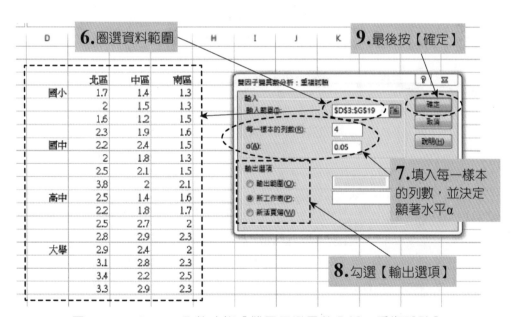

↘ 圖 12.10　Excel 函數功能【雙因子變異數分析：重複試驗】(2)

雙因子變異數分析：重複試驗						
摘要	北區	中區	南區	總和		
國小						
個數	4	4	4	12		
總和	7.6	6	5.7	19.3		
平均	1.9	1.5	1.425	1.608333		
變異數	0.1	0.086667	0.0225	0.10447		
國中						
個數	4	4	4	12		
總和	10.5	8.3	6.4	25.2		
平均	2.625	2.075	1.6	2.1		
變異數	0.655833	0.0625	0.12	0.42		
高中						
個數	4	4	4	12		
總和	10	8.8	7.6	26.4		
平均	2.5	2.2	1.9	2.2		
變異數	0.06	0.513333	0.1	0.249091		
大學						
個數	4	4	4	12		
總和	12.7	10.3	9.1	32.1		
平均	3.175	2.575	2.275	2.675		
變異數	0.049167	0.109167	0.0425	0.2075		
總和						
個數	16	16	16			
總和	40.8	33.4	28.8			
平均	2.55	2.0875	1.8			
變異數	0.392	0.313167	0.168			
ANOVA						
變源	SS	自由度	MS	F	P-值	臨界值
樣本	6.8875	3	2.295833	14.33651	2.64E-06	2.866266
欄	4.581667	2	2.290833	14.30529	2.68E-05	3.259446
交互作用	0.445	6	0.074167	0.46314	0.830835	2.363751
組內	5.765	36	0.160139			
總和	17.67917	47				

結論：

1. A 因子（不同學齡層）的檢定

　　因為檢定統計量＝14.33651＞臨界值2.866266，所以拒絕虛無假說，接受對立假說，亦即不同學齡層的人每天上網的時間不同。

2. B 因子（不同地區）的檢定

　　因為檢定統計量＝14.30529＞臨界值3.259446，所以拒絕虛無假說，接受對立假說，亦即不同地區的人每天上網的時間不同。

3. A 因子與 B 因子間交互作用（不同學齡層與不同地區間的交互作用）的檢定

　　因為檢定統計量＝0.46314＜臨界值2.363751，所以接受虛無假說，拒絕對立假說，亦即不同學齡層與不同地區之間沒有交互作用（即兩因子之間互不影響）。

課後習題

1. 請問變異數分析(ANOVA)的英文全名為何？

2. 假使欲進行 ANOVA 分析，但發現各組的母體分布並非常態，請問可改用哪種無母數的分析方法？

3. 當利用變異數分析(ANOVA)比較多組的平均數是否有顯著性的差異，請問其檢定是利用哪兩種變異的比值進行？

4. 當進行四組樣本的平均數是否相同的檢定時，如不採用 ANOVA，而改用兩組間的 t 檢定，將會使犯第一型錯誤的機率提高至多少？（假設每次 t 檢定的顯著水平為 0.05）

5. 為測試 A、B 及 C 三種新藥對於治療 C 型肝炎的療效，召募 16 名 C 型肝炎確診病人，並隨機分成四組，分別以安慰劑、新藥 A、新藥 B、新藥 C 等治療半年，然後測其肝指數 GPT（丙胺酸轉胺酶）的變化。以下為治療後之 GPT 值 (U/L)：

	安慰劑	新藥 A	新藥 B	新藥 C
1	850	250	150	80
2	680	295	105	50
3	520	410	190	70
4	795	360	220	55

請分別以手算及 Excel 軟體，進行上列資料的單因子變異數分析(One-way ANOVA)分析($\alpha=0.01$)。

6. 如「範例 5.7」之說明，愛滋病(AIDS)通常以多種藥物合併治療，稱為 highly active antiretroviral therapy(HAART)。假設今天有四種 HAART 的藥物組合來治療罹患愛滋病的不同人種，並以 CD4 細胞數目(cells/mm^3)當作治療的效果，結果如下：

	HAART I	HAART II	HAART III	HAART IV
白種人	250	190	260	280
黃種人	200	240	300	320
黑人	650	450	550	750

在 $\alpha=0.01$ 的條件下，請問不同 HAART 組合治療和不同的人種是否具有相同的療效？

7. 今分別使用 Cisplatin、Vinblastine 或 5-fluorouracil 等三種化療藥物治療男性或女性的非小細胞肺癌 (non-small cell lung cancer)，並以腫瘤的直徑大小 (millimeter, mm) 代表療效。若以雙因子變異數分析：重複試驗 (Two-way ANOVA with repeating observations) 進行各組腫瘤平均大小的檢定。在 $\alpha=0.01$ 的條件下，請問：

(1)藥物的種類與性別是否與療效有關？(2)藥物的種類與性別是否有交互作用？

	Cisplatin	Vinblastine	5-fluorouracil
女性	47	77	36
	55	65	41
	65	64	39
	52	59	43
	49	62	46
男性	46	57	32
	45	62	27
	35	59	25
	54	61	31
	42	53	25

[參考文獻]

1. Cox, David R.(1958). Planning of experiments. Reprinted as ISBN 978-0-471-57429-3

2. Cohen, Jacob(1988). Statistical power analysis for the behavior sciences(2nd ed.). Routledge ISBN 978-0-8058-0283-2

3. Anscombe, F. J.(1948). "The Validity of Comparative Experiments". Journal of the Royal Statistical Society. Series A(General)111(3): 181–211.

4. Hinkelmann, Klaus & Kempthorne, Oscar(2008). Design and Analysis of Experiments. I and II(Second ed.). Wiley. ISBN 978-0-470-38551-7.

5. Howell, David C.(2002). Statistical methods for psychology(5th ed.). Pacific Grove, CA: Duxbury/Thomson Learning. ISBN 0-534-37770-X.

6. Kempthorne, Oscar(1979). The Design and Analysis of Experiments(Corrected reprint of(1952)Wiley ed.). Robert E. Krieger. ISBN 0-88275-105-0.

7. Yates, Frank(March 1934). "The analysis of multiple classifications with unequal numbers in the different classes". Journal of the American Statistical Association(American Statistical Association)29(185): 51–66.

8. Fujikoshi, Yasunori(1993). "Two-way ANOVA models with unbalanced data". Discrete Mathematics(Elsevier)116(1): 315–334.

9. Gelman, Andrew(February 2005). "Analysis of variance? why it is more important than ever". The Annals of Statistics 33(1): 1–53.

10. Yi-An Ko et al.(September 2013). "Novel Likelihood Ratio Tests for Screening Gene-Gene and Gene-Environment Interactions with Unbalanced Repeated-Measures Data". Genetic epidemiology 37(6): 581–591.

11. Cochran, William G.; Cox, Gertrude M.(1992). Experimental designs(2nd ed.). New York: Wiley. ISBN 978-0-471-54567-5.

12. Lehmann, E.L.(1959)Testing Statistical Hypotheses. John Wiley & Sons.

13. Montgomery, Douglas C.(2001). Design and Analysis of Experiments(5th ed.). New York: Wiley. ISBN 978-0-471-31649-7.

14. Moore, David S. & McCabe, George P.(2003). Introduction to the Practice of Statistics(4e). W H Freeman & Co. ISBN 0-7167-9657-0

15. Rosenbaum, Paul R.(2002). Observational Studies(2nd ed.). New York: Springer-Verlag. ISBN 978-0-387-98967-9

16. Bailey, R. A.(2008). Design of Comparative Experiments. Cambridge University Press. ISBN 978-0-521-68357-9.

17. Kirk, RE(1995). Experimental Design: Procedures For The Behavioral Sciences(3 ed.). Pacific Grove, CA, USA: Brooks/Cole.

18. Montgomery, Douglas C.(2001). Design and Analysis of Experiments(5th ed.). New York: Wiley. p. Section 3-2. ISBN 9780471316497.

19. Moore, David S.; McCabe, George P.(2003). Introduction to the Practice of Statistics(4th ed.). W H Freeman & Co. p. 764. ISBN 0716796570.

20. Winkler, Robert L.; Hays, William L.(1975). Statistics: Probability, Inference, and Decision(2nd ed.). New York: Holt, Rinehart and Winston. p. 761.

21. Cohen, Jacob(1992). "Statistics a power primer". Psychology Bulletin 112(1): 155–159.

22. Cox, D. R.(2006). Principles of statistical inference. Cambridge New York: Cambridge University Press. ISBN 978-0-521-68567-2.

23. Freedman, David A.(2005). Statistical Models: Theory and Practice, Cambridge University Press. ISBN 978-0-521-67105-7

24. Gelman, Andrew(2005). "Analysis of variance? Why it is more important than ever". The Annals of Statistics 33: 1–53.

25. Gelman, Andrew(2008). "Variance, analysis of". The new Palgrave dictionary of economics(2nd ed.). Basingstoke, Hampshire New York: Palgrave Macmillan. ISBN 978-0-333-78676-5.

26. Scheffé, Henry(1959). The Analysis of Variance. New York: Wiley.

27. Stigler, Stephen M.(1986). The history of statistics : the measurement of uncertainty before 1900. Cambridge, Mass: Belknap Press of Harvard University Press. ISBN 0-674-40340-1.

28. Wilkinson, Leland(1999). "Statistical Methods in Psychology Journals; Guidelines and Explanations". American Psychologist 54(8): 594–604.

29. Howell, David(2002). Statistical Methods for Psychology. Duxbury. pp. 324–325. ISBN 0-534-37770-X.

30. Belle, Gerald van(2008). Statistical rules of thumb(2nd ed.). Hoboken, N.J: Wiley. ISBN 978-0-470-14448-0.

Illustrated

Biostatistics

Complemented

with

Microsoft Excel

簡單線性迴歸分析
Simple Linear Regression Analysis

Chapter **13**

 LEARNING OBJECTIVES

- 學習自變項與依變項相關分析的種類與表示方法
- 區別相關係數與決定係數之間的關係
- 學習如何計算相關係數與決定係數
- 瞭解最小平方迴歸線的意義與相關的計算

 13.1　散布圖與迴歸分析

1. 散布圖

　　散布圖（scatter plot，或稱為 scatter diagram）是一種利用 XY 座標，分析自變項（independent variable，通常位於 X 軸）與依變項（dependent variable，通常位於 Y 軸）之間相關性的統計圖表，也是重要的品管(quality control)方法之一。當觀察兩組變項時，如果一組變項的改變，會造成另一組變項的變化時，前者就稱為自變項，後者稱為依變項。也就是說，自變項會影響依變項，兩者有因果的關係，自變項為因，依變項為果。因此，如第三章所述，自變項也稱為預測變項(predictor variable)、獨變項、解釋變項；而依變項也稱為反應變項(response variable)、因變項、從屬變項、效標變項等。如第六章所述，自變項與依變項也稱為「自變數」與「依變數」。

2. 迴歸分析

　　迴歸分析(regression analysis)便是一種分析兩個或多個變項之間是否相關的統計方法，用於量化相關的方向與程度，並且建立數學模型(mathematical modeling)來預測特定變項可能發生的結果。簡單線性迴歸(simple linear regression)使用一個變項來建立模型，而複迴歸(multiple regression)則使用多個變項。因此複迴歸就是一種用於瞭解兩組（含）以上的自變項與單一依變項之間關係的函數。

3. 相關類型

　　(1) 線性相關

　　　　① 正相關(positive correlation)

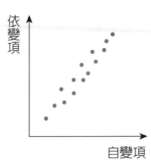

↘ 圖 13.1　正相關

② 負相關(negative correlation)

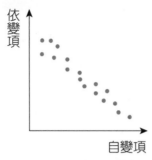

↘ 圖 13.2　負相關

(2) 非線性相關(nonlinear correlation)

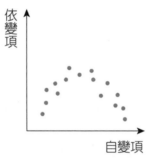

↘ 圖 13.3　非線性相關

(3) 無相關(no correlation)

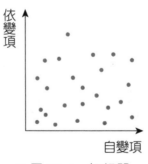

↘ 圖 13.4　無相關

13.2　相關係數(Correlation Coefficient)

用來表示兩個變項間是否共同產生變化的關聯程度(degree of association)的指標，常以「相關係數」(correlation coefficient)來表示。當兩者為線性關係時，相關係數也稱為 linear correlation coefficient (LCC)。相關係數介於−1 至+1 之間，如上述，當相關係數為負，稱為負相關(negative correlation)，如為正，則稱為正相關(positive correlation)。

皮爾森積差相關係數（Pearson product-moment correlation coefficient, 也稱為 PPMCC, PCC 或是 Pearson's r）為統計學上常用的方法，由統計學家 Karl Pearson 依據 1880 年代另一位統計學家 Francis Galton 發表的相關概念發展而成。皮爾森積差相關係數主要應用於兩個變項（自變項與依變項）均為連續變項的相關性分析。

當

$$(x_i, y_i) = (x_1, y_1), (x_2, y_2), ..., (x_n, y_n)$$

即在自變項$x = \{x_1, x_2, x_3, ..., x_n\}$與相對應之依變項$y = \{y_1, y_2, y_3, ..., y_n\}$的條件下，以母體(population)而言，皮爾森積差相關係數 ρ（唸法：$"rho"$；也稱為 population correlation coefficient 或 population Pearson correlation coefficient）的公式如下：

母體相關係數(ρ)的計算公式：

$$\rho_{x,y} = \frac{\sum_{i=1}^{n}(\frac{x_i - \bar{x}}{\sigma_x})(\frac{y_i - \bar{y}}{\sigma_y})}{n} = \frac{n(\sum_{i=1}^{n} x_i y_i) - (\sum_{i=1}^{n} x_i)(\sum_{i=1}^{n} y_i)}{\sqrt{[n(\sum_{i=1}^{n} x_i^2) - (\sum_{i=1}^{n} x_i)^2][n(\sum_{i=1}^{n} y_i^2) - (\sum_{i=1}^{n} y_i)^2]}}$$

其中

$$\bar{x} = \frac{\sum_{i=1}^{n} x_i}{n}$$

$$\bar{y} = \frac{\sum_{i=1}^{n} y_i}{n}$$

$$\sigma_x = \sqrt{\frac{\sum_{i=1}^{n}(x_i - \bar{x})^2}{n}}$$

$$\sigma_y = \sqrt{\frac{\sum_{i=1}^{n}(y_i - \bar{y})^2}{n}}$$

上述之 n 代表觀察值的總數。

以樣本(sample)而言，皮爾森積差相關係數 r 的公式如下：

$$(x_i, y_i) = (x_1, y_1), (x_2, y_2), \ldots, (x_n, y_n)$$

$$r_{x,y} = \frac{\sum_{i=1}^{n}(\frac{x_i - \bar{x}}{s_x})(\frac{y_i - \bar{y}}{s_y})}{n-1}$$
$$= \frac{\left(\frac{x_1 - \bar{x}}{s_x}\right)\left(\frac{y_1 - \bar{y}}{s_y}\right) + \left(\frac{x_2 - \bar{x}}{s_x}\right)\left(\frac{y_2 - \bar{y}}{s_y}\right) + \cdots + \left(\frac{x_n - \bar{x}}{s_x}\right)\left(\frac{y_n - \bar{y}}{s_y}\right)}{n-1}$$

其中

自變項的標準差

$$s_x = \sqrt{\frac{\sum_{i=1}^{n}(x_i - \bar{x})^2}{n-1}} = \sqrt{\frac{(x_1 - \bar{x})^2 + (x_2 - \bar{x})^2 + \cdots + (x_n - \bar{x})^2}{n-1}}$$

依變項的標準差

$$s_y = \sqrt{\frac{\sum_{i=1}^{n}(y_i - \bar{y})^2}{n-1}} = \sqrt{\frac{(y_1 - \bar{y})^2 + (y_2 - \bar{y})^2 + \cdots + (y_n - \bar{y})^2}{n-1}}$$

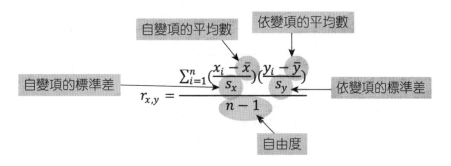

➘ 圖 13.5　相關係數計算公式圖示

根據 1996 年統計學家 Evans 的建議，皮爾森積差相關係數 r 的絕對值 (absolute value)所代表的意義如下：

$|r|$	相關程度
0.00~0.19	極弱(very weak)
0.20~0.39	弱(weak)
0.40~0.59	中等(moderate)
0.60~0.79	強(strong)
0.80~1.00	極強(very strong)

13.1 範例說明

請計算下組資料之皮爾森積差相關係數 r。

(x, y)=(1, 4),(2, 5),(3, 12),(4, 6),(5, 18)

	自變項 x	依變項 y
1	1	4
2	2	5
3	3	12
4	4	6
5	5	18

$$\bar{x} = \left[\sum_{i=1}^{n} x_i\right] \div n = \frac{x_1 + x_2 + x_3 + \cdots + x_n}{n} = \frac{1 + 2 + 3 + 4 + 5}{5} = 3$$

$$s_x = \sqrt{\frac{\sum(x - \bar{x})^2}{n-1}} = \sqrt{\frac{[(x_1 - \bar{x})^2 + (x_2 - \bar{x})^2 + (x_3 - \bar{x})^2 + \cdots + (x_n - \bar{x})^2]}{n-1}}$$

$$= \sqrt{\frac{[(1-3)^2 + (2-3)^2 + (3-3)^2 + (4-3)^2 + (5-3)^2]}{5-1}}$$

$$= \sqrt{\frac{[4 + 1 + 0 + 1 + 4]}{5-1}} = \sqrt{\frac{10}{4}} = 1.58$$

$$\bar{y} = \left[\sum_{i=1}^{n} y_i\right] \div n = \frac{y_1 + y_2 + y_3 + \cdots + y_n}{n} = \frac{4 + 5 + 12 + 6 + 18}{5} = 9$$

$$s_y = \sqrt{\frac{\sum(y - \bar{y})^2}{n - 1}} = \sqrt{\frac{\left[(y_1 - \bar{y})^2 + (y_2 - \bar{y})^2 + (y_3 - \bar{y})^2 + \cdots + (y_n - \bar{y})^2\right]}{n - 1}}$$

$$= \sqrt{\frac{\left[(4 - 9)^2 + (5 - 9)^2 + (12 - 9)^2 + (6 - 9)^2 + (18 - 9)^2\right]}{5 - 1}}$$

$$= \sqrt{\frac{[25 + 16 + 9 + 9 + 81]}{5 - 1}} = \sqrt{\frac{140}{4}} = 5.92$$

$$r = \frac{\sum \left(\frac{x_i - \bar{x}}{s_x}\right)\left(\frac{y_i - \bar{y}}{s_y}\right)}{n - 1}$$

$$= \frac{\left(\frac{1-3}{1.58}\right)\left(\frac{4-9}{5.92}\right) + \left(\frac{2-3}{1.58}\right)\left(\frac{5-9}{5.92}\right) + \left(\frac{3-3}{1.58}\right)\left(\frac{12-9}{5.92}\right) + \left(\frac{4-3}{1.58}\right)\left(\frac{6-9}{5.92}\right) + \left(\frac{5-3}{1.58}\right)\left(\frac{18-9}{5.92}\right)}{5 - 1}$$

$$= \frac{(-1.27)(-0.84) + (-0.63)(-0.68) + (0)(+0.51) + (0.63)(-0.51) + (1.27)(+1.52)}{5 - 1}$$

$$= \frac{1.07 + 0.43 + 0 - 0.32 + 1.93}{4} = \frac{3.11}{4} = 0.78$$

End

範例說明

13.2

　　近年來不斷發生蜜蜂離巢後消失不見的事件，科學家懷疑是否與附近農民使用類尼古丁殺蟲劑有關。於是科學家將工蜂分成 10 組，每組 1000 隻，並讓每組工蜂吸食 10~100 ppb 不等濃度的益達胺糖水溶液後，計算離巢消失的蜜蜂數目。以下為試驗的結果：

益達胺濃度(ppb)	消失的蜜蜂數
10	72
20	153
30	221
40	372

益達胺濃度(ppb)	消失的蜜蜂數
50	407
60	597
70	725
80	853
90	917
100	936

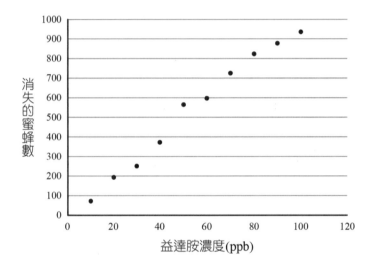

$$\bar{x} = \left[\sum_{i=1}^{n} x_i\right] \div n = \frac{x_1 + x_2 + x_3 + \cdots + x_n}{n}$$

$$= \frac{10 + 20 + 30 + 40 + 50 + 60 + 70 + 80 + 90 + 100}{10} = 55$$

$$s_x = \sqrt{\frac{\sum(x - \bar{x})^2}{n-1}} = \sqrt{\frac{[(x_1 - \bar{x})^2 + (x_2 - \bar{x})^2 + (x_3 - \bar{x})^2 + \cdots + (x_n - \bar{x})^2]}{n-1}}$$

$$= \sqrt{\frac{[(10-55)^2 + (20-55)^2 + (30-55)^2 + \cdots + (80-55)^2 + (90-55)^2 + (100-55)^2]}{10-1}}$$

$$= 30.28$$

$$\bar{y} = \left[\sum_{i=1}^{n} y_i\right] \div n = \frac{y_1 + y_2 + y_3 + \cdots + y_n}{n}$$

$$= \frac{72 + 153 + 221 + 372 + 407 + 597 + 725 + 853 + 917 + 936}{10} = 525.3$$

$$s_y = \sqrt{\frac{\sum(y - \bar{y})^2}{n-1}} = \sqrt{\frac{\left[(y_1 - \bar{y})^2 + (y_2 - \bar{y})^2 + (y_3 - \bar{y})^2 + \cdots + (y_n - \bar{y})^2\right]}{n-1}}$$

$$= \sqrt{\frac{\left[(72 - 525.3)^2 + (153 - 525.3)^2 + (221 - 525.3)^2 + \cdots + (917 - 525.3)^2 + (936 - 525.3)^2\right]}{10 - 1}}$$

$$= 324.67$$

$$r = \frac{\sum\left(\frac{x_i - \bar{x}}{s_x}\right)\left(\frac{y_i - \bar{y}}{s_y}\right)}{n-1} =$$

$$\frac{\left(\frac{10-55}{30.28}\right)\left(\frac{72-525.3}{324.67}\right) + \left(\frac{20-55}{30.28}\right)\left(\frac{153-525.3}{324.67}\right) + \cdots + \left(\frac{90-55}{30.28}\right)\left(\frac{917-525.3}{324.67}\right) + \left(\frac{100-55}{30.28}\right)\left(\frac{936-525.3}{324.67}\right)}{10-1}$$

$$= 0.99$$

End

13.3　Excel 相關係數的計算功能

[操作步驟]

1. 將原始資料輸入 Excel 儲存格範圍，例如此範例將資料輸入儲存格位址 C3 至 D12 中。

2. 選取功能表中的【資料】。

3. 選取工具列右邊的【資料分析】，之後會出現【資料分析】視窗。

4. 從【資料分析】視窗選取【相關係數】。

5. 按【確定】，此時會出現【相關係數】視窗。

6. 從【相關係數】視窗中的【輸入範圍】，圈選資料所在的範圍，如此範例的資料輸入範圍為 C3 至 D12。

7-8.然後依次點選【逐欄】及【新工作表】。

9. 最後按【確定】，所呈現的資料會出現在新工作表中。

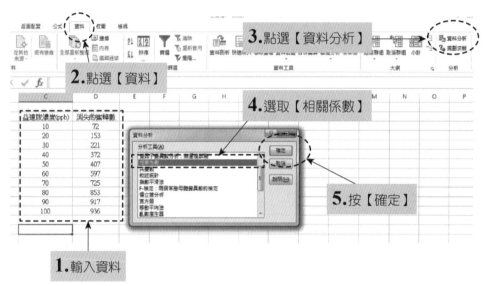

→ 圖 13.6　Excel 統計功能【相關係數】(1)

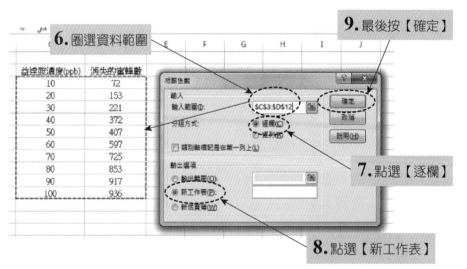

→ 圖 13.7　Excel 統計功能【相關係數】(2)

結果：

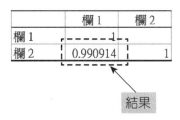

結果

↘ 圖 13.8　Excel 統計功能【相關係數】(3)

 ## 13.4　決定係數 (Coefficient of Determination)

決定係數(r^2)即為上述相關係數(r)的平方。如相關係數(r)=0.9，則決定係數(r^2)=0.81，因此$0 \leq r^2 \leq 1$。r^2 用於簡單線性迴歸(simple linear regression)分析，而R^2則用於複迴歸(multiple regression)分析。

$$r^2 (或 R^2) = 1 - \frac{SS_{res}}{SS_{tot}} = \frac{SS_{reg}}{SS_{tot}}$$

其中

SS_{tot}：總離均差平方和(the total sum of squares)

SS_{res}：殘差值離均差平方和（the sum of squares of residuals 或稱為 the residual sum of squares）

SS_{reg}：迴歸離均差平方和（the regression sum of squares 或稱為 the explained sum of squares）。各平方和之計算如下：

$$SS_{tot} = \sum_{i=1}^{n} (y_i - \bar{y})^2$$

$$SS_{res} = \sum_{i=1}^{n} (y_i - \hat{y}_i)^2$$

$$SS_{reg} = \sum_{i=1}^{n} (\hat{y}_i - \bar{y})^2$$

$$SS_{res} + SS_{reg} = SS_{tot}$$

其中

$$\bar{y} = \frac{\sum_{i=1}^{n} y_i}{n}$$

$\bar{y}$ 為依變項的平均數，$(y_i - \hat{y})$ 為殘差值(residual)。

$\hat{y}_i$（唸法："y-hat"）為預測的迴歸模型中，在 y_i 位置上的預測值。

$$\hat{y} = a + bx$$

如果預測的迴歸線為直線時，其中 a 為預測直線在 y 軸上的截距，b 則為斜率（也稱為迴歸係數 regression coefficient）。

如果點(x_i, y_i)剛好在預測的迴歸線上時，則

$$\hat{y}_i = y_i$$

以下圖簡單線性迴歸(simple linear regression)為例，如果預測的迴歸直線為 $\hat{y} = a + bx$，點(x_4, y_4)剛好位於預測的迴歸線上，所以實際得到的依變數 $y_4 =$ 預測值 $\hat{y}_4$。

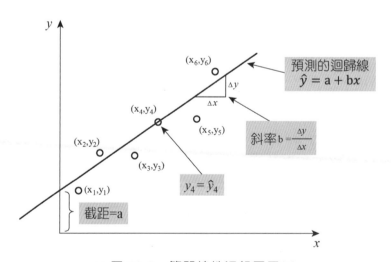

↘ 圖 13.9 簡單線性迴歸圖示(1)

決定係數位於 0 與 1 之間，當決定係數為 0 時，代表迴歸直線為水平線，即自變項（x 軸）與依變項（y 軸）沒有直線相關性存在；當決定係數趨近於 1 時，代表自變項（x 軸）與依變項（y 軸）的直線關係越強。

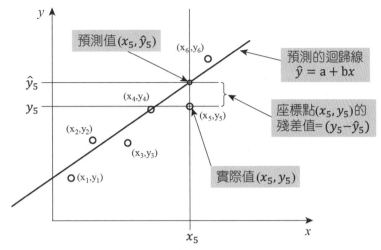

↘ 圖 13.10　簡單線性迴歸圖示(2)

13.5　最小平方迴歸線(The Least-Squares Regression (LSR) Line)

上述預測的迴歸線稱為最小平方迴歸線($\hat{y} = a + bx$)，其中 a 為 y 軸截距(y-intercept)，b 為斜率(slope)，可分別由下列方程式獲得：

$$b = r\frac{s_y}{s_x} = \frac{\sum_{i=1}^{n}(x_i - \bar{x})(y_i - \bar{y})}{\sum_{i=1}^{n}(x_i - \bar{x})^2}$$

$$a = \bar{y} - b\bar{x}$$

其中

$$\bar{x} = \frac{\sum_{i=1}^{n} x_i}{n}$$

$$\bar{y} = \frac{\sum_{i=1}^{n} y_i}{n}$$

最小平方迴歸線($\hat{y} = a + bx$)必定經過座標點$(\bar{x}, \bar{y})$，$\bar{x}$與$\bar{y}$分別為自變項及依變項的平均數。

範例說明

13.3

請計算範例 13.1 之預測最小平方迴歸線的 y 軸截距(a)、斜率(b)及決定係數(r^2)。

解答

$$(x, y)=(1, 2),(2, 3.5),(3, 7),(4, 8.5),(5, 9)$$

$$\bar{x} = 3$$

$$\bar{y} = 6$$

$$b = \frac{\sum_{i=1}^{n}(x_i - \bar{x})(y_i - \bar{y})}{\sum_{i=1}^{n}(x_i - \bar{x})^2}$$
$$= \frac{(1-3)(2-6) + (2-3)(3.5-6) + (3-3)(7-6) + (4-3)(8.5-6) + (5-3)(9-6)}{(1-3)^2 + (2-3)^2 + (3-3)^2 + (4-3)^2 + (5-3)^2}$$
$$= \frac{(8) + (2.5) + (0) + (2.5) + (6)}{4 + 1 + 0 + 1 + 4} = \frac{19}{10} = 1.9$$

因為最小平方迴歸線經過$(3, 6)$，所以其方程式為：

$$a = \bar{y} - b\bar{x}$$

$$a = 6 - 1.9 * 3$$

$$a = 0.3$$

$$\hat{y}_1 = 0.3 + 1.9 * x_1 = 0.3 + 1.9 * 1 = 2.2$$

$$\hat{y}_2 = 0.3 + 1.9 * x_2 = 0.3 + 1.9 * 2 = 4.1$$

$$\hat{y}_3 = 0.3 + 1.9 * x_3 = 0.3 + 1.9 * 3 = 6$$

$$\hat{y}_4 = 0.3 + 1.9 * x_4 = 0.3 + 1.9 * 4 = 7.9$$

$$\hat{y}_5 = 0.3 + 1.9 * x_5 = 0.3 + 1.9 * 5 = 9.8$$

$$(x, y)=(1, 2),(2, 3.5),(3, 7),(4, 8.5),(5, 9)$$

$$SS_{tot} = \sum_{i=1}^{n}(y_i - \bar{y})^2 = (2-6)^2 + (3.5-6)^2 + (7-6)^2 + (8.5-6)^2 + (9-6)^2$$

$$= 16 + 6.25 + 1 + 6.25 + 9 = 38.5$$

$$SS_{res} = \sum_{i=1}^{n}(y_i - \hat{y}_i)^2 = (2-2.2)^2 + (3.5-4.1)^2 + (7-6)^2 + (8.5-7.9)^2 + (9-9.8)^2$$

$$= 0.04 + 0.36 + 1 + 0.36 + 0.64 = 2.4$$

$$SS_{reg} = \sum_{i=1}^{n}(\hat{y}_i - \bar{y})^2 = (2.2-6)^2 + (4.1-6)^2 + (6-6)^2 + (7.9-6)^2 + (9.8-6)^2$$

$$= 14.44 + 3.61 + 0 + 3.61 + 14.44 = 36.1$$

$$r^2 = 1 - \frac{SS_{res}}{SS_{tot}} = 1 - \frac{2.4}{38.5} = 0.938$$

或是

$$r^2 = \frac{SS_{reg}}{SS_{tot}} = \frac{36.1}{38.5} = 0.938$$

End

13.6　母體相關係數(ρ)的顯著性檢定

假設要檢定母體相關係數 ρ 是否為 0，亦即要瞭解自變項(x)與依變項(y)並非線性相關，可以依第 9 章之顯著性檢定的五個步驟進行：

當自變項(x) = $\{x_1, x_2, x_3, \ldots, x_n\}$ 與依變項(y) = $\{y_1, y_2, y_3, \ldots, y_n\}$時，欲檢定母體相關係數 ρ 是否為 0，步驟如下：

1. 建立假說：

   $H_0 : \rho = 0$ vs. $H_1 : \rho \neq 0$

2. 決定顯著水平：通常以 $\alpha = 0.05$ 或 $\alpha = 0.01$ 當作檢定標準。

3. 計算檢定統計量：

   假設自變項(x)與依變項(y)均屬於常態分配，並以樣本相關係數r估計母體相關係數 ρ，及自由度(n-2)之 t 分配計算其檢定統計量

$$t = \frac{r - 0}{\sqrt{\frac{(1 - r^2)}{(n - 2)}}}$$

   其中自由度 $= n - 2$

4. 決定臨界值：臨界值可經由查表獲得。

5. 結論：接受或是拒絕虛無假說。

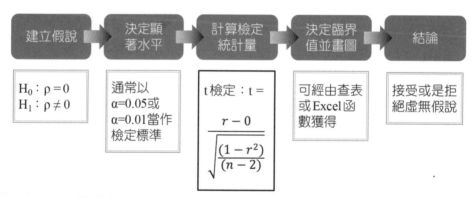

↘ 圖 13.11　母體相關係數(ρ)的顯著性檢定步驟

13.4

請檢定「範例 13.1」的相關係數是否為 0。（α = 0.05）

解答

1. 建立假設：

    $H_0：\rho = 0$ vs. $H_1：\rho \neq 0$

2. 決定顯著水平：α = 0.05。

3. 計算檢定統計量：

    假設自變項(x)與依變項(y)均屬於常態分配，並以樣本相關係數r估計母體相關係數 ρ，及自由度(n-2)之 t 分配計算其檢定統計量

$$t = \frac{r - 0}{\sqrt{\frac{(1 - r^2)}{(n - 2)}}} = \frac{0.78 - 0}{\sqrt{\frac{(1 - 0.78^2)}{(5 - 2)}}} = \frac{0.78}{\sqrt{\frac{0.39}{3}}} = \frac{0.78}{\sqrt{0.13}} = 2.17$$

4. 決定臨界值：臨界值可經由查表獲得。

    在雙尾，當自由度=5-2=3，且α = 0.05時，臨界值為 3.1825。

5. 結論：

    因為檢定統計量 2.17 小於臨界值 3.1825，所以接受虛無假說，亦即母體的相關係數 ρ=0；亦即 $p>\alpha$ 或 $p>0.05$。

End

13.5

請檢定範例 13.2 的相關係數是否為 0。（α = 0.01）

解答

1. 建立假設：

    $H_0：\rho = 0$ vs. $H_1：\rho \neq 0$

2. 決定顯著水平：α = 0.01。

3. 計算檢定統計量：

$$t = \frac{r-0}{\sqrt{\frac{(1-r^2)}{(n-2)}}} = \frac{0.99-0}{\sqrt{\frac{(1-0.99^2)}{(10-2)}}} = \frac{0.99}{\sqrt{\frac{0.0199}{8}}} = \frac{0.99}{0.04987} = 19.852$$

其中 $r = 0.99, n = 10$。

4. 決定臨界值：臨界值可經由查表獲得。

在雙尾，當自由度=10-2=8，且 $\alpha = 0.01$ 時，臨界值為 3.3554

5. 結論：

因為檢定統計量 19.852 大於臨界值 3.3554，所以拒絕虛無假說，接受對立假說，表示母體的相關係數 $\rho \neq 0$；亦即 $p < \alpha$ 或 $p < 0.01$。

End

課後習題

1. 請簡述「相關係數」(correlation coefficient)與「決定係數」(coefficient of determination)之間的關係。

2. 請計算下列資料之皮爾森積差相關係數 r。
   (x, y)=(1, 2),(2, 3.5),(3, 7),(4, 8.5),(5, 9)。

3. 血紅素（hemoglobin, Hb；也稱為血紅蛋白、血色素）是紅血球內負責運送氧氣的一種蛋白質，當血中葡萄糖濃度增加時，血色素被糖化的比例也會增加，這種血紅素稱為「糖化血紅素」(HbA1c)，可以用來反應過去 2~3 個月血糖的濃度。以下為美國糖尿病學會所公布的糖化血紅素值和平均血糖值部分的對照表。請計算其皮爾森積差相關係數 r，並描述其相關性。

糖化血紅素濃度(%)	平均血糖值(mg/dL)
5	97
6	126
7	154
8	183
9	212
10	240

4. 血球容積比（hematocrit, Ht or HCT；也稱為 packed cell volume, PCV）為紅血球在血液中所占體積的百分比，與診斷某些血液疾病有關，如真性紅細胞增多症(polycythemia vera)、貧血(anemia)…等。血球容積比與血紅素的含量有關，今隨機抽樣 5 個人，偵測其血球容積比與血紅素，數據如下：

受試者	血紅素(g/dL)	血球容積比(%)
1	13.1	39
2	15.3	45
3	13.5	44
4	11.2	39
5	16.5	48

(1)請計算皮爾森積差相關係數 r；(2)請計算此樣本之預測最小平方迴歸線的 y 軸截距(a)、斜率(b)及決定係數(r^2)。

[參考文獻]

1. 國家教育研究院・雙語辭彙、學術名詞暨辭書資訊網 (http://terms.naer.edu.tw/detail/1304250/)

2. Steel, R.G.D, and Torrie, J. H., Principles and Procedures of Statistics with Special Reference to the Biological Sciences., McGraw Hill, 1960, pp. 187, 287.)

3. Colin Cameron, A.; Windmeijer, Frank A.G.; Gramajo, H; Cane, DE; Khosla, C(1997). "An R-squared measure of goodness of fit for some common nonlinear regression models". Journal of Econometrics 77(2): 1790–2.

4. J. L. Rodgers and W. A. Nicewander. Thirteen ways to look at the correlation coefficient. The American Statistician, 42(1):59–66, February 1988.

5. Stigler, Stephen M.(1989). "Francis Galton's Account of the Invention of Correlation". Statistical Science 4(2): 73–79.

6. Nagelkerke, N. J. D.(1991). "A Note on a General Definition of the Coefficient of Determination". Biometrika 78(3): 691–2.

7. Kenney, J. F. and Keeping, E. S.(1962)"Linear Regression and Correlation." Ch. 15 in Mathematics of Statistics, Pt. 1, 3rd ed. Princeton, NJ: Van Nostrand, pp. 252-285.

8. Draper, N. R.; Smith, H.(1998). Applied Regression Analysis. Wiley-Interscience. ISBN 0-471-17082-8.

9. Everitt, B. S.(2002). Cambridge Dictionary of Statistics(2nd ed.). CUP. ISBN 0-521-81099-X.

10. Nagelkerke, Nico J. D.(1992). Maximum Likelihood Estimation of Functional Relationships, Pays-Bas. Lecture Notes in Statistics 69. ISBN 0-387-97721-X.

11. Glantz, S. A.; Slinker, B. K.(1990). Primer of Applied Regression and Analysis of Variance. McGraw-Hill. ISBN 0-07-023407-8.

12. 臺大揭密／蜜蜂神祕消失 農藥汙染害的・自由時報 2014 年 4 月 15 日 上午 6:10〔自由時報記者林曉雲、謝文華／綜合報導〕

Illustrated

Biostatistics

Complemented

with

Microsoft Excel

無母數分析
Nonparametric Statistics

Chapter **14**

 學習目標 LEARNING OBJECTIVES

- 明瞭無母數分析方法的種類與適用時機
- 學習各種無母數分析的計算方式

14.1 無母數分析方法的適用時機

　　無母數的統計方法通常應用在沒有或是不需要母體的平均數(mean)、標準差(standard deviation)、變異數(variance)…等傳統參數(parameter)的情況下，比較資料的特性，因此也不需要考慮資料的分布型態。

　　常用的無母數分析方法包括以下幾種：

- Anderson–Darling test

- Statistical Bootstrap Methods

- Cochran's Q

- Cohen's kappa

- Friedman two-way analysis of variance by ranks

- Kaplan–Meier

- Kendall's tau

- Kendall's W

- Kolmogorov–Smirnov test

- Kruskal-Wallis one-way analysis of variance by ranks

- Kuiper's test

- Logrank Test

- Mann–Whitney U or Wilcoxon rank sum test

- McNemar's test

- median test

- Pitman's permutation test

- Rank products

- Siegel–Tukey test

- sign test

- Spearman's rank correlation coefficient

- Squared ranks test

- Wald–Wolfowitz runs test

- Wilcoxon signed-rank test

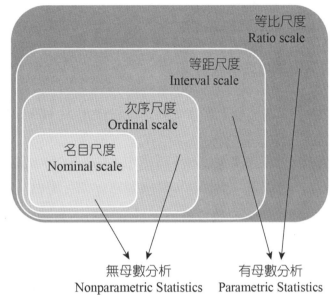

➘ 圖 14.1　無母數分析方法適用時機圖示

 14.2　連續資料與類別資料的比較

1. 連續資料（continuous data，如等距與等比資料）的比較：

(1) 兩組樣本

- 比較兩組獨立樣本的連續性資料，有母數的方析方法常使用 t-檢定，而無母數的方析方法則可使用 Mann-Whitney U test。

- 比較兩組成對樣本資料，有母數的方析方法常使用配對 t-檢定(paired t-test)，而無母數的方析方法則可使用 Wilcoxon Signed-Rank test。

(2) 三組樣本

- 比較三組以上獨立性的連續性樣本資料，有母數的方析方法常使用 ANOVA(One-way, Two-way)，而無母數的方析方法則可使用 Kruskal-Wallis test。

- 比較三組以上的相關樣本資料，有母數的方析方法常使用 Repeated measure ANOVA，而無母數的方析方法則可使用 Friedman test。

2. **類別資料（categorical data，如名目與次序資料）的比較：**（均使用無母數的方析方法）

(1) 兩組樣本

- 比較兩組獨立類別變項，常使用費雪精確性檢定(Fisher's exact test)（期望值<5）或是葉氏連續性校正(Yates's correction for continuity)（期望值>5）。
- 比較兩組成對（或相關）樣本資料，則常使用 McNemar's test。

(2) 三組樣本

- 比較三組以上之獨立樣本資料，可使用 Pearson Chi-square test。
- 比較三組以上之成對（或相關）樣本資料，則可使用 Cochran's Q test。

　　無母數的統計方法並不需要來自於特定機率分布的資料，因此無母數的統計方法也稱為自由分布法(distribution-free methods)。相對於 Z-檢定(Z-test)、t-檢定(t-test)等有母數的統計方法，無母數的統計方法較常依賴觀察值的排序(rank of observation)；換言之，無母數的統計方法會將屬於等距或等比尺度的資料，轉換成次序尺度的資料，然後再進行統計分析。以下將說明幾種常用的無母數分析法：

14.3　曼－惠特尼 U 檢定法 (Mann-Whitney U Test)

　　曼－惠特尼 U 檢定法（Mann-Whitney U test, 也稱為 Mann-Whitney-Wilcoxon(MWW), Wilcoxon rank-sum test, or Wilcoxon-Mann-Whitney test，也稱為 Wilcoxon 等級和檢定），用於檢定兩母體的分布是否相同，或是兩獨立樣本是否來自於同一母體；亦即由兩個隨機樣本差異性的比較，推論到兩母體的差異性。因此，比較兩組獨立樣本的連續性資料，有母數的方析方法常使用 t-檢定，而無母數的方析方法則可使用 Mann-Whitney U test。曼－惠特尼 U 檢定法是將兩組資料合併後再予以排序，然後根據各組排序的總和進行顯著性的檢定。以下以大樣本數（趨近於常態分布）的方式來說明計算方法與分析過程。

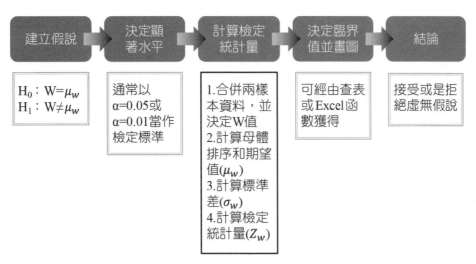

➜ 圖 14.2　曼－惠特尼 U 檢定法檢定步驟圖示

範例說明

14.1

　　如本書第十章「範例說明 10.3」，身體血液中的肌酸酐(creatinine)主要是由肌肉的代謝活動所產生，並由腎臟以尿液的方式排出體外。因此當腎臟功能出現問題而無法完全排出體內產生的肌酸酐時，體內身體血液中的肌酸酐就會開始累積而使濃度上升。假設今要研究某民間長用服用之進口中草藥是否傷腎，隨機從長期服用與無服用該中草藥之民眾各抽樣十人，檢驗其血液中的肌酸酐濃度。假設兩組民眾的母體分布情況未知，請以 α=0.05，請檢定此兩母體的肌酸酐濃度是否不同。資料如下：

編號	長期服用某國進口的中草藥 X 的民眾 其血清肌酸酐值(mg/dL)	沒有服用該中草藥的民眾 其血清肌酸酐值(mg/dL)
1	2.3	1.7
2	3.0	1.5
3	1.7	0.8
4	4.6	1.1
5	5.7	0.7
6	2.6	0.9
7	2.5	1.2
8	1.5	1.0
9	3.8	1.4
10	6.3	0.9

解答

1. 建立假說

H_0：$W = \mu_w$；

H_1：$W \neq \mu_w$。

其中 W 為較小之排序和，而 μ_w 為母體的排序和期望值。

2. 決定顯著水平

此題顯著水平 $\alpha = 0.05$

3. 計算檢定統計量

步驟一：合併兩樣本資料，並決定 W 值

編號	長期服用某國進口中草藥 X 的民眾其血清肌酸酐值 (mg/dL)	排序值	沒有服用該草藥的民眾其血清肌酸酐值 (mg/dL)	排序值
1	2.3	13	1.7	11.5
2	3.0	16	1.5	9.5
3	1.7	11.5	0.8	2
4	4.6	18	1.1	6
5	5.7	19	0.7	1
6	2.6	15	0.9	3.5
7	2.5	14	1.2	7
8	1.5	9.5	1.0	5
9	3.8	17	1.4	8
10	6.3	20	0.9	3.5
	$n_1 = 10$	$R_1 = 153$	$n_2 = 10$	$R_2 = 57$

其中 n_1 與 n_2 分別為第一組與第二組樣本的樣本數；R_1 與 R_2 分別為第一組與第二組樣本排序值的總和；如排序等級相同時，則以平均等級代表。

例如：血清肌酸酐值(mg/dL)=0.9 有兩個相同的排序等級，原排序應為 3，但有兩個，所以平均排序=(3+4)/2=3.5。

$$R_1 = (13 + 16 + 11.5 + 18 + 19 + 15 + 14 + 9.5 + 17 + 20) = 153$$

$$R_2 = (11.5 + 9.5 + 2 + 6 + 1 + 3.5 + 7 + 5 + 8 + 3.5) = 57$$

排序總和較小者，以符號 W 代表，此處的 $W = R_2 = 57$

步驟二：計算 W 的母體排序和期望值(μ_w)

根據統計學家的研究，W 的樣本排序（此題為第二組樣本）的母體排序和期望值(μ_w)計算如下：

$$\mu_w = \frac{n_2(n_1 + n_2 + 1)}{2} = \frac{10(10 + 10 + 1)}{2} = 105$$

（如第一組樣本的排序總和較小，則 $\mu_w = \frac{n_1(n_1 + n_2 + 1)}{2}$）

步驟三：計算樣本排序抽樣分布的標準差(σ_w)

樣本排序抽樣分布的標準差(σ_w)計算如下：

$$\sigma_w = \sqrt{\frac{n_1 n_2(n_1 + n_2 + 1)}{12}} = \sqrt{\frac{10 * 10(10 + 10 + 1)}{12}} = \sqrt{\frac{2100}{12}} = 13.23$$

步驟四：計算檢定統計量(Z_w)

$$Z_w = \frac{W - \mu_w}{\sigma_w} = \frac{57 - 105}{13.23} = -\frac{48}{13.23} = -3.63$$

4. 決定臨界值

如果顯著水平 $\alpha = 0.05$，在雙尾的情況下，臨界值為 ± 1.96。

5. 結論

因檢定統計量為 -3.63，位在拒絕域中（此例的檢定統計量落在左尾），所以拒絕虛無假設 H_0，接受對立假設 H_1，表示兩者有顯著性差異；亦即 $p < \alpha$ 或 $p < 0.05$。

End

14.4 Wilcoxon Signed-Rank Test（Wilcoxon 符號排序檢定，也稱為 Wilcoxon Matched-Pairs Signed-Rank Test）

比較兩組成對（或相依、非獨立）樣本資料，有母數的方析方法常使用配對 t-檢定(paired t-test)，而無母數的方析方法則可使用 Wilcoxon signed-rank test。Wilcoxon signed-rank test 與上述之 Mann-Whitney U test，均用於檢定兩個樣本所來自於母體的中位數是否有顯著差異。

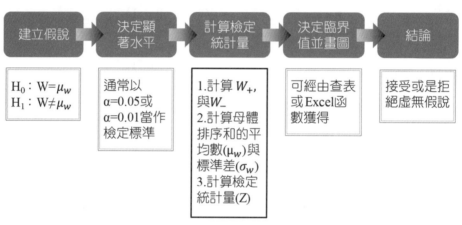

建立假說 → 決定顯著水平 → 計算檢定統計量 → 決定臨界值並畫圖 → 結論

建立假說	決定顯著水平	計算檢定統計量	決定臨界值並畫圖	結論
H_0：$W=\mu_w$ H_1：$W\neq\mu_w$	通常以 $\alpha=0.05$或 $\alpha=0.01$當作檢定標準	1.計算 W_+, 與W_- 2.計算母體排序和的平均數(μ_w)與標準差(σ_w) 3.計算檢定統計量(Z)	可經由查表或Excel函數獲得	接受或是拒絕虛無假說

↘ 圖 14.3　Wilcoxon signed-rank test 檢定步驟圖示

範例說明

14.2

以下以本書第十章「範例說明10.4」為例，如果老鼠改餵食純化的紅麴菌素 K(Monacolin K)，得到以下之結果。以此數據說明如何使用Wilcoxon signed-rank test：（顯著水平α = 0.05）

編號	餵食前 x_i(U/mL)	餵食後 x_i'(U/mL)
1	60	62
2	56	59
3	61	61
4	66	58

編號	餵食前 x_i(U/mL)	餵食後 x'_i(U/mL)
5	61	71
6	59	55
7	58	65
8	66	62
9	57	56
10	63	54

 解答

1. 建立假說

    H_0：餵食老鼠 Monacolin K 之前與之後的肝指數 GPT 沒有顯著性差異；

    H_1：餵食老鼠 Monacolin K 之前與之後的肝指數 GPT 有顯著性差異。

2. 決定顯著水平

    此題顯著水平 α=0.05

3. 計算檢定統計量

步驟一：計算成對樣本差為正（W_+, 正等級）與負（W_-, 負等級）的排序和

編號	餵食前 x_i(U/mL)	餵食後 x'_i(U/mL)	差異 ($d_i = x'_i - x_i$)	$\|d\|$	排序等級 r_d
1	60	62	$d_1 = 62 - 60 = 2$	2	2(+)
2	56	59	$d_2 = 59 - 56 = 3$	3	3(+)
3	61	61	$d_3 = 61 - 61 = 0$	0	--
4	66	58	$d_4 = 58 - 66 = -8$	8	7(−)
5	61	71	$d_5 = 71 - 61 = 10$	10	9(+)
6	59	55	$d_6 = 55 - 59 = -4$	4	4.5(−)
7	58	65	$d_7 = 65 - 58 = 7$	7	6(+)
8	66	62	$d_8 = 62 - 66 = -4$	4	4.5(−)
9	57	56	$d_9 = 56 - 57 = -1$	1	1(−)
10	63	54	$d_{10} = 54 - 63 = -9$	9	8(−)

$$W_+ = \sum r_{d(+)} = 2 + 3 + 9 + 6 = 20$$

$$W_- = \sum r_{d(-)} = 7 + 4.5 + 4.5 + 1 + 8 = 25$$

步驟二：計算母體排序和的平均數(μ_w)與標準差(σ_w)

$$\mu_w = \frac{n(n+1)}{4} = \frac{9(9+1)}{4} = 22.5$$

$$\sigma_w = \sqrt{\frac{n(n+1)(2n+1)}{24}} = \sqrt{\frac{9(9+1)(18+1)}{24}} = \sqrt{\frac{1710}{24}} = 8.44$$

n 為差異不等於 0（即$|d| \neq 0$）的配對個數，所以此處的$n = 9$。

步驟三：計算檢定統計量(Z)

檢定統計量的選擇時機：

· 雙尾檢定時，選擇(W_+, W_-)兩數中最小者計算檢定統計量，以$W = \min(W_+,$ $W_-)$代表。

· 右尾檢定時，選擇W_+計算檢定統計量。

· 左尾檢定時，選擇W_-計算檢定統計量。

假設 W_+和 W_-之抽樣分配趨近常態、大樣本數、$n \geq 8$、$n > 20$、$\frac{n(n+1)}{2} > 20$或 $n > 30$⋯等等，則使用 Z 檢定。因為目前判斷樣本數大小的方法不一，因此本例題 以 Z 檢定的方法分析。所以檢定統計量計算公式及結果如下：

$$Z = \frac{W - \mu_w}{\sigma_w} = \frac{20 - 22.5}{8.44} = -0.27$$

其中$W = \min(W_+, W_-)$，即W為W_+和W_-兩數中最小者，所以此處的$W = W_+$。

4. 決定臨界值

如果顯著水平 $\alpha = 0.05$，在雙尾的情況下，臨界值為± 1.96。

5. 結論

因檢定統計量$Z = -0.27$，落在接受域中，所以接受虛無假說 H_0，拒絕對立假 說 H_1，表示餵食老鼠 Monacolin K 之前與之後的肝指數 GPT 沒有顯著性差異；亦 即 $p > \alpha$或 $p > 0.05$。

End

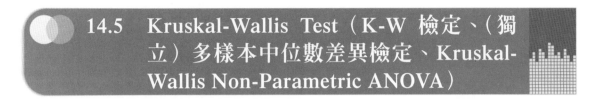

14.5　Kruskal-Wallis　Test（K-W　檢定、（獨立）多樣本中位數差異檢定、Kruskal-Wallis Non-Parametric ANOVA）

K-W 檢定主要用於三組樣本（含）以上的比較方法，並且各組的樣本數至少要≥ 5 以上，通常應用於檢定各組非常態分布的獨立母群體之間的統計量是否完全相同，檢定的資料主要屬於序位尺度。

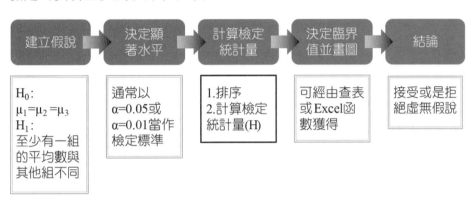

➘ 圖 14.4　Kruskal-Wallis test 檢定步驟圖示

範例說明

14.3

假設有二種新藥 A 與 B 宣稱對降低三酸甘油酯具有很好的功效，今欲同時證明是否與臨床用藥 C 具有相同的功效，所以利用某種高三酸甘油酯的 CII 老鼠，將老鼠分成三組，每組五隻進行實驗。以下為 CII 老鼠餵食 A、B、C 三種藥物後，血液中三酸甘油酯的濃度(mg/dL)：

	A	B	C
1	121	121	107
2	119	70	68
3	111	96	84
4	125	113	75
5	129	88	96

未餵食前老鼠血液中三酸甘油酯的平均濃度為 307±35 mg/dL。

請問這三種藥對於降低三酸甘油酯是否具有相同的功效？

1. 建立假說

H₀：$\mu_1 = \mu_2 = \mu_3$（即三組老鼠血液中三酸甘油酯的平均濃度相同）；

H₁：至少有一組老鼠血液中三酸甘油酯的平均濃度與其他兩組不同。

2. 顯著水平

分別以顯著水平 $\alpha = 0.01$ 或 $\alpha = 0.05$ 討論之。

3. 排序並計算檢定統計量(H)

	A	B	C
1	121	121	107
2	119	70	68
3	111	96	84
4	125	113	75
5	129	88	96

經排序後為：

	非素食	2 餐素	全素
1	$r_{11} = 12.5$	$r_{21} = 12.5$	$r_{31} = 8$
2	$r_{12} = 11$	$r_{22} = 2$	$r_{32} = 1$
3	$r_{13} = 9$	$r_{23} = 6.5$	$r_{33} = 4$
4	$r_{14} = 14$	$r_{24} = 10$	$r_{34} = 3$
5	$r_{15} = 15$	$r_{25} = 5$	$r_{35} = 6.5$
	$R_1 = 61.5$	$R_2 = 36$	$R_3 = 22.5$

$$R_1 = \sum_{j=1}^{n} r_{1j} = \sum_{j=1}^{5} r_{1j} = r_{11} + r_{12} + r_{13} + r_{14} + r_{15} = 12.5 + 11 + 9 + 14 + 15 = 61.5$$

$$R_2 = \sum_{j=1}^{n} r_{2j} = \sum_{j=1}^{5} r_{2j} = r_{21} + r_{22} + r_{23} + r_{24} + r_{25} = 12.5 + 2 + 6.5 + 10 + 5 = 36$$

$$R_3 = \sum_{j=1}^{n} r_{3j} = \sum_{j=1}^{5} r_{3j} = r_{31} + r_{32} + r_{33} + r_{34} + r_{35} = 8 + 1 + 4 + 3 + 6.5 = 22.5$$

其中R_1、R_2和R_3分別為各組之排序和。

檢定統計量 H 計算如下：

$$\begin{aligned}
H &= \frac{12}{N(N+1)} \sum_{j=1}^{k} \frac{R_j^2}{n_j} - 3(N+1) = \frac{12}{15(15+1)} \left(\frac{61.5^2}{5} + \frac{36^2}{5} + \frac{22.5^2}{5} \right) - 3(15+1) \\
&= \frac{12}{240} \left(\frac{3782.25}{5} + \frac{1296}{5} + \frac{506.25}{5} \right) - 3(15+1) \\
&= \frac{12}{240} \left(\frac{5584.5}{5} \right) - 3(15+1) = 55.845 - 48 = 7.845
\end{aligned}$$

其中

k：組數

n_j：j 組的樣本數

N：總樣本數

R_j：j 組的排序和

4. 臨界值

　　經查 Kruskal-Wallis test 表，在三組樣本數分別為 5、5、5 的條件下，當 α =0.01 時，臨界值為 7.98 時，或當 α =0.05 時，臨界值為 5.66 時。

5. 結論（ α =0.01 或 α =0.05）

- 如以 α =0.01 為顯著水平，因檢定統計量 H=7.845 小於臨界值 7.98，所以接受虛無假說，表示這三種藥物對於降低三酸甘油酯具有相同的功效；亦即 $p>\alpha$ 或 $p>0.01$。

- 如以 α =0.05 為顯著水平，因檢定統計量 H=7.845 大於臨界值 5.78，所以拒絕虛無假說，表示至少有一種藥物對於降低三酸甘油酯與其他藥物具有不同的功效；亦即 $p<\alpha$ 或 $p<0.05$。

End

14.6　費雪精確性檢定(Fisher's Exact Test)

在卡方檢定中，如果 2×2 列聯表（即自由度=(2–1)×(2–1)=1）內至少有一細格 (cell)，其期望值小於 5，或所有細格的期望值總和小於 20 時，則必須使用費雪精確性檢定(Fisher's exact test)。

此檢定是在 1935 年由統計學家費雪針對小樣本數所提出的檢定方法。當計算實際觀察值的機率時，必須固定邊際總和（margin total or marginal frequency or marginal distribution；或稱為邊際次數），也就是(a+b)、(c+d)、(a+c)與(b+d)的值不變，接著計算在此假設下發生的機率。之後，找出(a, b, c, d)四個數字中最小的一個，然後減 1，再固定邊際次數，調整其他 3 個數字並計算機率，直到最小的數字改變成 0。這些機率總和即為單尾檢定（右尾）中的 p 值。

其假說陳述如下：

H_0：X 類別變項與 Y 類別變項之間沒有關聯性；

H_1：X 類別變項與 Y 類別變項之間具有關聯性。

p 值計算方法如下：

		X類別變項		
		X1	X2	總和
Y類別變項	Y1	a	b	a+b
	Y2	c	d	c+d
	總和	a+c	b+d	a+b+c +d=N

$$p_i = \binom{a+b}{a}\binom{c+d}{c} \Big/ \binom{N}{a+c} = \left(\frac{(a+b)!}{a!\,b!}\right)\left(\frac{(c+d)!}{c!\,d!}\right) \Big/ \left(\frac{N!}{(a+c)!\,(b+d)!}\right)$$

$$= \frac{(a+b)!\,(c+d)!\,(a+c)!\,(b+d)!}{N!\,a!\,b!\,c!\,d!}$$

其中，

$$\binom{a+b}{a} = \frac{(a+b)!}{a!\,[(a+b)-a]!} = \frac{(a+b)!}{a!\,b!}$$

$$\binom{c+d}{c} = \frac{(c+d)!}{c!\,[(c+d)-c]!} = \frac{(c+d)!}{c!\,d!}$$

$$\binom{N}{a+c} = \frac{N!}{(a+c)!\,[N-(a+c)]!} = \frac{N!}{(a+c)!\,(b+d)!}$$

(N=a+b+c+d)

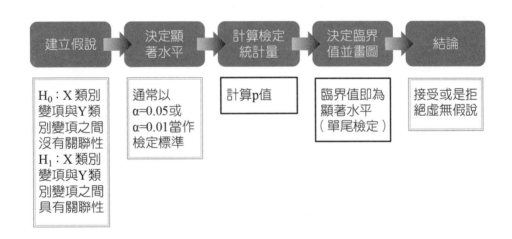

▶ 圖 14.5　費雪精確性檢定步驟圖示

　　住院病人如果使用導尿管超過 1 週，可能容易造成膀胱發炎。今調查某家醫院 19 名使用導尿管的住院病人，其使用導尿管情形與罹患膀胱炎的結果如下：

	膀胱發炎	無膀胱發炎	總和
使用導尿管超過 1 週	3	2	5
使用導尿管未滿 1 週	3	11	14
總和	6	13	19

　　請問膀胱發炎與使用導尿管超過 1 週有無關聯性（顯著水平 α=0.05）？

 解答

1. 建立假說

　　H_0：膀胱發炎與使用導尿管超過 1 週沒有關聯性；

　　H_1：膀胱發炎與使用導尿管超過 1 週具有關聯性。

2. 決定臨界值

　　顯著水平 α=0.05

3. 計算檢定統計量（即 p 值）

步驟一：計算下列情況發生的機率。

	膀胱發炎	無膀胱發炎	總和
使用導尿管超過 1 週	3	2	5
使用導尿管未滿 1 週	3	11	14
總和	6	13	19

$$p_1 = \frac{(a+b)!\,(c+d)!\,(a+c)!\,(b+d)!}{N!\,a!\,b!\,c!\,d!} = \frac{(3+2)!\,(3+11)!\,(3+3)!\,(2+11)!}{19!\,3!\,2!\,3!\,11!}$$

$$= \frac{(3+2)!\,(3+11)!\,(3+3)!\,(2+11)!}{19!\,3!\,2!\,3!\,11!} = 0.134$$

步驟二：找出上表中最小的數字(b = 2)，然後 b 減 1，接著固定四個邊際總和，並調整 a、c 和 d 的數值，最後計算下列情況發生的機率。

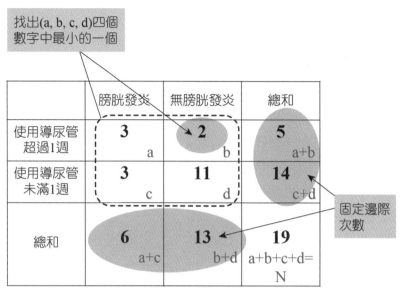

找出(a, b, c, d)四個
數字中最小的一個

	膀胱發炎	無膀胱發炎	總和
使用導尿管 超過1週	**3** a	**2** b	**5** a+b
使用導尿管 未滿1週	**3** c	**11** d	**14** c+d
總和	**6** a+c	**13** b+d	**19** a+b+c+d= N

固定邊際
次數

↘ 圖 14.6　費雪精確性檢定檢定計算圖示

	膀胱發炎	無膀胱發炎	總和
使用導尿管超過 1 週	4	1	5
使用導尿管未滿 1 週	2	12	14
總和	6	13	19

$$p_2 = \frac{(a+b)!\,(c+d)!\,(a+c)!\,(b+d)!}{N!\,a!\,b!\,c!\,d!} = \frac{(4+1)!\,(2+12)!\,(4+2)!\,(1+12)!}{19!\,4!\,1!\,2!\,12!} = 0.017$$

步驟三：重複步驟二，找出上表中最小的數字(b = 1)，然後 b 再減 1，接著固定四個邊際總和，並調整 a、c 和 d 的數值，最後計算下列情況發生的機率

	膀胱發炎	無膀胱發炎	總和
使用導尿管超過 1 週	5	0	5
使用導尿管未滿 1 週	1	13	14
總和	6	13	19

$$p_3 = \frac{(a+b)!\,(c+d)!\,(a+c)!\,(b+d)!}{N!\,a!\,b!\,c!\,d!} = \frac{(5+0)!\,(1+13)!\,(5+1)!\,(0+13)!}{19!\,5!\,0!\,1!\,13!} = 0.001$$

$$p = 0.134 + 0.017 + 0.001 = 0.152$$

4. 決定臨界值

   如果顯著水平 α=0.05，則臨界值亦為 0.05

5. 結論

   因為

$$p = 0.152 > \alpha$$

所以接受 H_0，表示該醫院住院病人得到膀胱炎與使用導尿管超過一週沒有關聯性；亦即 $p > \alpha$ 或 $p > 0.05$。

End

 ## 14.7　McNemar 檢定(McNemar's Test or McNemar's Chi-Square Test)

McNemar 檢定是在西元 1947 年由統計學家 Quinn McNemar 引進，原用於分析基因不平衡聯結(linkage disequilibrium)的現象。目前則廣泛應用於具有二分變項(dichotomous variable)資料的 2×2 列聯表的分析，且是配對的樣本(paired sample)。McNemar 檢定主要探討實驗前後，觀察對象的某項特性是否改變。例如，比較藥物治療前後，同批病人的某項症狀是否改善（此處只有「有改善」與「沒改善」兩種結果）；或是比較兩種不同的檢驗方法，對同一批受檢驗者的檢驗結果是否相同（此處只有「陽性」與「陰性」兩種結果）等等。

		實驗 1		
		是	否	總和
實驗 2	是	a	b	a + b
	否	c	d	c + d
	總和	a + c	b + d	N=a+b+c+d

檢定統計量計算如下：

$$x^2 = \frac{(b-c)^2}{(b+c)}$$

		實驗1		
		是	否	總和
實驗2	是	a	b	a + b
	否	c	d	c + d
	總和	a + c	b + d	N=a+b+c+d

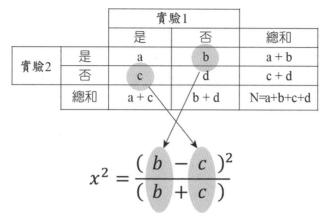

$$x^2 = \frac{(b - c)^2}{(b + c)}$$

圖 14.7　McNemar 檢定計算圖示

當此調查之自由度為 1 時，則可進行連續性校正，公式如下：

$$x^2 = \frac{(|b - c| - 1)^2}{(b + c)}$$

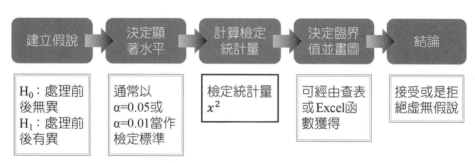

圖 14.8　McNemar 檢定法檢定步驟圖示

14.5 範例說明

今科學家想瞭解藥物 X 對於治療疾病 Y 是否有效，因此隨機召募了 295 的受試者，給予固定劑量的藥物 X，並且在受試前後進行疾病的診斷。以下為實驗結果：

		治療後		
		有病	沒病	總計
治療前	有病	95	114	209
	沒病	55	31	86
	總計	150	145	295

請問藥物 X 對治療疾病 Y 有無療效？($\alpha = 0.05$)

解答

1. 建立假說

   H_0：藥物 X 對治療疾病 Y 無效（即藥物治療前後，對疾病沒有改善）；

   H_1：藥物 X 對治療疾病 Y 有效（即藥物治療前後，對疾病有改善）。

2. 決定顯著水平

$$\alpha = 0.05$$

3. 計算檢定統計量

$$x^2 = \frac{(b-c)^2}{(b+c)} = \frac{(114-55)^2}{(114+55)} = \frac{59^2}{169} = \frac{3481}{169} = 20.60$$

4. 決定臨界值

   當 $\alpha = 0.05$，在自由度為 1 的情況下，卡方分布的臨界值 $x^2_{(1,\ 0.05)} = 3.841$。

5. 結論

   因檢定統計量 $x^2 = 20.60 > 3.841$，所以拒絕虛無假設 H_0，接受對立假設 H_1，表示藥物 X 對治療疾病 Y 有效；亦即 $p<\alpha$ 或 $p<0.05$。

End

   另外，因其自由度=1，也可以使用統計學家 Edwards 在 1948 年提出的連續性校正方法：

$$x^2 = \frac{(|b-c|-1)^2}{(b+c)}$$

   結果計算如下：

$$x^2 = \frac{(|b-c|-1)^2}{(b+c)} = \frac{(|114-55|-1)^2}{(114+55)} = \frac{(59-1)^2}{169} = \frac{3364}{169} = 19.91$$

   與原計算分法之結論無異。

14.8 Cochran's Q Test

Cochran's Q test 是由統計學家 William Gemmell Cochran (1909-1980)所提出的無母數統計方法，主要應用於比較三組以上之成對（相依或非獨立）樣本資料是否相關的統計分析方法。通常適用於具二元結果（dichotomous outcome，如 1 代表成功，0 代表失敗）的變項資料。

↘ 圖 14.9　統計學家 William Gemmell Cochran

	處理方式 1	處理方式 2	···	處理方式 k	總計
受試者 1	X_{11}	X_{12}	···	X_{1k}	X_{1*}
受試者 2	X_{21}	X_{22}	···	X_{2k}	X_{2*}
受試者 3	X_{31}	X_{32}	···	X_{3k}	X_{3*}
⋮	⋮	⋮	···	⋮	⋮
受試者 b	X_{b1}	X_{b2}	···	X_{bk}	X_{b*}
總計	X_{*1}	X_{*2}	···	X_{*k}	N

其假說建立如下：

H_0：不同的處理方式具有相同的效果；

H_1：不同的處理方式具有不同的效果。

檢定統計量（以英文字母 T 代表）的計算如下：

$$T = k(k-1) \frac{\sum_{j=1}^{k}(X_{*j} - \frac{N}{k})^2}{\sum_{i=1}^{b} X_{i*}(k - X_{i*})}$$

$$T = \frac{k(k-1)\left[\sum_{j=1}^{k}\left(X_{*j} - \frac{N}{k}\right)^2\right]}{\sum_{i=1}^{b} X_{i*}(k - X_{i*})}$$

k：處理方式

b：受試者的人數

X_{*j}：各直欄的總和

X_{i*}：各橫列的總和

N：總和

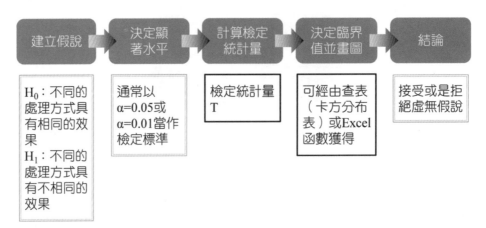

↘ 圖 14.10　Cochran's Q test 檢定步驟圖示

範例說明

14.6

　　今隨機召募 10 個罹患某疾病的受試者，接受三種該疾病的治療方法（以 T1、T2 及 T3 代表），結果如下表：

	T1	T2	T3	總計
受試者 1	1	1	0	2
受試者 2	0	0	0	0
受試者 3	1	0	0	1

	T1	T2	T3	總計
受試者 4	1	0	0	1
受試者 5	1	1	0	2
受試者 6	0	1	0	1
受試者 7	1	0	0	1
受試者 8	0	0	0	0
受試者 9	1	1	1	3
受試者 10	1	1	0	2
總計	7	5	1	13

治療有效以數字 1 代表，無效以數字 0 代表。

請問不同的治療方式是否具有相同的療效？(α=0.05)

 解答

1. 建立假說

   H_0：不同的治療方式具有相同的療效；

   H_1：不同的治療方式具有不同的療效。

2. 決定顯著水平

   α=0.05

3. 計算檢定統計量(T)

$$T = \frac{k(k-1)\left[\sum_{j=1}^{k}\left(X_{*j} - \frac{N}{k}\right)^2\right]}{\sum_{i=1}^{b} X_{i*}(k - X_{i*})}$$

$$= \frac{3(3-1)\left[\left(7 - \frac{13}{3}\right)^2 + \left(5 - \frac{13}{3}\right)^2 + \left(1 - \frac{13}{3}\right)^2\right]}{2(3-2) + 0(3-0) + 1(3-1) + 1(3-1) + 2(3-2) + 1(3-1) + 1(3-1) + 0(3-0) + 3(3-3) + 2(3-2)}$$

$$= \frac{6*(2.67^2 + 0.67^2 + (-3.33)^2)}{2+0+2+2+2+2+2+0+0+2} = \frac{6(7.13 + 0.45 + 11.09)}{2+0+2+2+2+2+2+0+0+2} = \frac{112.02}{14} = 8.00$$

4. 決定臨界值

   經查卡方分布表，在 α=0.05，自由度=2 的條件下，臨界值=5.991465

5. 結論

所以T = 8.00 > 5.991465，故拒絕虛無假說，接受對立假說，表示不同的治療方式具有不同的療效；亦即 $p<\alpha$ 或 $p<0.05$。

End

14.9　Cohen's Kappa

Cohen's Kappa 主要適用於一致性(agreement)的檢定，亦即對同一現象，但不同觀察結果之間的比較。

κ 值計算公式如下：

$$\kappa = \frac{(p_o - p_e)}{(1 - p_e)}$$

其中，p_o 為資料一致性的觀察機率或比例；p_e 為資料一致性預期的機率或比例。

		調查 1		
		X值	Y值	總和
調查2	X值	A	B	A+B
	Y值	C	D	C+D
	總和	A+C	B+D	A+B+C+D

上表中，一致性的資料為 A（兩個調查均為 X 值）和 D（兩個調查均為 Y值）。

$$p_o = \frac{(A + D)}{(A + B + C + D)}$$

A 的期望值(E_A)：$(A + B + C + D)\left(\frac{A+C}{A+B+C+D}\right)\left(\frac{A+B}{A+B+C+D}\right) = \frac{(A+C)(A+B)}{(A+B+C+D)}$

B 的期望值(E_B)：$(A + B + C + D)\left(\frac{B+D}{A+B+C+D}\right)\left(\frac{A+B}{A+B+C+D}\right) = \frac{(B+D)(A+B)}{(A+B+C+D)}$

C 的期望值(E_C)：$(A + B + C + D)\left(\frac{A+C}{A+B+C+D}\right)\left(\frac{C+D}{A+B+C+D}\right) = \frac{(A+C)(C+D)}{(A+B+C+D)}$

D 的期望值(E_D)：$(A + B + C + D)\left(\frac{B+D}{A+B+C+D}\right)\left(\frac{C+D}{A+B+C+D}\right) = \frac{(B+D)(C+D)}{(A+B+C+D)}$

$$p_e = \frac{(E_A + E_D)}{(E_A + E_B + E_C + E_D)}$$

$$= \frac{\dfrac{(A+C)(A+B)}{(A+B+C+D)} + \dfrac{(B+D)(C+D)}{(A+B+C+D)}}{\dfrac{(A+C)(A+B)}{(A+B+C+D)} + \dfrac{(B+D)(A+B)}{(A+B+C+D)} + \dfrac{(A+C)(C+D)}{(A+B+C+D)} + \dfrac{(B+D)(C+D)}{(A+B+C+D)}}$$

κ 值代表的意義

κ 值	一致性程度
≤ 0.20	差
$0.21 \sim 0.40$	尚可
$0.41 \sim 0.60$	中等
$0.61 \sim 0.80$	很好
$0.81 \sim 1.00$	非常好

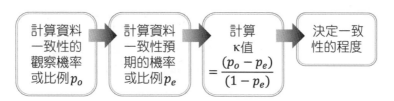

↘ 圖 14.11　Cohen's Kappa 檢定法檢定步驟圖示

範例說明

根據第五章「範例說明 5.10」的資料，在一項含 297 個病人血清檢體的「抗含瓜胺酸蛋白質抗體」(anti-citrullinated protein antibodies, ACPA or Anti-CCP)試驗中，其中依據 Classification Criteria for Rheumatic Diseases(ACR criteria)有 85 個人確診為類風濕性關節炎，其餘 212 為非 RA 病人，經 ACPA 試驗後，得到以下的實驗數據，請問此種 ACPA 檢驗方法是否可靠？

	疾病	
	RA病人	非RA病人
檢驗結果 +	64	12
檢驗結果 −	21	200

 解答

$$p_o = \frac{(A+D)}{(A+B+C+D)} = \frac{64+200}{64+12+21+200} = \frac{264}{297} = 0.889$$

A 的期望值(E_A)：$\frac{(A+C)(A+B)}{(A+B+C+D)} = \frac{85*76}{297} = \frac{6460}{297} = 21.75$

B 的期望值(E_B)：$\frac{(B+D)(A+B)}{(A+B+C+D)} = \frac{212*76}{297} = \frac{16112}{297} = 54.25$

C 的期望值(E_C)：$\frac{(A+C)(C+D)}{(A+B+C+D)} = \frac{85*221}{297} = \frac{18785}{297} = 63.25$

D 的期望值(E_D)：$\frac{(B+D)(C+D)}{(A+B+C+D)} = \frac{212*221}{297} = \frac{46852}{297} = 157.75$

$$p_e = \frac{(E_A + E_D)}{(E_A + E_B + E_C + E_D)} = \frac{(21.75 + 157.75)}{(21.75 + 54.25 + 63.25 + 157.75)} = \frac{179.5}{297} = 0.604$$

$$\kappa = \frac{(p_o - p_e)}{(1 - p_e)} = \frac{(0.889 - 0.604)}{(1 - 0.604)} = \frac{0.285}{0.396} = 0.720$$

結論：有很好的一致性，因此推論 ACPA 是一種檢驗類風濕性關節炎的可靠方法。

End

課後習題

1. 請以曼－惠特尼 U 檢定法(Mann-Whitney U test)檢定以下兩組樣本的母體分布是否相同（假設趨近於常態分布）。(α=0.01)

編號	樣本 1	樣本 2
1	5	5
2	2	6
3	4	7
4	4	7
5	3	6
6	3	8
7		9
8		7

2. 請以 Wilcoxon signed-rank test 進行以下成對樣本資料的顯著性差異。(α=0.01)

編號	試驗前 x_i	試驗後 x_i'
1	60	62
2	56	59
3	61	57
4	66	58
5	61	71
6	59	59
7	58	65
8	66	72
9	57	65
10	63	69
11	72	69

編號	試驗前 x_i	試驗後 x_i'
12	63	75
13	56	70
14	62	60

3. 為了研究 0 素食是否會造成尿酸過高，今從同一母體隨機抽樣 12 人，分為非素食、2 餐素及全素三組，每組樣本數分別為 5、4、3，經過 1 個月後的控制性機能飲食實驗後，測其尿酸值(mg/dL)，結果如下：

	非素食 ($n_1 = 4$)	2 餐素 ($n_1 = 3$)	全素 ($n_1 = 2$)
1	6.8	6.6	6.0
2	6.0	5.9	5.7
3	6.5	6.4	6.3
4	5.5	6.1	
5	5.8		

請以 Kruskal-Wallis test 檢定上述三組資料的平均數是否相等。（ α =0.01 或 α =0.05）

4. 某疾病疑與 X 基因的突變有關。今隨機抽樣 18 個人，並檢查是否患有該疾病，並進行 X 基因的 DNA 定序，以下為定序結果：

請以 Fisher's exact test 檢定某疾病是否與 X 基因的突變有關。（ α =0.01 或 α =0.05）

5. 請以 McNemar's test 檢定實驗前後，觀察對象的某項特性是否改變。（$\alpha = 0.01$）

		後		
		是	否	總計
前	是	76	21	97
	否	35	126	161
	總計	111	147	258

6. 在卡方檢定中，如果 2×2 列聯表（即自由度=(2–1)×(2–1)=1）內至少有一細格 (cell)，其期望值小於 5，或所有細格的期望值總和小於 20 時，則必須使用何種檢定？

7. 在卡方檢定中，如果 2×2 列聯表（即自由度=(2–1)×(2–1)=1）主要探討實驗前後，觀察對象的某項特性是否改變（即配對的樣本），則可用何種檢定？

8. 請以下列之結果，利用 Cohen's Kappa 方法計算 κ 值。

		B	B
		Yes	No
A	Yes	20	5
A	No	10	15

[參考文獻]

1. Bagdonavicius, V., Kruopis, J., Nikulin, M.S.(2011). "Non-parametric tests for complete data", ISTE & WILEY: London & Hoboken. ISBN 978-1-84821-269-5.

2. Stuart A., Ord J.K, Arnold S.(1999), Kendall's Advanced Theory of Statistics: Volume 2A－Classical Inference and the Linear Model, sixth edition, §20.2–20.3

3. Hettmansperger, T. P.; McKean, J. W.(1998). Robust nonparametric statistical methods. Kendall's Library of Statistics 5(First ed.). London: Edward Arnold. New York: John Wiley and Sons, Inc. pp. xiv+467 pp. ISBN 0-340-54937-8.

4. Carletta, Jean.(1996)Assessing agreement on classification tasks: The kappa statistic. Computational Linguistics, 22(2), pp. 249–254.

5. Strijbos, J.; Martens, R.; Prins, F.; Jochems, W.(2006). "Content analysis: What are they talking about?". Computers & Education 46: 29–48.

6. Uebersax, JS.(1987). "Diversity of decision-making models and the measurement of interrater agreement"(PDF). Psychological Bulletin 101: 140–146.

7. Nakagawa, Shinichi; Cuthill, Innes C(2007). "Effect size, confidence interval and statistical significance: a practical guide for biologists". Biological Reviews Cambridge Philosophical Society 82(4): 591–605.

8. Galton, F.(1892). Finger Prints Macmillan, London.

9. Smeeton, N.C.(1985). "Early History of the Kappa Statistic". Biometrics 41: 795.

10. Cohen, Jacob(1960). "A coefficient of agreement for nominal scales". Educational and Psychological Measurement 20(1): 37–46.

11. Kerby, D. S.(2014). The simple difference formula: An approach to teaching nonparametric correlation. Innovative Teaching, volume 3, article 1.

12. William G. Cochran(December 1950). "The Comparison of Percentages in Matched Samples". Biometrika 37(3/4): 256–266. JSTOR http://www.jstor.org/stable/2332378.

13. Conover, William Jay(1999). Practical Nonparametric Statistics(Third Edition ed.). Wiley, New York, NY USA. pp. 388–395. ISBN 9780471160687.

14. Corder, G.W. & Foreman, D.I.(2009). Nonparametric Statistics for Non-Statisticians: A Step-by-Step Approach, Wiley. ISBN 978-0-470-45461-9.

15. Mann, Henry B.; Whitney, Donald R.(1947). "On a Test of Whether one of Two Random Variables is Stochastically Larger than the Other". Annals of Mathematical Statistics 18(1): 50–60.

16. Fay, Michael P.; Proschan, Michael A.(2010). "Wilcoxon–Mann–Whitney or t-test? On assumptions for hypothesis tests and multiple interpretations of decision rules". Statistics Surveys 4: 1–39.

17. Zar, Jerrold H.(1998). Biostatistical Analysis. New Jersey: Prentice Hall International, INC. p. 147. ISBN 0-13-082390-2.

18. McNemar, Quinn(June 18, 1947). "Note on the sampling error of the difference between correlated proportions or percentages". Psychometrika 12(2): 153–157.

19. Spielman RS; McGinnis RE; Ewens WJ(Mar 1993). "Transmission test for linkage disequilibrium: the insulin gene region and insulin-dependent diabetes mellitus(IDDM)". Am J Hum Genet. 52(3): 506–16.

20. Yates, F(1934). Contingency table involving small numbers and the $\chi 2$ test. Supplement to the Journal of the Royal Statistical Society 1(2), 217–235.

21. Fisher, R. A.(1922). "On the interpretation of $\chi 2$ from contingency tables, and the calculation of P". Journal of the Royal Statistical Society 85(1): 87-94.

22. Fisher, R.A.(1954). Statistical Methods for Research Workers. Oliver and Boyd.

23. Agresti, Alan(1992). "A Survey of Exact Inference for Contingency Tables". Statistical Science 7(1): 131-153.

24. Mehta, Cyrus R; Patel, Nitin R; Tsiatis, Anastasios A(1984), "Exact significance testing to establish treatment equivalence with ordered categorical data", Biometrics 40: 819–825.

25. Kilem Gwet(May 2002). "Inter-Rater Reliability: Dependency on Trait Prevalence and Marginal Homogeneity". Statistical Methods for Inter-Rater Reliability Assessment 2: 1–10.

26. Glantz, S. A.(2005). primer on biostatistics(6th ed.). New York, NY: McGraw-Hill Medical. p. 356.

27. Edwards, A(1948). "Note on the "correction for continuity" in testing the significance of the difference between correlated proportions". Psychometrika 13: 185–187.

28. Fleiss, J. L.(1981). Statistical methods for rates and proportions(2nd ed.). New York: John Wiley & Sons. p. 114. ISBN 0-471-06428-9.

29. Bakeman, R.; Gottman, J.M.(1997). Observing interaction: An introduction to sequential analysis(2nd ed.). Cambridge, UK: Cambridge University Press. ISBN 0-521-27593-8.

30. Fleiss, J.L.; Cohen, J.; Everitt, B.S.(1969). "Large sample standard errors of kappa and weighted kappa". Psychological Bulletin 72: 323–327.

31. Wilkinson, Leland; APA Task Force on Statistical Inference(1999). "Statistical methods in psychology journals: Guidelines and explanations". American Psychologist 54(8): 594–604.

32. Gibbons, Jean Dickinson and Chakraborti, Subhabrata(2003). Nonparametric Statistical Inference, 4th Ed. CRC. ISBN 0-8247-4052-1.

33. Wilcoxon, Frank(Dec 1945). "Individual comparisons by ranking methods". Biometrics Bulletin 1(6): 80–83.

34. Siegel, Sidney(1956). Non-parametric statistics for the behavioral sciences. New York: McGraw-Hill. pp. 75–83.

35. Ikewelugo Cyprian Anaene Oyeka(Apr 2012). "Modified Wilcoxon Signed-Rank Test". Open Journal of Statistics: 172–176.

36. Lehman, Ann(2005). Jmp For Basic Univariate And Multivariate Statistics: A Step-by-step Guide. Cary, NC: SAS Press. p. 123. ISBN 1-59047-576-3.

37. Myers, Jerome L.; Well, Arnold D.(2003). Research Design and Statistical Analysis(2nd ed.). Lawrence Erlbaum. p. 508. ISBN 0-8058-4037-0.

38. Maritz, J. S.(1981). Distribution-Free Statistical Methods. Chapman & Hall. p. 217. ISBN 0-412-15940-6.

39. Yule, G. U.; Kendall, M. G.(1968). An Introduction to the Theory of Statistics(14th ed.). Charles Griffin & Co. p. 268.

40. Piantadosi, J.; Howlett, P.; Boland, J.(2007). "Matching the grade correlation coefficient using a copula with maximum disorder". Journal of Industrial and Management Optimization 3(2): 305–312.

41. Choi, S. C.(1977). "Tests of Equality of Dependent Correlation Coefficients". Biometrika 64(3): 645–647.

42. Kendall, M. G.; Babington Smith, B.(Sep 1939). "The Problem of m Rankings". The Annals of Mathematical Statistics 10(3): 275–287.

43. Corder, G.W., Foreman, D.I.(2009).Nonparametric Statistics for Non-Statisticians: A Step-by-Step Approach Wiley, ISBN 978-0-470-45461-9

44. Dodge, Y(2003)The Oxford Dictionary of Statistical Terms, OUP. ISBN 0-19-920613-9

45. Legendre, P(2005)Species Associations: The Kendall Coefficient of Concordance Revisited. Journal of Agricultural, Biological and Environmental Statistics, 10(2), 226–245.

46. Siegel, Sidney; N. John Castellan, Jr.(1988). Nonparametric Statistics for the Behavioral Sciences(2nd ed.). New York: McGraw-Hill. p. 266. ISBN 0-07-057357-3.

47. Durkalski, V.L.; Palesch, Y.Y.; Lipsitz, S.R.; Rust, P.F.(2003). "Analysis of clustered matched-pair data". Statistics in medicine 22(15): 2417–28.

48. Rice, John(1995). Mathematical Statistics and Data Analysis(Second ed.). Belmont, California: Duxbury Press. pp. 492–494. ISBN 0-534-20934-3.

49. Liddell, D.(1976). "Practical Tests of 2 × 2 Contingency Tables". Journal of the Royal Statistical Society 25(4): 295–304.

50. Cochran, W.G.(1950). The Comparison of Percentages in Matched Samples. Biometrika, 37, 256-66.

51. Higgins, J.P.T., Thompson, S.G., Deeks, J.J., Altman, D.G.(2003). Measuring inconsistency in meta-analyses. BMJ, 327, 557-560.

Illustrated

Biostatistics

Complemented

with

Microsoft Excel

基礎品管學與統計分析

Basic Quality Control and Statistical Analysis

Chapter **15**

 學習目標 LEARNING OBJECTIVES

- 瞭解生物統計學在品管的重要性
- 區分品質管制和品質保證之間的相關性
- 熟悉醫學實驗室品質管理的意涵與統計方法

15.1 品質管制(Quality Control, QC)和品質保證(Quality Assurance, QA)

1. 品質管制(quality control, QC)

主要針對操作技術本身，任何會影響產品品質的因素，進行監督與管控，也就是直接且微觀的對產品品質的要求。因此品質管制的目的在於發現產品本身的缺點。

2. 品質保證(quality assurance, QA)

則是對整個生產流程從頭到尾進行管控，以避免錯誤的發生或是瑕疵產品的出現，並且預防問題的產生及提供遭遇困難時的解決方案。也就是間接但巨觀的對產品品質的要求，因此品質保證的目的在於協助發展優良的產品。品質管制、品質保證與全面品質管理三者之間的關係以下圖表示：

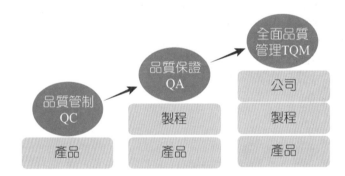

➘ 圖 15.1　品質管制、品質保證與全面品質管理的關係

15.2 品質管理(Quality Management, QM)

1. 品質的定義

ISO 9000（ISO: International Organization for Standardization 國際標準組織）對於品質有如下的定義－"*Degree to which a set of inherent characteristics fulfils requirements*"，即：「（產品或服務）所具有符合需求程度的一組固有特性」。

2. 品質管理(quality management, QM)

包括品質規劃(quality planning)、品質管制(quality control)、品質保證(quality assurance)和品質改進(quality improvement)等四個面向,用於確保機構、產品或是服務的品質能維持應有且固定的水準。

3. 品質管理演進的年代如下

- 西元 1910 年之前,品質檢查(quality inspection, QI):

主要是以眼睛來檢視產品的品質。找出產品非一致性(non-conformance)的來源並引進改正措施(corrective action)。

- 西元 1930-60 年,品質管制(quality control, QC):

此階段開始採用統計學的方法評估產品品質,並制定標準作業流程(standard operating procedure, SOP)、自主產品品質檢查、提供產品的性能數據(performance data)及測試服務、進行品質規劃(quality planning)等。

- 西元 1970-80 年品質保證(quality assurance, QA):

除了上述品質管制的做法外,還引進公正第三方的驗證及系統稽核(system audit),並制定品質手冊(quality manual)、進行成本及製程的管控,並配合效能的分析、失效模式的考量及非生產模式的操作等。

- 西元 1980 年-現在,全面品質管理(total quality management, TQM):

除了上述的作法外,同時也開始注重消費者的價值與需求,並強調領導統御的重要性、制定內部的業績指標和消除部門間的障礙等。

15.3 全面品質管理 (Total Quality Management, TQM)

現代全面品質管理(total quality management, TQM)的思考及執行模式,可歸納為下列五個主要的面向:

- 顧客至上(focus on consumer)

- 全員投入(involve all employees)

- 正確評估(accurate evaluation)

- 品質改善(quality improvement)

- 持續改進(continuous improvement)

↘ 圖 15.2　全面品質管理的五個面向

15.4 全面品質管理的執行策略－PDCA 循環 (Plan-Do-Check-Action Cycle, PDCA Cycle)

由美國學者愛德華茲‧戴明 (William Edwards Deming, 1900-1993)提出，用來改善產品的生產過程，並提高產品品質。PDCA 所代表的意義如下：

P（Plan 規劃）：根據預設的目標，擬定執行的計畫與制定相關的程序。

D（Do 執行）：根據擬定的計畫，確切的執行，並開始收集相關資料，以供接下來之查核(check)與行動(action)之需。

C（Check 查核）：研究真實的結果，並與預期的結果比較，以發現之間任何的差異性。

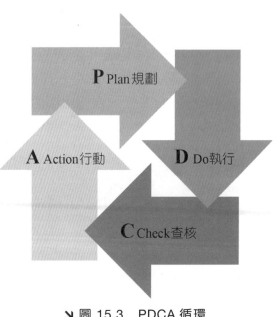

↘ 圖 15.3　PDCA 循環

A（Action 行動）：對於真實結果與預期結果之間的差異性，進行改正措施 (corrective action)。

15.5　醫學實驗室的品質管理 (Quality Management in Clinical Laboratory)

1. 醫學實驗室的定義

醫學實驗室(medical laboratory)也稱為臨床實驗室(clinical laboratory)，指進行病人檢體檢驗的實驗室，以獲知病人疾病的診斷(diagnosis)、治療(treatment)、預後(prognosis)，甚至是疾病的預防(prevention)等健康方面的資訊。

2. 醫學實驗室品質的定義

提供正確(accuracy)、可信(reliability)和快速的檢驗報告(timeliness of reported test results)，並且要有極高的正確率，亦即要把實驗室的檢驗誤差(error)降到最低。

目前臺灣及國際上醫學實驗室的品質管理制度主要遵循「ISO 9000」和「ISO15189」，而美國則還另有「Clinical Laboratory Improvement Amendments 1988」(CLIA'88)、「CLSI HS1: A Quality Management System Model for Health Care」及「CLSI GP26: Application of Quality Management System Model for Laboratory Services」(CLSI: Clinical and Laboratory Standards Institute)等規範。而在臺灣接受委託認證的機構主要是「財團法人全國認證基金會」(Taiwan Accreditation Foundation, TAF)，採用 ISO15189 的標準；另外，也可委託美國病理醫師學院(College of American Pathologists, CAP)進行認證，採用的標準則是CLIA'88 規範。

15.6　醫學實驗室品質管理系統 (Laboratory Quality Management System)

International Organization for Standardization (ISO)和 The Laboratory Standards Institute (CLSI)對醫學實驗室品質管理的定義如下：*"coordinated activities to direct and control an organization with regard to quality"*（在實驗室中，與引導、控制和整合品質的協調性活動）。實驗室品質的確保與維持，需仰賴許多的因素，其中較為重要的有下列幾個：

1. **實驗室環境**(laboratory environment)

2. **品質管制程序**(quality control procedures)

3. **溝通**(communications)

4. **紀錄及資料的保存**(record keeping)

5. **能力勝任與專業的員工**(competent and knowledgeable staff)

6. **品質優良的試劑與設備**(good-quality reagents and equipment)

15.7 醫學實驗室品質管理的十二要項 (Twelve Quality System Essentials)

根據美國「臨床與實驗室標準協會」(The Clinical and Laboratory Standards Institute, CLSI)所發展出來的架構，醫學實驗室品質管理系統包括了以下 12 個必要項目(quality system essentials, QSE)：

組織(organization)

人員(personnel)

設備(equipment)

採購與庫存(purchasing and inventory)

流程管控(process control)

資訊管理(information management)

文件與紀錄(documents and records)

事件管理(occurrence management)

評估測試(assessment)

流程改進(process improvement)

顧客服務(customer service)

設施與安全(facilities and safety)

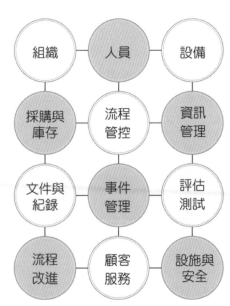

↘ 圖 15.4 醫學實驗室品質管理系統 12 個必要項目

15.8　醫學實驗室的品質管制與品質保證之間的關係

　　根據 ISO 的醫學實驗室品質管理系統(quality management system)，檢驗的流程分成檢查前（pre-examination 或 pre-test）、檢查中（examination 或 test）及檢查後（post-examination 或 post-test）等三個階段。等同於一般化學實驗室所稱的分析前(pre-analytical phase)、分析中(analytical phase)及分析後(post-analytical phase)等三個主要的階段，每個階段均會有適當的品質管制(QC)項目，例如：

1. 檢查前

檢驗項目申請
檢體採集與處理
檢體品質　　　--------->　品質管制項目
檢體退回
告知後同意(informed consent)

2. 檢查中

操作手冊
汙染防制
實驗室設計
設備維護　　　--------->　品質管制項目
員工的勝任能力
能力試驗
實驗室認證

3. 檢查後

檢驗結果發布
紀錄保存　　　--------->　品質管制項目
錯誤更正
病人隱私保護

　　而品質保證(QA)則是用於監督從檢查前、檢查中至檢查後所有會影響檢驗報告品質的過程，也就是監督從開立檢驗單到發出報告的整個流程。

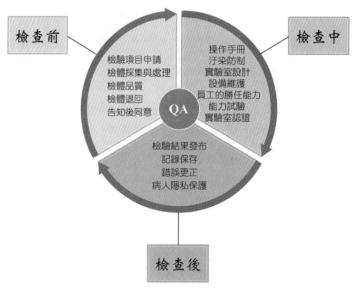

➥ 圖 15.5 　醫學實驗室品質管制與品質保證的關係

15.9　醫學實驗室品質管理系統的演進

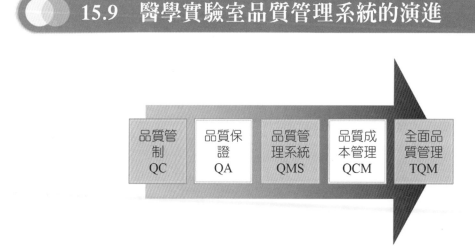

➥ 圖 15.6 　醫學實驗室品質管理系統的演進

　　其中，品質成本管理(quality cost management, QCM)：包括品質管制(quality control, QC)、品質保證(quality assurance, QA)和品質管理系統(quality management system, QMS)等三項，並且同時考量品質成本的經濟面。

15.10 醫學實驗室全面品質管理 (Total Quality Management (TQM) in Clinical Laboratory)

在醫學實驗室的全面品質管理(TQM)代表如下的涵義：

· **Total**→每個人的參與，從病人、醫師到檢驗人員都包括在內。

· **Quality**→不斷改善對病人的服務。

· **Management**→從持續加強檢驗能力、提高檢驗品質，到不斷吸收專業知識等。

醫學實驗室全面品質管理的實踐，特別著重在下面五個層面：

實驗室品質規範(quality laboratory practice, QLP)：包括分析的過程、一般政策、實踐，以及如何達成工作目標各個面向的步驟。

品質管制(quality control, QC)：著重在品管的統計過程，並且也包括非統計方面的查核程序。

品質保證(quality assurance, QA)：主要考量較大範圍的測量，及監控實驗室的效能表現（如檢驗報告的周轉時間(turnaround time)、檢體／病人的確認、測試工具…等）

品質改進(quality improvement, QI)：建立一個有系統追蹤問題根源、予以解決，並且改善的機制。

品質規劃(quality planning, QP)：提供擬定計畫的步驟。

 ## 15.11 品管與統計 (Quality Control and Statistics)

在醫學實驗室中，品質管制(quality control, QC)主要是利用生物統計學的方法，進行病人檢體檢驗過程的監控與檢驗結果品質的評估。品質管制(QC)通常會與病人的檢體同時進行檢驗，其結果再進行統計分析。QC 的結果經分析後，可用來確認檢驗過程是否正確、儀器設備是否正常運作等，以推論到病人的檢驗結果是否可靠。如果操作過程失誤、儀器未正確校正，最終都會導致檢驗結果的失真，而適當的 QC 可以發現這些潛在的問題。也就是說，QC 可以增加醫學實驗室檢驗的正確性，降低誤差並避免錯誤的發生。醫學實驗室的品質管制可分為以下兩種：

內部品質管制（internal quality control, IQC；簡稱「內部品管」）: 確保每次檢驗的結果能保持一致性(consistency)，這些品管是由實驗室內部執行，分為同次(within-run)、次間(between-run)或是不同天(day-to-day)結果的比較。

外部品質評量（external quality assessment, EQA；簡稱「外部品管」、「外部品質評量」或「院際品管」）: 由國家委託公正的第三方或機構執行，通常需要比較不同實驗室之間的檢驗品質。

品管常用的統計方法如下：

1. 樣本平均數($\bar{x}$)的計算（詳見本書第四章）

$$\bar{x} = \left[\sum_{i=1}^{n} x_i\right] \div n = \frac{x_1 + x_2 + x_3 + \cdots + x_n}{n}$$

2. 樣本標準差(s)的計算（詳見本書第四章）

$$s = \sqrt{\frac{\sum_{i=1}^{n}(x_i - \bar{x})^2}{n-1}} = \sqrt{\frac{[(x_1 - \bar{x})^2 + (x_2 - \bar{x})^2 + (x_3 - \bar{x})^2 + \cdots + (x_n - \bar{x})^2]}{n-1}}$$

3. 變異係數(coefficient of variation, CV)（詳見本書第四章）

$$CV = \frac{s}{\bar{x}} \times 100\%$$

4. 變異係數比(coefficient of variation ratio, CVR)

$$CVR = \frac{CV_L}{CV_G}$$

變異係數比也稱為 precision index（PI, 精密度指數）。

CV_L：實驗室內部所得到該項檢驗的 CV。

CV_G：其他實驗室（同儕實驗室）所得到該項檢驗的 CV。

CVR 評斷標準

- $CVR=1$：代表該實驗室對於該項檢驗的精密度(precision)，與其他實驗室相同。

- *CVR*<1：代表該實驗室對於該項檢驗的精密度，比其他實驗室好。
- *CVR*>1：代表該實驗室對於該項檢驗的精密度，比其他實驗室差。
- *CVR*>1.5：代表該實驗室必須找出對於該項檢驗精密度不好的原因。
- *CVR*≥2.0：代表該實驗室必須找出對於該項檢驗精密度不好的原因，並且進行改正措施(corrective action)。

5. 標準差指數(standard deviation index, SDI)

$$SDI = \frac{(\bar{x}_L - \bar{x}_G)}{S_G}$$

$\bar{x}_L$：實驗室內部所得到該項檢驗的平均數。

$\bar{x}_G$：其他實驗室（同儕實驗室）所得到該項檢驗的平均數。

S_G：其他實驗室（同儕實驗室）或其他所有實驗室所得到該項檢驗的標準差。

SDI 評斷標準：

- SDI ≤ 1.25：該項檢驗的品質可以接受。
- 1.25 < SDI ≤ 1.49：該項檢驗的品質尚可接受，但可能要對該項檢驗系統進行調查。
- 1.5 ≤ SDI ≤ 1.99：該項檢驗的品質差強人意(marginal performance)，但建議要對該項檢驗系統進行調查。
- 2.00 ≤ SDI：該項檢驗的品質無法接受，必須要對該項檢驗系統進行改正措施(corrective action)。

15.1　範例說明

　　血液中的鈉主要用於維持體內滲透壓的平衡和細胞的正常生理功能。一般成年人血液中鈉離子的濃度介於 135 to 145(milliequivalents per liter, mEq/L)。其臨床意義如下：

　　高血鈉（即血液中鈉離子的濃度過高時），可能與下列疾病或是情況有關：

- 尿崩症（diabetes insipidus，腎臟無法保留水分的一種糖尿病）。
- 飲食中含過量的食鹽或是碳酸氫鈉(sodium bicarbonate)等物質。
- 醛固酮增多症(hyperaldosteronism)或是庫欣氏症候群(Cushing syndrome)等與腎上腺功能異常相關的疾病。

- 腹瀉(diarrhea)、過度流汗、燒燙傷或使用利尿劑(diuretics)等。

- 使用皮質類固醇(corticosteroids)、避孕藥、緩瀉劑(laxatives)、非類固醇類的抗發炎止痛藥(non-steroidal anti-inflammatory drug, NSAIDs)等等。

  低血鈉（即鈉離子的濃度過低時），則可能由下列原因所造成：

- 脫水(dehydration)、嘔吐(vomiting)或腹瀉等。

- 使用 SSRI 類的抗憂鬱藥物(SSRI antidepressants；SSRI: Selective serotonin reuptake inhibitors)、利尿劑、嗎啡(morphine)等藥物。

- 抗利尿激素(antidiuretic hormone, ADH)不正常分泌。

- 升壓素(vasopressin)分泌過多。

- 酮尿（症）（ketonuria，代謝性酸中毒的一種）。

- 腎臟疾病、心臟衰竭、肝硬化(cirrhosis)等疾病，導致體內水分滯留。

- Addison disease（腎上腺荷爾蒙分泌不足）。

下表為某醫院在某年 1 月 1 日至 1 月 7 日間所進行的血液鈉離子濃度的檢驗(blood sodium test)與相關的 QC 紀錄：

表 15.1

Test: Sodium			
範圍 日期	Level I 正常對照組 Normal Control (130-140 mEq/L)	Level II 異常對照組 Abnormal Control (155-165 mEq/L)	病人結果(mEq/L)
1 January	135	157	135, 145, 142, 139
2 January	137	162	137, 142, 140, 148, 139
3 January	134	160	144, 156, 137, 136, 139, 143
4 January	132	159	129, 142, 139, 138, 141
5 January	143	165	147, 152, 143, 149, 141, 155
6 January	139	162	142, 146, 139, 141, 143, 136, 150
7 January	132	155	144, 139, 135, 145, 141, 137, 141

　　其中每天進行的 Level I 和 Level II 的 QC，分別為正常對照組(normal control)與異常對照組(abnormal control)。正常對照組(Level I)中，除了一月五日的數值超過 130-140 mEq/L 範圍外，其餘皆在可接受的範圍內；而在異常對照組(Level II)中，所有的 QC 值均位於範圍內，代表這些日期的檢驗過程是在控制中(in control)，也就是病人的檢驗結果是可信的。一月五日正常對照組的數值超過範圍(130-140 mEq/L)，代表當日檢驗過程中出現偏差(error)；因此當日病人的檢驗結果是不可信賴的，亦指當天的結果是背離控制(out of control)。必須要先找偏差的來源並且重做檢驗後，才可以再發報告。

　　根據上表，分別計算正常對照組和異常對照組的樣本的平均數與標準差：

正常對照組：

　　樣本平均數($\bar{x}$)的計算：

$$\bar{x} = \left[\sum_{i=1}^{n} x_i\right] \div n = \frac{x_1 + x_2 + x_3 + \cdots + x_n}{n} = \frac{135 + 137 + 134 + 132 + 143 + 139 + 132}{7}$$

$$= \frac{952}{7} = 136$$

　　樣本標準差(s)的計算：

$$s = \sqrt{\frac{\sum_{i=1}^{n}(x_i - \bar{x})^2}{n-1}} = \sqrt{\frac{[(x_1 - \bar{x})^2 + (x_2 - \bar{x})^2 + (x_3 - \bar{x})^2 + \cdots + (x_n - \bar{x})^2]}{n-1}}$$

$$= \sqrt{\frac{[(135-136)^2 + (137-136)^2 + (134-136)^2 + (132-136)^2 + (143-136)^2 + (139-136)^2 + (132-136)^2]}{7-1}}$$

$$= \sqrt{\frac{1 + 1 + 4 + 16 + 49 + 9 + 16}{6}} = \sqrt{\frac{96}{6}} = 4$$

　　所以當週正常對照組(normal control)的樣本平均數及標準差分別為 136 mEq/L 和 4 mEq/L。

異常對照組：

樣本平均數($\bar{x}$)的計算：

$$\bar{x} = \left[\sum_{i=1}^{n} x_i\right] \div n = \frac{x_1 + x_2 + x_3 + \cdots + x_n}{n} = \frac{157 + 162 + 160 + 159 + 165 + 162 + 155}{7}$$

$$= \frac{1120}{7} = 160$$

樣本標準差(s)的計算：

$$s = \sqrt{\frac{\sum_{i=1}^{n}(x_i - \bar{x})^2}{n-1}} = \sqrt{\frac{[(x_1 - \bar{x})^2 + (x_2 - \bar{x})^2 + (x_3 - \bar{x})^2 + \cdots + (x_n - \bar{x})^2]}{n-1}}$$

$$= \sqrt{\frac{[(157-160)^2 + (162-160)^2 + (160-160)^2 + (159-160)^2 + (165-160)^2 + (162-160)^2 + (155-160)^2]}{7-1}}$$

$$= \sqrt{\frac{[9 + 4 + 0 + 1 + 25 + 4 + 25]}{6}} = \sqrt{\frac{68}{6}} = 3.3665 = 3.37$$

所以當週異常對照組(abnormal control)的樣本平均數及標準差分別為 160 mEq/L 和 3.37 mEq/L。

15.12 Levey-Jennings Control Chart 圖表的建立

品管的七大工具(The Seven Basic Tools of Quality)如下：

1. **魚骨圖（cause-and-effect diagram，也稱為**"fishbone"、Ishikawa diagram **或是石川圖）**

2. **查檢表（check sheet，也稱為 defect concentration diagram）**

3. **管制圖**(control chart)

4. **直方圖**(histogram)

5. **柏拉圖**(Pareto chart)

6. **散布圖**(scatter diagram)

7. 層別法（stratification，也稱為 flow chart 或是 run chart）

以下將以 Levey-Jennings 管制圖說明：

由上例計算所得的平均數及標準差可用來繪製 Levey-Jennings control chart。Levey-Jennings control chart 是由統計學家 S. Levey 和 E. R. Jennings 兩人於 1950 年提出，將 Shewhart control chart（由統計學家 Walter A. Shewhart 提出，也稱為 process-behavior chart）的方法，應用於醫學實驗室的品管分析。

正常對照組(normal control)的樣本平均數及標準差分別為 136 mEq/L 和 4 mEq/L，因此可以利用 136 ± 4(mean ± 1 SD)、136 ± 8(mean ± 2 SD)和 136 ± 12(mean ± 3 SD)來繪製 Levey-Jennings Control Chart。

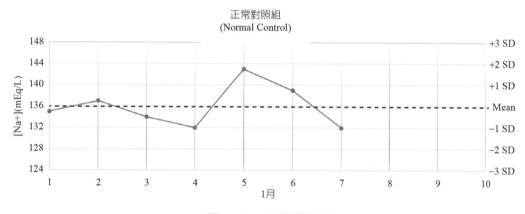

> 圖 15.7　正常對照組

異常對照組(abnormal control)的樣本平均數及標準差分別為 160 mEq/L 和 3.37 mEq/L，因此可以利用 160 ± 3.37(mean ± 1 SD)、160 ± 6.74(mean ± 2 SD) 和 136±10.11(mean ± 3 SD)來繪製 Levey-Jennings Control Chart。

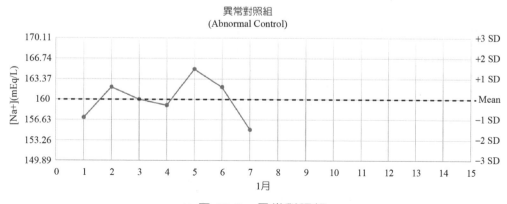

> 圖 15.8　異常對照組

15.13 利用 Levey-Jennings Chart 評估檢驗品質(Using a Levey-Jennings Chart to Evaluate Run Quality)

西元 1920 年代，當時任職於 Bell Labs 的 Walter A. Shewhart 發明管制圖表（control charts，也稱為 Shewhart charts 或 process-behavior charts），為一種管理商品製造或是商業行為的統計工具。之後，統計學家 S. Levey 和 E. R. Jennings 兩人在西元 1950 年時，提出將管制圖表概念應用在臨床實驗室的建議。從 Levey-Jennings Chart 中，可以得知檢驗數據距離平均值的遠近，以作為內部品管(Internal QC)的判斷標準。

系統誤差(systematic error)：當觀察值與實際值(true value)呈現某種特定趨勢的差異，這些誤差通常會呈現一致性的正值或是負值，而且這種誤差通常是可避免的。實驗室的系統誤差可能發生於改變水浴的溫度、使用不同製造批次的試劑或是正在改用新的檢驗方法。系統誤差可用下圖表示：

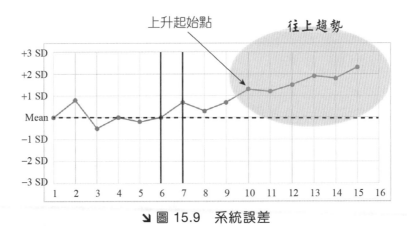

↘ 圖 15.9　系統誤差

隨機誤差(random error)：當觀測值與實際值不呈現某種一致性的差異（如下圖），這些誤差的平均數通常趨近於 0 或等於 0，而與真實值沒有相關性。這種誤差是無法預期且難以避免。不過隨機誤差可以經由加強訓練、嚴格監督及完全遵照 SOP (standard operating procedure)所規定之步驟進行檢驗。

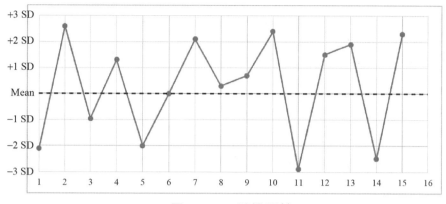

↘ 圖 15.10　隨機誤差

 15.14　Westgard Rules

　　統計學家 James O. Westgard 利用 Levey-Jennings chart 評估檢驗品質的好壞，他提出使用兩種 level（通常為高與低兩種濃度的品管試劑，或是上述範例之正常對照組與異常對照組）的品管方式，制定了品管的規則，稱為 Westgard multirule system，主要的規則有以下六大類：

- 1_{2S} Rule
- 1_{3S} Rule
- 2_{2S} Rule
- R_{4S} Rule
- 4_{1S} Rule
- 10_X Rule

1. 1_{2S} Rule

　　有一個內部品管值(internal quality control value, ICQ)超過平均數達 2 個標準差以上。1_{2S} Rule 發生的機率通常小於 5%。

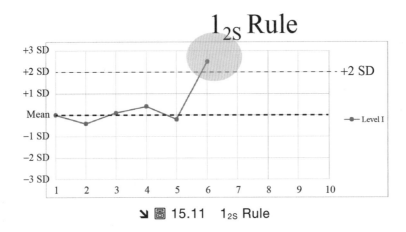

➘ 圖 15.11　1_{2S} Rule

2. 1_{3S} Rule

　　有一個 ICQ 值超過平均數達 3 個標準差以上。

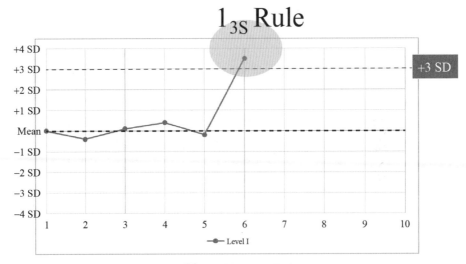

➘ 圖 15.12　1_{3S} Rule

3. 2_{2S} Rule（across run，不同批檢驗）

在不同批的檢驗中，有連續 2 個 ICQ 值(internal quality control value)超過平均數達 2 個標準差以上。

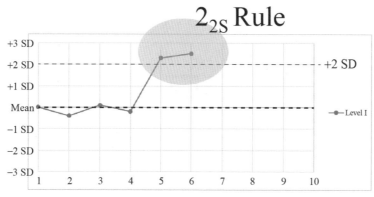

> ↘ 圖 15.13　2_{2S} Rule（across run，不同批檢驗）

4. 2_{2S} Rule（within run，同批檢驗）

在同批的檢驗中，有 2 個不同的 ICQ 值（如同次檢驗中的正常對照組與異常對照組）均超過平均數達 2 個標準差以上。

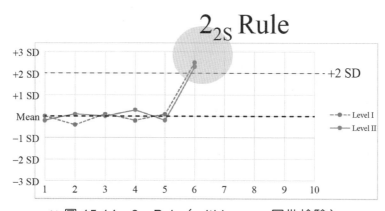

> ↘ 圖 15.14　2_{2S} Rule（within run，同批檢驗）

Level I 與 Level II 代表兩個不同濃度的品管檢體，通常會包括一個正常及一個高濃度的檢體。

5. R₄S Rule

在同批的檢驗中，有 2 個不同濃度（如正常對照組與異常對照組）或是雙重複的 ICQ 值，其差距超過 4 個標準差以上。

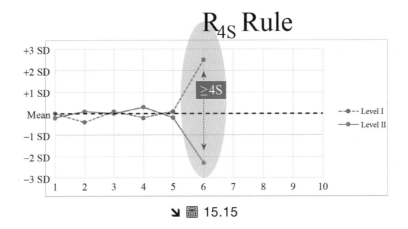

↘ 圖 15.15

6. 4₁S Rule（由連續四次不同批檢驗得到四個數據）

在同批的檢驗中，有連續 4 個不同的 ICQ 值(internal quality control value)超過平均數達 1 個標準差以上。

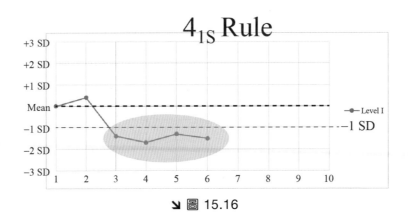

↘ 圖 15.16

7. 4_{1S} Rule（由連續兩次同批檢驗得到四個數據）

在連續兩次同批的檢驗中，有連續 4 個不同的 ICQ 值(internal quality control value)超過平均數達 1 個標準差以上。

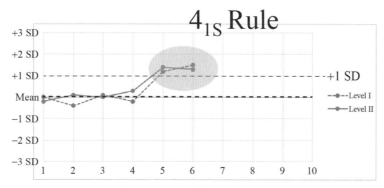

↘ 圖 15.17　4_{1S} Rule（由連續兩次同批檢驗得到四個數據）

8. 3_{1S} Rule

類似於 4_{1S} Rule，3_{1S} Rule 是根據三個連續超過 1 個標準差的 ICQ 值來判斷。3_{1S} 及 4_{1S} Rules 的發生代表可能需要進行設備維護或是試劑校正。

9. 10$\overline{X}$ Rule（由連續五次 within run（同批檢驗）得到十個數據均在同一側）

在連續五次同批的檢驗中，有連續 10 個不同的 ICQ 值(internal quality control value)位於同一側。

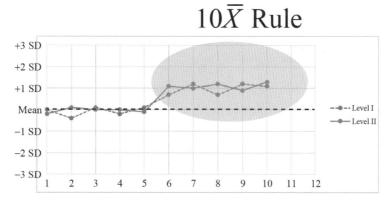

↘ 圖 15.18　10$\overline{X}$ Rule（由連續五次 within run（同批檢驗）得到十個數據均在同一側）

10. $10\overline{X}$ Rule（連續十次獨立(across run)檢驗中，所得到的十個數據均在同一側）

　　在連續十次獨立的檢驗中，有連續 10 個 ICQ 值(internal quality control value)均位於同一側。

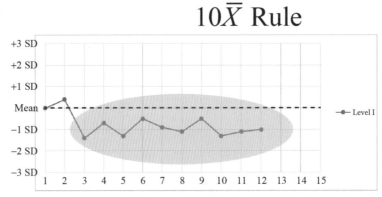

> 圖 15.19　　$10\overline{X}$ Rule（連續十次獨立(across run)檢驗中，
> 所得到的十個數據均在同一側）

11. $8\overline{X}$ Rule（由連續四次 within run（同批檢驗）得到八個數據均在同一側）

　　在連續四次同批的檢驗中，有連續 8 個不同的 ICQ 值(internal quality control value)位於同一側。

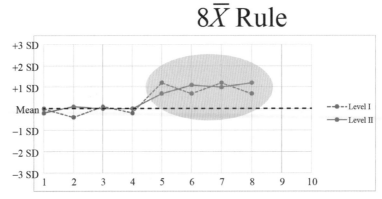

> 圖 15.20　　$8\overline{X}$ Rule（由連續四次 within run（同批檢驗）得到八個數據均在同一側）

12. $8\overline{X}$ Rule（連續八次獨立(across run)檢驗中，所得到的八個數據均在同一側）

　　在連續八次獨立的檢驗中，有連續 8 個 ICQ 值(internal quality control value)均位於同一側。

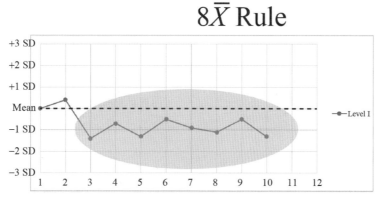

$8\overline{X}$ Rule

↘ 圖 15.21　$8\overline{X}$ Rule（連續八次獨立(across run)檢驗中，
所得到的八個數據均在同一側）

　　上述的規則中，1_{3s} 和 R_{4s} 可歸類於隨機誤差(random error)造成的，而 2_{2s}、4_{1s} 和 $10\overline{X}$ 可由系統誤差(systematic error)造成。一般而言，1_{2s}、2_{2s}、4_{1s} 等規則歸類為 warning rules，代表檢驗結果的品質尚可以被接受；而 1_{3s}、R_{4s}、$10\overline{X}$ 等則被歸類為 mandatory rules，代表檢驗結果的品質不被接受，因此整個檢驗結果將被拒絕並得重新再做。不過每個實驗室都會有一套自己內部擬定的品管判斷標準，畢竟重做檢驗的成本有時是相當昂貴且費時的。

 ## 15.15 醫學實驗室檢驗結果接受與否的決策基準

1. 傳統 Westgard Rules 的決策基準

　　當 ICQ 值位於兩個標準差之外，即違反 1_{2s} Rule，屬於可接受的範圍內(in-control)。不過，當違反 1_{3s} Rule、2_{2s} Rule、R_{4s} Rule、4_{1s} Rule 或 $10\overline{X}$ Rule 任一個規定時，屬於 out-of-control，拒絕檢驗結果。

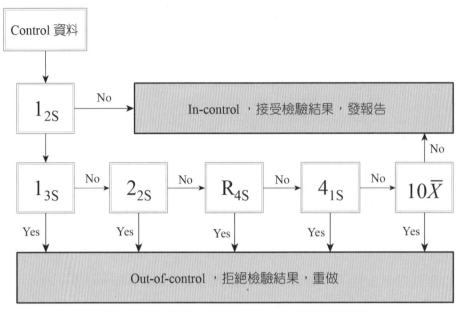

↘ 圖 15.22　傳統 Westgard Rules 的決策基準

2. 現代 Westgard Rules 的決策基準

　　現代 Westgard Rules 的決策基準則忽略 1_{2S} Rule，不過，當 ICQ 值違反 1_{3S} Rule、2_{2S} Rule、R_{4S} Rule、4_{1S} Rule 或 $10\bar{X}$ Rule 任一個規定時，仍屬於 out-of-control，拒絕檢驗結果。

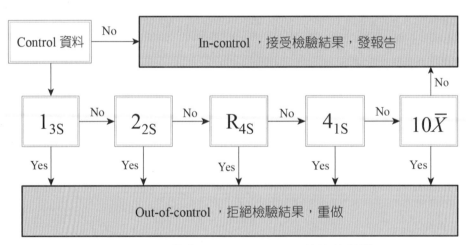

↘ 圖 15.23　現代 Westgard Rules 的決策基準

　　當發生 out-of-control 時，必須立刻進行以下的處置：

1. 停止檢驗。

2. 確認並改正問題。

3. 重做病人的檢體檢驗與 control。

4. 在問題未解決之前，不可發布病人的檢驗報告。

課後習題

1. 品質管制(quality control, QC)和品質保證(quality assurance, QA)何者涵蓋的範圍較廣？

2. 品質管制(quality control, QC)、品質保證(quality assurance, QA)和全面品質管理(total quality management, TQM)，何者涵蓋的範圍最廣？

3. 目前臺灣接受委託進行醫學實驗室認證的公正機構主要是哪一家？採用何種規範？

4. 醫學實驗室品質管理系統(quality management system)，檢驗的流程分成分成哪三個階段？每個階段細項的監督是由品質管制(quality control, QC)還是品質保證(quality assurance, QA)負責？

5. 以下為兩個實驗室在七月第一週進行血液總膽固醇檢驗時，使用某公司認證之膽固醇標準品(200 mg/dL)，所得到的正常對照組的檢驗數據：
   實驗室 A：195、207、203、210、192、193、209
   實驗室 B：196、198、200、201、199、203、202
   請分別計算兩實驗室之：(1)樣本平均數($\bar{x}$)、(2)樣本標準差(s)、(3)變異係數(CV)；假設實驗室 B 為同儕實驗室，請計算兩實驗室之：(4)變異係數比(CVR)及(5)標準差指數(SDI)，並評論實驗室 A 的檢驗品質。

6. 請寫出品管的七大工具。

[參考文獻]

1. Rother, Mike(2010). "6". Toyota Kata. New York: MGraw-Hill. ISBN 978-0-07-163523-3.

2. "Taking the First Step with PDCA". 2 February 2009. Retrieved 17 March 2011.

3. Moen, Ronald; Norman, Clifford. "Evolution of the PDCA Cycle".

4. ISO 9001 Quality Management Systems-Requirements. ISO. 2008. pp. vi.

5. Rose, Kenneth H.(July 2005). Project Quality Management: Why, What and How. Fort Lauderdale, Florida: J. Ross Publishing. p. 41. ISBN 1-932159-48-7.

6. Paul H. Selden(December 1998). "Sales Process Engineering: An Emerging Quality Application". Quality Progress: 59–63.

7. Littlefield, Matthew; Roberts, Michael(June 2012). "Enterprise Quality Management Software Best Practices Guide". LNS Research Quality Management Systems: 10.

8. Basic Lessons in Laboratory Quality Control/QC workbook. BioRad, 2008.

9. "ISO 9001 Quality Management System QMS Certification". Indian Register Quality Systems.

附 錄 | APPENDIX

常態分布表（Z 表）

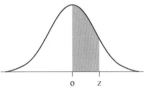

z	0	0.01	0.02	0.03	0.04	0.05	0.06	0.07	0.08	0.09
0.0	0.0000	0.0040	0.0080	0.0120	0.0160	0.0199	0.0239	0.0279	0.0319	0.0359
0.1	0.0398	0.0438	0.0478	0.0517	0.0557	0.0597	0.0636	0.0675	0.0714	0.0754
0.2	0.0793	0.0832	0.0871	0.0910	0.0948	0.0987	0.1026	0.1064	0.1103	0.1141
0.3	0.1179	0.1217	0.1255	0.1293	0.1331	0.1368	0.1406	0.1443	0.1480	0.1517
0.4	0.1554	0.1591	0.1628	0.1664	0.1700	0.1736	0.1772	0.1808	0.1844	0.1879
0.5	0.1915	0.1950	0.1985	0.2019	0.2054	0.2088	0.2123	0.2157	0.2190	0.2224
0.6	0.2258	0.2291	0.2324	0.2357	0.2389	0.2422	0.2454	0.2486	0.2518	0.2549
0.7	0.2580	0.2612	0.2642	0.2673	0.2704	0.2734	0.2764	0.2794	0.2823	0.2852
0.8	0.2881	0.2910	0.2939	0.2967	0.2996	0.3023	0.3051	0.3079	0.3106	0.3133
0.9	0.3159	0.3186	0.3212	0.3238	0.3264	0.3289	0.3315	0.3340	0.3365	0.3389
1.0	0.3413	0.3438	0.3461	0.3485	0.3508	0.3531	0.3554	0.3577	0.3599	0.3621
1.1	0.3643	0.3665	0.3686	0.3708	0.3729	0.3749	0.3770	0.3790	0.3810	0.3830
1.2	0.3849	0.3869	0.3888	0.3907	0.3925	0.3944	0.3962	0.3980	0.3997	0.4015
1.3	0.4032	0.4049	0.4066	0.4082	0.4099	0.4115	0.4131	0.4147	0.4162	0.4177
1.4	0.4192	0.4207	0.4222	0.4236	0.4251	0.4265	0.4279	0.4292	0.4306	0.4319
1.5	0.4332	0.4345	0.4357	0.4370	0.4382	0.4394	0.4406	0.4418	0.4430	0.4441
1.6	0.4452	0.4463	0.4474	0.4485	0.4495	0.4505	0.4515	0.4525	0.4535	0.4545
1.7	0.4554	0.4564	0.4573	0.4582	0.4591	0.4599	0.4608	0.4616	0.4625	0.4633
1.8	0.4641	0.4649	0.4656	0.4664	0.4671	0.4678	0.4686	0.4693	0.4700	0.4706
1.9	0.4713	0.4719	0.4726	0.4732	0.4738	0.4744	0.4750	0.4756	0.4762	0.4767
2.0	0.4773	0.4778	0.4783	0.4788	0.4793	0.4798	0.4803	0.4808	0.4812	0.4817
2.1	0.4821	0.4826	0.4830	0.4834	0.4838	0.4842	0.4846	0.4850	0.4854	0.4857
2.2	0.4861	0.4865	0.4868	0.4871	0.4875	0.4878	0.4881	0.4884	0.4887	0.4890
2.3	0.4893	0.4896	0.4898	0.4901	0.4904	0.4906	0.4909	0.4911	0.4913	0.4916
2.4	0.4918	0.4920	0.4922	0.4925	0.4927	0.4929	0.4931	0.4932	0.4934	0.4936
2.5	0.4938	0.4940	0.4941	0.4943	0.4945	0.4946	0.4948	0.4949	0.4951	0.4952
2.6	0.4953	0.4955	0.4956	0.4957	0.4959	0.4960	0.4961	0.4962	0.4963	0.4964
2.7	0.4965	0.4966	0.4967	0.4968	0.4969	0.4970	0.4971	0.4972	0.4973	0.4974
2.8	0.4974	0.4975	0.4976	0.4977	0.4977	0.4978	0.4979	0.4980	0.4980	0.4981
2.9	0.4981	0.4982	0.4983	0.4983	0.4984	0.4984	0.4985	0.4985	0.4986	0.4986
3.0	0.4987	0.4987	0.4987	0.4988	0.4988	0.4989	0.4989	0.4989	0.4990	0.4990

t 分布表

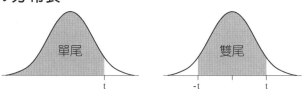

單尾	75%	80%	85%	90%	95%	97.5%	99%	99.5%	99.75%	99.9%	99.95%
雙尾	50%	60%	70%	80%	90%	95%	98%	99%	99.5%	99.8%	99.9%
1	1.000	1.376	1.963	3.078	6.314	12.71	31.82	63.66	127.3	318.3	636.6
2	0.816	1.061	1.386	1.886	2.920	4.303	6.965	9.925	14.09	22.33	31.60
3	0.765	0.978	1.250	1.638	2.353	3.182	4.541	5.841	7.453	10.21	12.92
4	0.741	0.941	1.190	1.533	2.132	2.776	3.747	4.604	5.598	7.173	8.610
5	0.727	0.920	1.156	1.476	2.015	2.571	3.365	4.032	4.773	5.893	6.869
6	0.718	0.906	1.134	1.440	1.943	2.447	3.143	3.707	4.317	5.208	5.959
7	0.711	0.896	1.119	1.415	1.895	2.365	2.998	3.499	4.029	4.785	5.408
8	0.706	0.889	1.108	1.397	1.860	2.306	2.896	3.355	3.833	4.501	5.041
9	0.703	0.883	1.100	1.383	1.833	2.262	2.821	3.250	3.690	4.297	4.781
10	0.700	0.879	1.093	1.372	1.812	2.228	2.764	3.169	3.581	4.144	4.587
11	0.697	0.876	1.088	1.363	1.796	2.201	2.718	3.106	3.497	4.025	4.437
12	0.695	0.873	1.083	1.356	1.782	2.179	2.681	3.055	3.428	3.930	4.318
13	0.694	0.870	1.079	1.350	1.771	2.160	2.650	3.012	3.372	3.852	4.221
14	0.692	0.868	1.076	1.345	1.761	2.145	2.624	2.977	3.326	3.787	4.140
15	0.691	0.866	1.074	1.341	1.753	2.131	2.602	2.947	3.286	3.733	4.073
16	0.690	0.865	1.071	1.337	1.746	2.120	2.583	2.921	3.252	3.686	4.015
17	0.689	0.863	1.069	1.333	1.740	2.110	2.567	2.898	3.222	3.646	3.965
18	0.688	0.862	1.067	1.330	1.734	2.101	2.552	2.878	3.197	3.610	3.922
19	0.688	0.861	1.066	1.328	1.729	2.093	2.539	2.861	3.174	3.579	3.883
20	0.687	0.860	1.064	1.325	1.725	2.086	2.528	2.845	3.153	3.552	3.850
21	0.686	0.859	1.063	1.323	1.721	2.080	2.518	2.831	3.135	3.527	3.819
22	0.686	0.858	1.061	1.321	1.717	2.074	2.508	2.819	3.119	3.505	3.792
23	0.685	0.858	1.060	1.319	1.714	2.069	2.500	2.807	3.104	3.485	3.767
24	0.685	0.857	1.059	1.318	1.711	2.064	2.492	2.797	3.091	3.467	3.745
25	0.684	0.856	1.058	1.316	1.708	2.060	2.485	2.787	3.078	3.450	3.725
26	0.684	0.856	1.058	1.315	1.706	2.056	2.479	2.779	3.067	3.435	3.707
27	0.684	0.855	1.057	1.314	1.703	2.052	2.473	2.771	3.057	3.421	3.690
28	0.683	0.855	1.056	1.313	1.701	2.048	2.467	2.763	3.047	3.408	3.674
29	0.683	0.854	1.055	1.311	1.699	2.045	2.462	2.756	3.038	3.396	3.659
30	0.683	0.854	1.055	1.310	1.697	2.042	2.457	2.750	3.030	3.385	3.646
40	0.681	0.851	1.050	1.303	1.684	2.021	2.423	2.704	2.971	3.307	3.551
50	0.679	0.849	1.047	1.299	1.676	2.009	2.403	2.678	2.937	3.261	3.496
60	0.679	0.848	1.045	1.296	1.671	2.000	2.390	2.660	2.915	3.232	3.460
80	0.678	0.846	1.043	1.292	1.664	1.990	2.374	2.639	2.887	3.195	3.416
100	0.677	0.845	1.042	1.290	1.660	1.984	2.364	2.626	2.871	3.174	3.390
120	0.677	0.845	1.041	1.289	1.658	1.980	2.358	2.617	2.860	3.160	3.373
∞	0.674	0.842	1.036	1.282	1.645	1.960	2.326	2.576	2.807	3.090	3.291

上表中最左邊的數字為自由度。

圖解式生物統計學－以Excel為例
Illustrated Biostatistics Complemented with Microsoft Excel

卡方分布表

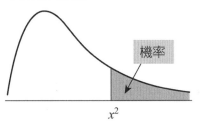

機率

x^2

	機率（臨界值右邊之面積）										
自由度	0.995	0.975	0.20	0.10	0.05	0.025	0.02	0.01	0.005	0.002	0.001
1	0	0	1.642	2.706	3.841	5.024	5.412	6.635	7.879	9.550	10.828
2	0.010	0.051	3.219	4.605	5.991	7.378	7.824	9.210	10.597	12.429	13.816
3	0.072	0.216	4.642	6.251	7.815	9.348	9.837	11.345	12.838	14.796	16.266
4	0.207	0.484	5.989	7.779	9.488	11.143	11.668	13.277	14.860	16.924	18.467
5	0.412	0.831	7.289	9.236	11.070	12.833	13.388	15.086	16.750	18.907	20.515
6	0.676	1.237	8.558	10.645	12.592	14.449	15.033	16.812	18.548	20.791	22.458
7	0.989	1.690	9.803	12.017	14.067	16.013	16.622	18.475	20.278	22.601	24.322
8	1.344	2.180	11.030	13.362	15.507	17.535	18.168	20.090	21.955	24.352	26.124
9	1.735	2.700	12.242	14.684	16.919	19.023	19.679	21.666	23.589	26.056	27.877
10	2.156	3.247	13.442	15.987	18.307	20.483	21.161	23.209	25.188	27.722	29.588
11	2.603	3.816	14.631	17.275	19.675	21.920	22.618	24.725	26.757	29.354	31.264
12	3.074	4.404	15.812	18.549	21.026	23.337	24.054	26.217	28.300	30.957	32.909
13	3.565	5.009	16.985	19.812	22.362	24.736	25.472	27.688	29.819	32.535	34.528
14	4.075	5.629	18.151	21.064	23.685	26.119	26.873	29.141	31.319	34.091	36.123
15	4.601	6.262	19.311	22.307	24.996	27.488	28.259	30.578	32.801	35.628	37.697
16	5.142	6.908	20.465	23.542	26.296	28.845	29.633	32.000	34.267	37.146	39.252
17	5.697	7.564	21.615	24.769	27.587	30.191	30.995	33.409	35.718	38.648	40.790
18	6.265	8.231	22.760	25.989	28.869	31.526	32.346	34.805	37.156	40.136	42.312
19	6.844	8.907	23.900	27.204	30.144	32.852	33.687	36.191	38.582	41.610	43.820
20	7.434	9.591	25.038	28.412	31.410	34.170	35.020	37.566	39.997	43.072	45.315
21	8.034	10.28	26.171	29.615	32.671	35.479	36.343	38.932	41.401	44.522	46.797
22	8.643	10.98	27.301	30.813	33.924	36.781	37.659	40.289	42.796	45.962	48.268
23	9.260	11.69	28.429	32.007	35.172	38.076	38.968	41.638	44.181	47.391	49.728
24	9.886	12.40	29.553	33.196	36.415	39.364	40.270	42.980	45.559	48.812	51.179
25	10.52	13.12	30.675	34.382	37.652	40.646	41.566	44.314	46.928	50.223	52.620
26	11.16	13.84	31.795	35.563	38.885	41.923	42.856	45.642	48.290	51.627	54.052

			機率（臨界值右邊之面積）								
自由度	0.995	0.975	0.20	0.10	0.05	0.025	0.02	0.01	0.005	0.002	0.001
27	11.81	14.57	32.912	36.741	40.113	43.195	44.140	46.963	49.645	53.023	55.476
28	12.46	15.31	34.027	37.916	41.337	44.461	45.419	48.278	50.993	54.411	56.892
29	13.121	16.047	35.139	39.087	42.557	45.722	46.693	49.588	52.336	55.792	58.301
30	13.79	16.79	36.250	40.256	43.773	46.979	47.962	50.892	53.672	57.167	59.703
35	17.19	20.57	41.778	46.059	49.802	53.203	54.244	57.342	60.275	63.955	66.619
40	20.71	24.43	47.269	51.805	55.758	59.342	60.436	63.691	66.766	70.618	73.402
45	24.31	28.37	52.729	57.505	61.656	65.410	66.555	69.957	73.166	77.179	80.077
50	27.99	32.36	58.164	63.167	67.505	71.420	72.613	76.154	79.490	83.657	86.661
55	31.74	36.40	63.577	68.796	73.311	77.380	78.619	82.292	85.749	90.061	93.168
60	35.53	40.49	68.972	74.397	79.082	83.298	84.580	88.379	91.952	96.404	99.607
65	39.38	44.60	74.351	79.973	84.821	89.177	90.501	94.422	98.105	102.69	105.99
70	43.28	48.76	79.715	85.527	90.531	95.023	96.388	100.43	104.22	108.93	112.32
75	47.21	52.94	85.066	91.061	96.217	100.84	102.24	106.39	110.29	115.13	118.60
80	51.17	57.16	90.405	96.578	101.88	106.63	108.07	112.33	116.32	121.28	124.84
85	55.17	61.39	95.734	102.08	107.52	112.39	113.87	118.24	122.33	127.40	131.04
90	59.20	65.65	101.06	107.57	113.15	118.14	119.65	124.12	128.30	133.49	137.21
95	63.25	69.93	106.36	113.04	118.75	123.86	125.41	129.97	134.25	139.55	143.34
100	67.33	74.22	111.67	118.50	124.34	129.56	131.14	135.81	140.17	145.58	149.45

F 分布表

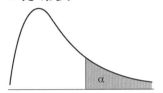

$F(df_1, df_2)$

1. $\alpha = 0.10$

	DF₁=1	2	3	4	5	6	7	8	9
DF₂=1	39.8635	49.5000	53.5932	55.8330	57.2401	58.2044	58.9060	59.4390	59.8576
2	8.5263	9.0000	9.1618	9.2434	9.2926	9.3255	9.3491	9.3668	9.3805
3	5.5383	5.4624	5.3908	5.3426	5.3092	5.2847	5.2662	5.2517	5.2400
4	4.5448	4.3246	4.1909	4.1073	4.0506	4.0098	3.9790	3.9549	3.9357
5	4.0604	3.7797	3.6195	3.5202	3.4530	3.4045	3.3679	3.3393	3.3163
6	3.7760	3.4633	3.2888	3.1808	3.1075	3.0546	3.0145	2.9830	2.9577
7	3.5894	3.2574	3.0741	2.9605	2.8833	2.8274	2.7849	2.7516	2.7247
8	3.4579	3.1131	2.9238	2.8064	2.7265	2.6683	2.6241	2.5894	2.5612
9	3.3603	3.0065	2.8129	2.6927	2.6106	2.5509	2.5053	2.4694	2.4403
10	3.2850	2.9245	2.7277	2.6053	2.5216	2.4606	2.4140	2.3772	2.3473
11	3.2252	2.8595	2.6602	2.5362	2.4512	2.3891	2.3416	2.3040	2.2735
12	3.1766	2.8068	2.6055	2.4801	2.3940	2.3310	2.2828	2.2446	2.2135
13	3.1362	2.7632	2.5603	2.4337	2.3467	2.2830	2.2341	2.1954	2.1638
14	3.1022	2.7265	2.5222	2.3947	2.3069	2.2426	2.1931	2.1539	2.1220
15	3.0732	2.6952	2.4898	2.3614	2.2730	2.2081	2.1582	2.1185	2.0862
16	3.0481	2.6682	2.4618	2.3327	2.2438	2.1783	2.1280	2.0880	2.0553
17	3.0262	2.6446	2.4374	2.3078	2.2183	2.1524	2.1017	2.0613	2.0284
18	3.0070	2.6240	2.4160	2.2858	2.1958	2.1296	2.0785	2.0379	2.0047
19	2.9899	2.6056	2.3970	2.2663	2.1760	2.1094	2.0580	2.0171	1.9836
20	2.9747	2.5893	2.3801	2.2489	2.1582	2.0913	2.0397	1.9985	1.9649
21	2.9610	2.5746	2.3649	2.2333	2.1423	2.0751	2.0233	1.9819	1.9480
22	2.9486	2.5613	2.3512	2.2193	2.1279	2.0605	2.0084	1.9668	1.9327
23	2.9374	2.5493	2.3387	2.2065	2.1149	2.0472	1.9949	1.9531	1.9189
24	2.9271	2.5383	2.3274	2.1949	2.1030	2.0351	1.9826	1.9407	1.9063
25	2.9177	2.5283	2.3170	2.1842	2.0922	2.0241	1.9714	1.9293	1.8947
26	2.9091	2.5191	2.3075	2.1745	2.0822	2.0139	1.9610	1.9188	1.8841
27	2.9012	2.5106	2.2987	2.1655	2.0730	2.0045	1.9515	1.9091	1.8743
28	2.8939	2.5028	2.2906	2.1571	2.0645	1.9959	1.9427	1.9001	1.8652
29	2.8870	2.4955	2.2831	2.1494	2.0566	1.9878	1.9345	1.8918	1.8568
30	2.8807	2.4887	2.2761	2.1422	2.0493	1.9803	1.9269	1.8841	1.8490
40	2.8354	2.4404	2.2261	2.0910	1.9968	1.9269	1.8725	1.8289	1.7929
60	2.7911	2.3933	2.1774	2.0410	1.9457	1.8747	1.8194	1.7748	1.7380
120	2.7478	2.3473	2.1300	1.9923	1.8959	1.8238	1.7675	1.7220	1.6843
∞	2.7055	2.3026	2.0838	1.9449	1.8473	1.7741	1.7167	1.6702	1.6315

	10	12	15	20	24	30	40	60	120	∞
DF₂=1	60.1950	60.7052	61.2203	61.7403	62.0021	62.2650	62.5291	62.7943	63.0606	63.3281
2	9.3916	9.4081	9.4247	9.4413	9.4496	9.4579	9.4662	9.4746	9.4829	9.4912
3	5.2304	5.2156	5.2003	5.1845	5.1764	5.1681	5.1597	5.1512	5.1425	5.1337
4	3.9199	3.8955	3.8704	3.8443	3.8310	3.8174	3.8036	3.7896	3.7753	3.7607
5	3.2974	3.2682	3.2380	3.2067	3.1905	3.1741	3.1573	3.1402	3.1228	3.1050
6	2.9369	2.9047	2.8712	2.8363	2.8183	2.8000	2.7812	2.7620	2.7423	2.7222
7	2.7025	2.6681	2.6322	2.5947	2.5753	2.5555	2.5351	2.5142	2.4928	2.4708
8	2.5380	2.5020	2.4642	2.4246	2.4041	2.3830	2.3614	2.3391	2.3162	2.2926
9	2.4163	2.3789	2.3396	2.2983	2.2768	2.2547	2.2320	2.2085	2.1843	2.1592
10	2.3226	2.2841	2.2435	2.2007	2.1784	2.1554	2.1317	2.1072	2.0818	2.0554
11	2.2482	2.2087	2.1671	2.1231	2.1000	2.0762	2.0516	2.0261	1.9997	1.9721
12	2.1878	2.1474	2.1049	2.0597	2.0360	2.0115	1.9861	1.9597	1.9323	1.9036
13	2.1376	2.0966	2.0532	2.0070	1.9827	1.9576	1.9315	1.9043	1.8759	1.8462
14	2.0954	2.0537	2.0095	1.9625	1.9377	1.9119	1.8852	1.8572	1.8280	1.7973
15	2.0593	2.0171	1.9722	1.9243	1.8990	1.8728	1.8454	1.8168	1.7867	1.7551
16	2.0282	1.9854	1.9399	1.8913	1.8656	1.8388	1.8108	1.7816	1.7508	1.7182
17	2.0009	1.9577	1.9117	1.8624	1.8362	1.8090	1.7805	1.7506	1.7191	1.6856
18	1.9770	1.9333	1.8868	1.8369	1.8104	1.7827	1.7537	1.7232	1.6910	1.6567
19	1.9557	1.9117	1.8647	1.8142	1.7873	1.7592	1.7298	1.6988	1.6659	1.6308
20	1.9367	1.8924	1.8449	1.7938	1.7667	1.7382	1.7083	1.6768	1.6433	1.6074
21	1.9197	1.8750	1.8272	1.7756	1.7481	1.7193	1.6890	1.6569	1.6228	1.5862
22	1.9043	1.8593	1.8111	1.7590	1.7312	1.7021	1.6714	1.6389	1.6042	1.5668
23	1.8903	1.8450	1.7964	1.7439	1.7159	1.6864	1.6554	1.6224	1.5871	1.5490
24	1.8775	1.8319	1.7831	1.7302	1.7019	1.6721	1.6407	1.6073	1.5715	1.5327
25	1.8658	1.8200	1.7708	1.7175	1.6890	1.6590	1.6272	1.5934	1.5570	1.5176
26	1.8550	1.8090	1.7596	1.7059	1.6771	1.6468	1.6147	1.5805	1.5437	1.5036
27	1.8451	1.7989	1.7492	1.6951	1.6662	1.6356	1.6032	1.5686	1.5313	1.4906
28	1.8359	1.7895	1.7395	1.6852	1.6560	1.6252	1.5925	1.5575	1.5198	1.4784
29	1.8274	1.7808	1.7306	1.6759	1.6466	1.6155	1.5825	1.5472	1.5090	1.4670
30	1.8195	1.7727	1.7223	1.6673	1.6377	1.6065	1.5732	1.5376	1.4989	1.4564
40	1.7627	1.7146	1.6624	1.6052	1.5741	1.5411	1.5056	1.4672	1.4248	1.3769
60	1.7070	1.6574	1.6034	1.5435	1.5107	1.4755	1.4373	1.3952	1.3476	1.2915
120	1.6524	1.6012	1.5450	1.4821	1.4472	1.4094	1.3676	1.3203	1.2646	1.1926
∞	1.5987	1.5458	1.4871	1.4206	1.3832	1.3419	1.2951	1.2400	1.1686	1.0000

2. $\alpha = 0.05$

	DF$_1$=1	2	3	4	5	6	7	8	9	10
DF$_2$=1	161.4476	199.5	215.7073	224.5832	230.1619	233.986	236.7684	238.8827	240.5433	241.8817
2	18.5128	19	19.1643	19.2468	19.2964	19.3295	19.3532	19.371	19.3848	19.3959
3	10.128	9.5521	9.2766	9.1172	9.0135	8.9406	8.8867	8.8452	8.8123	8.7855
4	7.7086	6.9443	6.5914	6.3882	6.2561	6.1631	6.0942	6.041	5.9988	5.9644
5	6.6079	5.7861	5.4095	5.1922	5.0503	4.9503	4.8759	4.8183	4.7725	4.7351
6	5.9874	5.1433	4.7571	4.5337	4.3874	4.2839	4.2067	4.1468	4.099	4.06
7	5.5914	4.7374	4.3468	4.1203	3.9715	3.866	3.787	3.7257	3.6767	3.6365
8	5.3177	4.459	4.0662	3.8379	3.6875	3.5806	3.5005	3.4381	3.3881	3.3472
9	5.1174	4.2565	3.8625	3.6331	3.4817	3.3738	3.2927	3.2296	3.1789	3.1373
10	4.9646	4.1028	3.7083	3.478	3.3258	3.2172	3.1355	3.0717	3.0204	2.9782
11	4.8443	3.9823	3.5874	3.3567	3.2039	3.0946	3.0123	2.948	2.8962	2.8536
12	4.7472	3.8853	3.4903	3.2592	3.1059	2.9961	2.9134	2.8486	2.7964	2.7534
13	4.6672	3.8056	3.4105	3.1791	3.0254	2.9153	2.8321	2.7669	2.7144	2.671
14	4.6001	3.7389	3.3439	3.1122	2.9582	2.8477	2.7642	2.6987	2.6458	2.6022
15	4.5431	3.6823	3.2874	3.0556	2.9013	2.7905	2.7066	2.6408	2.5876	2.5437
16	4.494	3.6337	3.2389	3.0069	2.8524	2.7413	2.6572	2.5911	2.5377	2.4935
17	4.4513	3.5915	3.1968	2.9647	2.81	2.6987	2.6143	2.548	2.4943	2.4499
18	4.4139	3.5546	3.1599	2.9277	2.7729	2.6613	2.5767	2.5102	2.4563	2.4117
19	4.3807	3.5219	3.1274	2.8951	2.7401	2.6283	2.5435	2.4768	2.4227	2.3779
20	4.3512	3.4928	3.0984	2.8661	2.7109	2.599	2.514	2.4471	2.3928	2.3479
21	4.3248	3.4668	3.0725	2.8401	2.6848	2.5727	2.4876	2.4205	2.366	2.321
22	4.3009	3.4434	3.0491	2.8167	2.6613	2.5491	2.4638	2.3965	2.3419	2.2967
23	4.2793	3.4221	3.028	2.7955	2.64	2.5277	2.4422	2.3748	2.3201	2.2747
24	4.2597	3.4028	3.0088	2.7763	2.6207	2.5082	2.4226	2.3551	2.3002	2.2547
25	4.2417	3.3852	2.9912	2.7587	2.603	2.4904	2.4047	2.3371	2.2821	2.2365
26	4.2252	3.369	2.9752	2.7426	2.5868	2.4741	2.3883	2.3205	2.2655	2.2197
27	4.21	3.3541	2.9604	2.7278	2.5719	2.4591	2.3732	2.3053	2.2501	2.2043
28	4.196	3.3404	2.9467	2.7141	2.5581	2.4453	2.3593	2.2913	2.236	2.19
29	4.183	3.3277	2.934	2.7014	2.5454	2.4324	2.3463	2.2783	2.2229	2.1768
30	4.1709	3.3158	2.9223	2.6896	2.5336	2.4205	2.3343	2.2662	2.2107	2.1646
40	4.0847	3.2317	2.8387	2.606	2.4495	2.3359	2.249	2.1802	2.124	2.0772
60	4.0012	3.1504	2.7581	2.5252	2.3683	2.2541	2.1665	2.097	2.0401	1.9926
120	3.9201	3.0718	2.6802	2.4472	2.2899	2.175	2.0868	2.0164	1.9588	1.9105
∞	3.8415	2.9957	2.6049	2.3719	2.2141	2.0986	2.0096	1.9384	1.8799	1.8307

	12	15	20	24	30	40	60	120	∞
DF$_2$=1	243.906	245.9499	248.0131	249.0518	250.0951	251.1432	252.1957	253.2529	254.3144
2	19.4125	19.4291	19.4458	19.4541	19.4624	19.4707	19.4791	19.4874	19.4957
3	8.7446	8.7029	8.6602	8.6385	8.6166	8.5944	8.572	8.5494	8.5264
4	5.9117	5.8578	5.8025	5.7744	5.7459	5.717	5.6877	5.6581	5.6281
5	4.6777	4.6188	4.5581	4.5272	4.4957	4.4638	4.4314	4.3985	4.365
6	3.9999	3.9381	3.8742	3.8415	3.8082	3.7743	3.7398	3.7047	3.6689
7	3.5747	3.5107	3.4445	3.4105	3.3758	3.3404	3.3043	3.2674	3.2298
8	3.2839	3.2184	3.1503	3.1152	3.0794	3.0428	3.0053	2.9669	2.9276
9	3.0729	3.0061	2.9365	2.9005	2.8637	2.8259	2.7872	2.7475	2.7067
10	2.913	2.845	2.774	2.7372	2.6996	2.6609	2.6211	2.5801	2.5379
11	2.7876	2.7186	2.6464	2.609	2.5705	2.5309	2.4901	2.448	2.4045
12	2.6866	2.6169	2.5436	2.5055	2.4663	2.4259	2.3842	2.341	2.2962
13	2.6037	2.5331	2.4589	2.4202	2.3803	2.3392	2.2966	2.2524	2.2064
14	2.5342	2.463	2.3879	2.3487	2.3082	2.2664	2.2229	2.1778	2.1307
15	2.4753	2.4034	2.3275	2.2878	2.2468	2.2043	2.1601	2.1141	2.0658
16	2.4247	2.3522	2.2756	2.2354	2.1938	2.1507	2.1058	2.0589	2.0096
17	2.3807	2.3077	2.2304	2.1898	2.1477	2.104	2.0584	2.0107	1.9604
18	2.3421	2.2686	2.1906	2.1497	2.1071	2.0629	2.0166	1.9681	1.9168
19	2.308	2.2341	2.1555	2.1141	2.0712	2.0264	1.9795	1.9302	1.878
20	2.2776	2.2033	2.1242	2.0825	2.0391	1.9938	1.9464	1.8963	1.8432
21	2.2504	2.1757	2.096	2.054	2.0102	1.9645	1.9165	1.8657	1.8117
22	2.2258	2.1508	2.0707	2.0283	1.9842	1.938	1.8894	1.838	1.7831
23	2.2036	2.1282	2.0476	2.005	1.9605	1.9139	1.8648	1.8128	1.757
24	2.1834	2.1077	2.0267	1.9838	1.939	1.892	1.8424	1.7896	1.733
25	2.1649	2.0889	2.0075	1.9643	1.9192	1.8718	1.8217	1.7684	1.711
26	2.1479	2.0716	1.9898	1.9464	1.901	1.8533	1.8027	1.7488	1.6906
27	2.1323	2.0558	1.9736	1.9299	1.8842	1.8361	1.7851	1.7306	1.6717
28	2.1179	2.0411	1.9586	1.9147	1.8687	1.8203	1.7689	1.7138	1.6541
29	2.1045	2.0275	1.9446	1.9005	1.8543	1.8055	1.7537	1.6981	1.6376
30	2.0921	2.0148	1.9317	1.8874	1.8409	1.7918	1.7396	1.6835	1.6223
40	2.0035	1.9245	1.8389	1.7929	1.7444	1.6928	1.6373	1.5766	1.5089
60	1.9174	1.8364	1.748	1.7001	1.6491	1.5943	1.5343	1.4673	1.3893
120	1.8337	1.7505	1.6587	1.6084	1.5543	1.4952	1.429	1.3519	1.2539
∞	1.7522	1.6664	1.5705	1.5173	1.4591	1.394	1.318	1.2214	1

3. $\alpha = 0.025$

	DF$_1$=1	2	3	4	5	6	7	8	9
DF$_2$=1	647.789	799.5	864.163	899.5833	921.8479	937.1111	948.2169	956.6562	963.2846
2	38.5063	39	39.1655	39.2484	39.2982	39.3315	39.3552	39.373	39.3869
3	17.4434	16.0441	15.4392	15.101	14.8848	14.7347	14.6244	14.5399	14.4731
4	12.2179	10.6491	9.9792	9.6045	9.3645	9.1973	9.0741	8.9796	8.9047
5	10.007	8.4336	7.7636	7.3879	7.1464	6.9777	6.8531	6.7572	6.6811
6	8.8131	7.2599	6.5988	6.2272	5.9876	5.8198	5.6955	5.5996	5.5234
7	8.0727	6.5415	5.8898	5.5226	5.2852	5.1186	4.9949	4.8993	4.8232
8	7.5709	6.0595	5.416	5.0526	4.8173	4.6517	4.5286	4.4333	4.3572
9	7.2093	5.7147	5.0781	4.7181	4.4844	4.3197	4.197	4.102	4.026
10	6.9367	5.4564	4.8256	4.4683	4.2361	4.0721	3.9498	3.8549	3.779
11	6.7241	5.2559	4.63	4.2751	4.044	3.8807	3.7586	3.6638	3.5879
12	6.5538	5.0959	4.4742	4.1212	3.8911	3.7283	3.6065	3.5118	3.4358
13	6.4143	4.9653	4.3472	3.9959	3.7667	3.6043	3.4827	3.388	3.312
14	6.2979	4.8567	4.2417	3.8919	3.6634	3.5014	3.3799	3.2853	3.2093
15	6.1995	4.765	4.1528	3.8043	3.5764	3.4147	3.2934	3.1987	3.1227
16	6.1151	4.6867	4.0768	3.7294	3.5021	3.3406	3.2194	3.1248	3.0488
17	6.042	4.6189	4.0112	3.6648	3.4379	3.2767	3.1556	3.061	2.9849
18	5.9781	4.5597	3.9539	3.6083	3.382	3.2209	3.0999	3.0053	2.9291
19	5.9216	4.5075	3.9034	3.5587	3.3327	3.1718	3.0509	2.9563	2.8801
20	5.8715	4.4613	3.8587	3.5147	3.2891	3.1283	3.0074	2.9128	2.8365
21	5.8266	4.4199	3.8188	3.4754	3.2501	3.0895	2.9686	2.874	2.7977
22	5.7863	4.3828	3.7829	3.4401	3.2151	3.0546	2.9338	2.8392	2.7628
23	5.7498	4.3492	3.7505	3.4083	3.1835	3.0232	2.9023	2.8077	2.7313
24	5.7166	4.3187	3.7211	3.3794	3.1548	2.9946	2.8738	2.7791	2.7027
25	5.6864	4.2909	3.6943	3.353	3.1287	2.9685	2.8478	2.7531	2.6766
26	5.6586	4.2655	3.6697	3.3289	3.1048	2.9447	2.824	2.7293	2.6528
27	5.6331	4.2421	3.6472	3.3067	3.0828	2.9228	2.8021	2.7074	2.6309
28	5.6096	4.2205	3.6264	3.2863	3.0626	2.9027	2.782	2.6872	2.6106
29	5.5878	4.2006	3.6072	3.2674	3.0438	2.884	2.7633	2.6686	2.5919
30	5.5675	4.1821	3.5894	3.2499	3.0265	2.8667	2.746	2.6513	2.5746
40	5.4239	4.051	3.4633	3.1261	2.9037	2.7444	2.6238	2.5289	2.4519
60	5.2856	3.9253	3.3425	3.0077	2.7863	2.6274	2.5068	2.4117	2.3344
120	5.1523	3.8046	3.2269	2.8943	2.674	2.5154	2.3948	2.2994	2.2217
∞	5.0239	3.6889	3.1161	2.7858	2.5665	2.4082	2.2875	2.1918	2.1136

	10	12	15	20	24	30	40	60	120	∞
DF$_2$=1	968.6274	976.7079	984.8668	993.1028	997.2492	1001.414	1005.598	1009.8	1014.02	1018.258
2	39.398	39.4146	39.4313	39.4479	39.4562	39.465	39.473	39.481	39.49	39.498
3	14.4189	14.3366	14.2527	14.1674	14.1241	14.081	14.037	13.992	13.947	13.902
4	8.8439	8.7512	8.6565	8.5599	8.5109	8.461	8.411	8.36	8.309	8.257
5	6.6192	6.5245	6.4277	6.3286	6.278	6.227	6.175	6.123	6.069	6.015
6	5.4613	5.3662	5.2687	5.1684	5.1172	5.065	5.012	4.959	4.904	4.849
7	4.7611	4.6658	4.5678	4.4667	4.415	4.362	4.309	4.254	4.199	4.142
8	4.2951	4.1997	4.1012	3.9995	3.9472	3.894	3.84	3.784	3.728	3.67
9	3.9639	3.8682	3.7694	3.6669	3.6142	3.56	3.505	3.449	3.392	3.333
10	3.7168	3.6209	3.5217	3.4185	3.3654	3.311	3.255	3.198	3.14	3.08
11	3.5257	3.4296	3.3299	3.2261	3.1725	3.118	3.061	3.004	2.944	2.883
12	3.3736	3.2773	3.1772	3.0728	3.0187	2.963	2.906	2.848	2.787	2.725
13	3.2497	3.1532	3.0527	2.9477	2.8932	2.837	2.78	2.72	2.659	2.595
14	3.1469	3.0502	2.9493	2.8437	2.7888	2.732	2.674	2.614	2.552	2.487
15	3.0602	2.9633	2.8621	2.7559	2.7006	2.644	2.585	2.524	2.461	2.395
16	2.9862	2.889	2.7875	2.6808	2.6252	2.568	2.509	2.447	2.383	2.316
17	2.9222	2.8249	2.723	2.6158	2.5598	2.502	2.442	2.38	2.315	2.247
18	2.8664	2.7689	2.6667	2.559	2.5027	2.445	2.384	2.321	2.256	2.187
19	2.8172	2.7196	2.6171	2.5089	2.4523	2.394	2.333	2.27	2.203	2.133
20	2.7737	2.6758	2.5731	2.4645	2.4076	2.349	2.287	2.223	2.156	2.085
21	2.7348	2.6368	2.5338	2.4247	2.3675	2.308	2.246	2.182	2.114	2.042
22	2.6998	2.6017	2.4984	2.389	2.3315	2.272	2.21	2.145	2.076	2.003
23	2.6682	2.5699	2.4665	2.3567	2.2989	2.239	2.176	2.111	2.041	1.968
24	2.6396	2.5411	2.4374	2.3273	2.2693	2.209	2.146	2.08	2.01	1.935
25	2.6135	2.5149	2.411	2.3005	2.2422	2.182	2.118	2.052	1.981	1.906
26	2.5896	2.4908	2.3867	2.2759	2.2174	2.157	2.093	2.026	1.954	1.878
27	2.5676	2.4688	2.3644	2.2533	2.1946	2.133	2.069	2.002	1.93	1.853
28	2.5473	2.4484	2.3438	2.2324	2.1735	2.112	2.048	1.98	1.907	1.829
29	2.5286	2.4295	2.3248	2.2131	2.154	2.092	2.028	1.959	1.886	1.807
30	2.5112	2.412	2.3072	2.1952	2.1359	2.074	2.009	1.94	1.866	1.787
40	2.3882	2.2882	2.1819	2.0677	2.0069	1.943	1.875	1.803	1.724	1.637
60	2.2702	2.1692	2.0613	1.9445	1.8817	1.815	1.744	1.667	1.581	1.482
120	2.157	2.0548	1.945	1.8249	1.7597	1.69	1.614	1.53	1.433	1.31
∞	2.0483	1.9447	1.8326	1.7085	1.6402	1.566	1.484	1.388	1.268	1

4. $\alpha = 0.01$

	DF₁=1	2	3	4	5	6	7	8	9	10
DF₂=1	4052.181	4999.5	5403.352	5624.583	5763.65	5858.986	5928.356	5981.07	6022.473	6055.847
2	98.503	99	99.166	99.249	99.299	99.333	99.356	99.374	99.388	99.399
3	34.116	30.817	29.457	28.71	28.237	27.911	27.672	27.489	27.345	27.229
4	21.198	18	16.694	15.977	15.522	15.207	14.976	14.799	14.659	14.546
5	16.258	13.274	12.06	11.392	10.967	10.672	10.456	10.289	10.158	10.051
6	13.745	10.925	9.78	9.148	8.746	8.466	8.26	8.102	7.976	7.874
7	12.246	9.547	8.451	7.847	7.46	7.191	6.993	6.84	6.719	6.62
8	11.259	8.649	7.591	7.006	6.632	6.371	6.178	6.029	5.911	5.814
9	10.561	8.022	6.992	6.422	6.057	5.802	5.613	5.467	5.351	5.257
10	10.044	7.559	6.552	5.994	5.636	5.386	5.2	5.057	4.942	4.849
11	9.646	7.206	6.217	5.668	5.316	5.069	4.886	4.744	4.632	4.539
12	9.33	6.927	5.953	5.412	5.064	4.821	4.64	4.499	4.388	4.296
13	9.074	6.701	5.739	5.205	4.862	4.62	4.441	4.302	4.191	4.1
14	8.862	6.515	5.564	5.035	4.695	4.456	4.278	4.14	4.03	3.939
15	8.683	6.359	5.417	4.893	4.556	4.318	4.142	4.004	3.895	3.805
16	8.531	6.226	5.292	4.773	4.437	4.202	4.026	3.89	3.78	3.691
17	8.4	6.112	5.185	4.669	4.336	4.102	3.927	3.791	3.682	3.593
18	8.285	6.013	5.092	4.579	4.248	4.015	3.841	3.705	3.597	3.508
19	8.185	5.926	5.01	4.5	4.171	3.939	3.765	3.631	3.523	3.434
20	8.096	5.849	4.938	4.431	4.103	3.871	3.699	3.564	3.457	3.368
21	8.017	5.78	4.874	4.369	4.042	3.812	3.64	3.506	3.398	3.31
22	7.945	5.719	4.817	4.313	3.988	3.758	3.587	3.453	3.346	3.258
23	7.881	5.664	4.765	4.264	3.939	3.71	3.539	3.406	3.299	3.211
24	7.823	5.614	4.718	4.218	3.895	3.667	3.496	3.363	3.256	3.168
25	7.77	5.568	4.675	4.177	3.855	3.627	3.457	3.324	3.217	3.129
26	7.721	5.526	4.637	4.14	3.818	3.591	3.421	3.288	3.182	3.094
27	7.677	5.488	4.601	4.106	3.785	3.558	3.388	3.256	3.149	3.062
28	7.636	5.453	4.568	4.074	3.754	3.528	3.358	3.226	3.12	3.032
29	7.598	5.42	4.538	4.045	3.725	3.499	3.33	3.198	3.092	3.005
30	7.562	5.39	4.51	4.018	3.699	3.473	3.304	3.173	3.067	2.979
40	7.314	5.179	4.313	3.828	3.514	3.291	3.124	2.993	2.888	2.801
60	7.077	4.977	4.126	3.649	3.339	3.119	2.953	2.823	2.718	2.632
120	6.851	4.787	3.949	3.48	3.174	2.956	2.792	2.663	2.559	2.472
∞	6.635	4.605	3.782	3.319	3.017	2.802	2.639	2.511	2.407	2.321

	12	15	20	24	30	40	60	120	∞
DF$_2$=1	6106.321	6157.285	6208.73	6234.631	6260.649	6286.782	6313.03	6339.391	6365.864
2	99.416	99.433	99.449	99.458	99.466	99.474	99.482	99.491	99.499
3	27.052	26.872	26.69	26.598	26.505	26.411	26.316	26.221	26.125
4	14.374	14.198	14.02	13.929	13.838	13.745	13.652	13.558	13.463
5	9.888	9.722	9.553	9.466	9.379	9.291	9.202	9.112	9.02
6	7.718	7.559	7.396	7.313	7.229	7.143	7.057	6.969	6.88
7	6.469	6.314	6.155	6.074	5.992	5.908	5.824	5.737	5.65
8	5.667	5.515	5.359	5.279	5.198	5.116	5.032	4.946	4.859
9	5.111	4.962	4.808	4.729	4.649	4.567	4.483	4.398	4.311
10	4.706	4.558	4.405	4.327	4.247	4.165	4.082	3.996	3.909
11	4.397	4.251	4.099	4.021	3.941	3.86	3.776	3.69	3.602
12	4.155	4.01	3.858	3.78	3.701	3.619	3.535	3.449	3.361
13	3.96	3.815	3.665	3.587	3.507	3.425	3.341	3.255	3.165
14	3.8	3.656	3.505	3.427	3.348	3.266	3.181	3.094	3.004
15	3.666	3.522	3.372	3.294	3.214	3.132	3.047	2.959	2.868
16	3.553	3.409	3.259	3.181	3.101	3.018	2.933	2.845	2.753
17	3.455	3.312	3.162	3.084	3.003	2.92	2.835	2.746	2.653
18	3.371	3.227	3.077	2.999	2.919	2.835	2.749	2.66	2.566
19	3.297	3.153	3.003	2.925	2.844	2.761	2.674	2.584	2.489
20	3.231	3.088	2.938	2.859	2.778	2.695	2.608	2.517	2.421
21	3.173	3.03	2.88	2.801	2.72	2.636	2.548	2.457	2.36
22	3.121	2.978	2.827	2.749	2.667	2.583	2.495	2.403	2.305
23	3.074	2.931	2.781	2.702	2.62	2.535	2.447	2.354	2.256
24	3.032	2.889	2.738	2.659	2.577	2.492	2.403	2.31	2.211
25	2.993	2.85	2.699	2.62	2.538	2.453	2.364	2.27	2.169
26	2.958	2.815	2.664	2.585	2.503	2.417	2.327	2.233	2.131
27	2.926	2.783	2.632	2.552	2.47	2.384	2.294	2.198	2.097
28	2.896	2.753	2.602	2.522	2.44	2.354	2.263	2.167	2.064
29	2.868	2.726	2.574	2.495	2.412	2.325	2.234	2.138	2.034
30	2.843	2.7	2.549	2.469	2.386	2.299	2.208	2.111	2.006
40	2.665	2.522	2.369	2.288	2.203	2.114	2.019	1.917	1.805
60	2.496	2.352	2.198	2.115	2.028	1.936	1.836	1.726	1.601
120	2.336	2.192	2.035	1.95	1.86	1.763	1.656	1.533	1.381
∞	2.185	2.039	1.878	1.791	1.696	1.592	1.473	1.325	1

Kruskal-Wallis H 表

n_1	n_2	n_3	$\alpha =$ 0.10	0.05	0.02	0.01	0.005	0.002	0.001
2	2	2	4.571						
3	2	1	4.286						
3	2	2	4.500	4.714					
3	3	1	4.571	5.143					
3	3	2	4.556	5.361	6.250				
3	3	3	4.622	5.600	6.489	(7.200)	7.200		
4	2	1	4.500						
4	2	2	4.458	5.333	6.000				
4	3	1	4.056	5.208					
4	3	2	4.511	5.444	6.144	6.444	7.000		
4	3	3	4.709	5.791	6.564	6.745	7.318	8.018	
4	4	1	4.167	4.967	(6.667)	6.667			
4	4	2	4.555	5.455	6.600	7.036	7.282	7.855	
4	4	3	4.545	5.598	6.712	7.144	7.598	8.227	8.909
4	4	4	4.654	5.692	6.962	7.654	8.000	8.654	9.269
5	2	1	4.200	5.000					
5	2	2	4.373	5.160	6.000	6.533			
5	3	1	4.018	4.960	6.044				
5	3	2	4.651	5.251	6.124	6.909	7.182		
5	3	3	4.533	5.648	6.533	7.079	7.636	8.048	8.727
5	4	1	3.987	4.985	6.431	6.955	7.364		
5	4	2	4.541	5.273	6.505	7.205	7.573	8.114	8.591
5	4	3	4.549	5.656	6.676	7.445	7.927	8.481	8.795
5	4	4	4.619	5.657	6.953	7.760	8.189	8.868	9.168
5	5	1	4.109	5.127	6.145	7.309	8.182		
5	5	2	4.623	5.338	6.446	7.338	8.131	6.446	7.338

n_1	n_2	n_3	$\alpha =$	0.10	0.05	0.02	0.01	0.005	0.002	0.001
5	5	3		4.545	5.705	6.866	7.578	8.316	8.809	9.521
5	5	4		4.523	5.666	7.000	7.823	8.523	9.163	9.606
5	5	5		4.940	5.780	7.220	8.000	8.780	9.620	9.920
6	1	1		-----						
6	2	1		4.200	4.822					
6	2	2		4.545	5.345	6.182	6.982			
6	3	1		3.909	4.855	6.236				
6	3	2		4.632	5.348	6.227	6.970	7.515	8.182	
6	3	3		4.538	5.615	6.590	7.410	7.872	8.628	9.346
6	4	1		4.038	4.947	6.174	7.106	7.614		
6	4	2		4.494	5.340	6.571	7.340	7.846	8.494	8.827
6	4	3		4.604	5.610	6.725	7.500	8.033	8.918	9.170
6	4	4		4.595	5.681	6.900	7.795	8.381	9.167	9.861
6	5	1		4.128	4.990	6.138	7.182	8.077	8.515	
6	5	2		4.596	5.338	6.585	7.376	8.196	8.967	9.189
6	5	3		4.535	5.602	6.829	7.590	8.314	9.150	9.669
6	5	4		4.522	5.661	7.018	7.936	8.643	9.458	9.960
6	5	5		4.547	5.729	7.110	8.028	8.859	9.771	10.271
6	6	1		4.000	4.945	6.286	7.121	8.165	9.077	9.692
6	6	2		4.438	5.410	6.667	7.467	8.210	9.219	9.752
6	6	3		4.558	5.625	6.900	7.725	8.458	9.458	10.150
6	6	4		4.548	5.724	7.107	8.000	8.754	9.662	10.342
6	6	5		4.542	5.765	7.152	8.124	8.987	9.948	10.524
6	6	6		4.643	5.801	7.240	8.222	9.170	10.187	10.889

課後習題解答

第 1 章　緒論

1. 公共衛生、醫學和生物學

2. Cohort Study（世代研究）、Prospective Study（前瞻性研究）與 Cross-Sectional Study（Horizontal Survey，橫斷面研究）

3. Case-Control Study（病例對照研究）、Retrospective Study（回溯性研究）與 Longitudinal Study（縱貫性研究）。

4. Cohort Study（世代研究）

5. Case-Control Study（病例對照研究）

6. 橫斷面研究(cross-sectional study)

7. Sampling Bias（抽樣誤差）

8. Case-Control Study（病例對照研究）

9. Longitudinal study（縱貫性研究）

10. Case-Control Study（病例對照研究）

11. Cohort Study（世代研究）、Case-Control Study（病例對照研究）、Retrospective Study（回溯性研究）與前瞻性研究等

12. (1) 雙盲試驗：表示受試者（即病人）與施測者均不曉得所使用的是藥品或是安慰劑(placebo)；(2) 單盲試驗：表示只有受試者不曉得所使用的是藥品或是安慰劑(placebo)；(3) 開放式試驗：則是受試者與施測者均曉得所使用的治療方式

13. 至少 2 次的試驗，而且此階段的統計顯著性需達到 $p<0.05$
如果只進行一次簡單且較大的試驗，則此統計顯著性需達到 $p<0.01$ 或是 $p<0.001$

14. (1)臨床試驗審查(investigational new drug application, IND)：進行第一期臨床試驗之前提出申請；(2)新藥查驗登記(new drug application, NDA)：第三期臨床試驗結束之後提出申請

15. Systematic Error（系統誤差）

16. Sampling Bias（抽樣誤差）

17. 略

18. 略

19. 略

第 2 章　母體與樣本

1.　參數(parameter)

2.　統計量(statistic)

3.　母體

4.　相同點：兩者均使用機率設備(probability device)來決定何種樣本要被選取
　　相異點：random sampling：利用機率設備決定母體中那些樣本要被選取
　　randomization：也稱為 random assignment，在臨床試驗中，利用機率設備決定
　　病人要接受何種治療(treatment)

5.　方便抽樣(convenience sampling)

6.　簡單隨機抽樣(simple random sample)

7.　分層抽樣(stratified sampling)

8.　群組抽樣(cluster sampling)

9.　等比例抽樣(probability-proportional-to-size sampling)

10. 配額抽樣(quota sampling)

11. (1) 配額抽樣的優點：費用不高，易於實施，能滿足整體比例的要求
　　(2) 配額抽樣的缺點：容易掩蓋不可忽略的偏差。（參考自網站「智庫百科」
　　　　http://www.mbalib.com/）

第 3 章　資料的整理與呈現

1.　名目尺度、次序尺度、等距尺度、等比尺度

2. (1) 名目尺度(nominal scale)：gender、nationality、ethnicity、language、race、biological species、meal preference、religious preference、political orientation (Republican, Democratic, Libertarian, Green)、handedness、color、personal identification number (PIN)

(2) 次序尺度（順序尺度／ordinal scale）：direction measured in degrees value、rank、level of agreement、political orientation (Left, Center, Right)

(3) 等距尺度（區間尺度／interval scale）：Epoch、pH、Celsius scale temperature (°C)、Fahrenheit scale temperature (°F)、time of day on a 12-hour clock

(4) 等比尺度（比例尺度／ratio scale）：height, mass, distance、Kelvin scale temperature (K)、duration、plane angle、energy、blood glucose level、electric charge、blood cholesterol level、blood triglycerol level、income、GPA (grade point average)、number of children

(5) 二分變項 (dichotomous variable)：sick/healthy、guilty/innocent、right/wrong、true/false、time of day (AM or PM)

3. 次序尺度

4. 自變項為因，依變項為果

5. 略

第 4 章　敘述性統計

1. (1)樣本平均數($\bar{x}$)=3；(2)樣本標準差(s)=0.469

2. (1) 樣本平均數($\bar{x}$)=29.56

(2) 中位數(median, Me)=21.5

(3) 眾數(mode, Mo)=17

(4) 全距=50

(5) 樣本標準差(s)=15.91

(6) 樣本變異數(s^2)= 253.20

(7) 變異係數=53.83%

(8) 此組資料屬於正偏態（也稱為右向偏斜）

3. (1) x_1（最小值）=8；(2) Q_1=17；(3) Q_2=21.5；(4) Q_3=42.75；

(5) x_n（最大值）=58；(6) 四分位差：IQR=25.75

4.

平均數	29.5625
標準誤	3.978032
中間值	21.5
眾數	17
標準差	15.91213
變異數	253.1958
峰度	-1.18565
偏態	0.508994
範圍	50
最小值	8
最大值	58
總和	473
個數	16

第 5 章　基礎機率與臨床應用

1. (1) 兩隻老鼠均死亡的機率= 0.4875
   (2) 兩隻老鼠均存活的機率= 0.0875
   (3) 只有 A 老鼠存活的機率= 0.2625
   (4) 只有 B 老鼠存活的機率= 0.1625
   (5) 至少有一隻老鼠存活的機率= 0.5125
   (6) 至少有一隻老鼠死亡的機率= 0.9125

2.
$$\frac{C_6^6}{C_6^{38}} * \frac{1}{C_1^8} = \frac{1}{2760681} * \frac{1}{8} = \frac{1}{22085448}$$

3. 臨床靈敏度=A/(A+C)=70/(70+15)= 0.8235 = 82.35%
   臨床特異度=D/(B+D)=400/(10+400)= 0.9756 = 97.56%
   陽性預測值=A/(A+B)=70/(70+10)= 0.875 = 87.5%
   陰性預測值=D/(C+D)=400/(15+400)= 0.9639 = 96.39%

陽性概似比：LR+ = Sensitivity / (1- Specificity)=0.8235/(1-0.9756)

= 0.8235/0.0244 = 33.75 = 0.3375%

陰性概似比：LR- = (1- Sensitivity) / Specificity=(1-0.8235)/ 0.9756

= 0.1765/0.9756=0.1809 = 18.09%

4. RR=8.905

5. OR=3.71

第 6 章　機率分布

1. 平均數(μ)=10；標準差(σ)=2

2. $\mu\pm1\sigma$：0.34134*2=0.68268

   $\mu\pm2\sigma$：0.47725*2=0.9545

   $\mu\pm3\sigma$：0.49865*2=0.9973

3. 卡方分布

4. $P(\mu - k\sigma < x < \mu + k\sigma) \geq 1 - \frac{1}{k^2} \geq 1 - \frac{1}{2^2} \geq 0.75$

5. (1) 0.85863；(2) 0.24196；(3) 0.16853

6. (1) 單尾

   ① df=16, 面積（機率）=80%, t=0.865

   ② df=27, 面積（機率）=90%, t=1.314

   ③ df=8, 面積（機率）=95%, t=1.8595

   ④ df=11, 面積（機率）=99%, t=2.718

   (2) 雙尾

   ① df=16, 面積（機率）=80%, t=1.337

   ② df=27, 面積（機率）=90%, t=1.7033

   ③ df=8, 面積（機率）=95%, t=2.3060

   ④ df=11, 面積（機率）=99%, t=3.1058

7. (1) df=10, 臨界值右邊之面積（機率）=0.025, χ^2=20.483。

   (2) df=12, 臨界值右邊之面積（機率）=0.05, χ^2=21.026。

   (3) df=15, 臨界值右邊之面積（機率）=0.1, χ^2=22.307。

(4) df=17，臨界值右邊之面積（機率）=0.025，χ^2=30.191。

(5) df=22，臨界值右邊之面積（機率）=0.05，χ^2=33.924。

8. (1) df_1=10, df_2=5，臨界值右邊之面積（機率）=0.1，$F_{10,5,0.1}$=3.2974

(2) df_1=12, df_2=15，臨界值右邊之面積（機率）=0.025，$F_{12,15,0.025}$=2.9633

(3) df_1=20, df_2=17，臨界值右邊之面積（機率）=0.05，$F_{20,17,0.05}$=2.2304

(4) df_1=10, df_2=26，臨界值右邊之面積（機率）=0.01，$F_{10,26,0.01}$=3.094

第 7 章　抽樣分布

1. 從同一母體中，以固定樣本數(n)的方式進行隨機抽樣，所有抽樣可能得到的樣本統計量(statistic)的分布(distribution)

2. 利用樣本去估計母體所產生的誤差

3. 在機率實驗中，經隨機測量所得到的數值

4. (1) 標準誤：用來判斷平均數的正確度(accuracy)，因此常用於描述估計值與母體真實值之間的差異，如用於樣本平均數的假說檢定；
   標準差：用來判斷觀察值抽樣的變異情形或分散程度，為資料精密度的指標，因此常用於單純的資料呈現
   (2) 標準誤的數值較小

5. 不管原來母體的分布如何，當母體經由重覆抽樣後，且每次抽樣的樣本數夠大（通常 n≧30)，則抽樣所得到的樣本平均數($\bar{x}$)所組成的分布，會趨近於常態分布

6. (1) 新的分布趨近於常態分布
   (2) 新的分布的平均數($\mu_{\bar{x}}$)=舊的分布的平均數(μ)，$\mu_{\bar{x}} = \mu$
   (3) 新的分布的標準差($\sigma_{\bar{x}}$)=舊的分布的標準差(σ)除以根號 n，$\sigma_{\bar{x}} = \dfrac{\sigma}{\sqrt{n}}$，又稱為平均數之標準誤(standard error of the mean, SEM or SE)

7. (1) 42.07%；(2) 11.51%；(3) 45.9%

8. (1) 0.11702；(2) 0.02743；(3) 0.85555

第8章　信賴區間估計

1. (1) μ 之 95%CI = (8.628, 10.372)；μ 之 87%CI = (8.936, 10.064)
   (2) ① 95%信賴區間

   因為全體成人血液中的尿素氮平均值(8.7)位於素食者母體的尿素氮平均值的估計範圍內(8.628,10.372)，所以全體成人與素食者的血液中的尿素氮平均值相同

   ② 87%的信賴區間

   因為全體成人血液中的尿素氮平均值(8.7)不位於素食者母體的尿素氮平均值的估計範圍內(8.936,10.064)，所以全體成人與素食者的血液中的尿素氮平均值不同

   (3) 至少需要 41 個樣本數，才能讓素食者母體平均數與樣本平均數的差距在 1.5 mg/dl 之內
   (4) μ 之 95%CI = (10.7616, 13.2384)

2. (1) 點估計

$$\hat{p} = \frac{66}{120} = 0.55$$

   (2) 95% CI = (0.461, 0.639)

3. μ 之 80%CI = (17.336, 19.664)

4. μ 之 99%CI = (18.53, 23.47)

5. $\bar{x} = 11.5$

第9章　假說檢定(1)－單一樣本檢定

1. (1) 拒絕虛無假說，接受對立假說，即兩母體所比較之參數，有顯著性的差異。
   (2) (C)

2. (1) 接受虛無假說，拒絕對立假說，即該母體的參數（如平均數 μ_1，未知）並未小於所比較母體的相對應參數（如平均數 μ_2，已知）。
   (2) (B)此檢定的 p-值大於 0.01。

3. (1) 拒絕虛無假說，接受對立假說，即某母體的參數（如平均數 μ_1，未知）大於所比較母體的相對應參數（μ_2，已知）($\mu_1 > \mu_2$)

(2) (C)此檢定的 p-值小於 0.01

4. (1) 因為檢定統計量=2.45<臨界值 2.602，所以接受虛無假說，拒絕對立假說，亦即吃速食的小六男學生族群的 BMI 平均值沒有高於全國平均值。p-值=1-T.DIST(2.45,15,1) =1- 0.986479314 = 0.013520686 (p->0.01)

(2) 因為檢定統計量=2.45>臨界值 2.1315，所以拒絕虛無假說，接受對立假說，亦即吃速食的小六男學生族群的 BMI 平均值與全國平均值比較，有顯著性的差異。

p-值=2*[1-T.DIST(2.45,15,1)]=2*[1- 0.986479314]=0.027041372 (p<0.05)

(3) 吃速食的小六男學生族群的 BMI 平均值的 90%信賴區間=(20.62, 28.78)

5. (C)

6. (B)

7. 因為檢定統計量=3 大於臨界值 2.58，亦即 p<0.01，所以表示 SLE 的罹患與性別有關

第 10 章　假說檢定(2)－兩組樣本檢定

1. 因為檢定統計量 t=2.578>臨界值 2.1318，所以拒絕虛無假說，接受對立假說，表示實驗組的平均數與對照組的平均數有顯著性的不同；亦即 p<0.10

2. 略

3. (A)

4. (C)

5. (B)

6. (D)

7. (1) 統計檢定力 $(1-\beta)$＝1-0.196275574＝0.803724426≅0.80

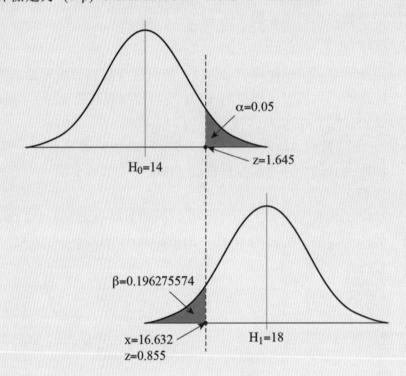

(2) 統計檢定力 $(1-\beta)$＝1-0.432505068＝0.567494932≅0.57

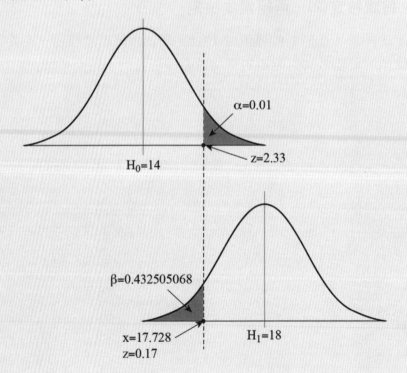

(3) 統計檢定力 $(1-\beta)=1-0.000396825=0.999603175\cong0.9996$

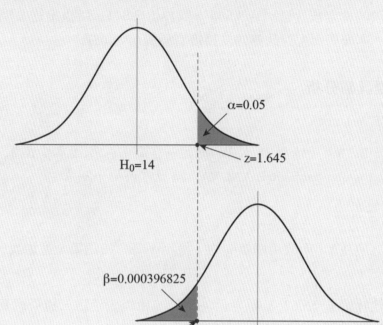

(4) ① 增加樣本數，可以提高檢定力。

② 降低第一型錯誤(α)的機率，會降低檢定力。

(5) 至少需要召募 35 名病人，統計檢定力才能達到 0.9 以上。

8. (1) 因為檢定統計量 1.44 小於臨界值 2.33，所以接受虛無假說，拒絕對立假說，亦即藥物 A 的療效並沒有大於藥物 B ($p>0.01$)。

(2) 兩藥物療效差異的 95%的信賴區間= (0.015, 0.285)

第 11 章　卡方檢定

1. 因為檢定統計量=0.2368<臨界值 5.991，所以接受虛無假說，拒絕對立假說，亦即 30 歲以下之男女比例沒有顯著性失衡的現象($p>0.05$)

2. (1)因為檢定統計量=14.7>臨界值 9.210，所以拒絕虛無假說，接受對立假說，亦即得到流感病人的病毒型別與病人的性別有相關($p<0.01$)；(2) OR=1.923，所以流感病人中，女性感染 H1N1 病毒的機率比男性高 1.923 倍

3. 在自由度=1 的卡方檢定中（例如使用的 2×2 列聯表分析（或稱為雙變項交叉表分析）），且任一細格的期望值均大於 5

4. 自由度 $df=(2-1)(2-1)=1$，如果 $\alpha=0.05$，經查表得臨界值為 3.841，因為經葉氏連續性校正後的檢定統計量 $x^2 = 4.565 >$ 臨界值 3.841，所以拒絕虛無假說，接受對立假說，亦即男女生對政黨的支持度有差異($p<0.05$)

第 12 章　變異數分析

1. Analysis of Variance

2. Kruskal-Wallis test（或稱為 K-W 檢定、（獨立）多樣本中位數差異檢定、Kruskal-Wallis non-parametric ANOVA，請見本書第十四章）

3. $F = \dfrac{MSB}{MSE} = \dfrac{組間變異}{組內變異}$

4. 如不採用 ANOVA，而改用兩組間的 t 檢定，將會使犯第一型錯誤的機率從 5% 提高至 26.5%

5. 因為檢定統計量 F=55.6253>臨界值 4.8932，所以表示這三種新藥至少有一種對治療 C 型肝炎有顯著性的療效，亦即 $p<0.01$

6. (1) A 因子（人種）的檢定

　　因為檢定統計量 35.70823>臨界值 10.92477，所以拒絕虛無假說，接受對立假說，表示不同的人種其治療效果也不同，亦即 $p<0.01$

　(2) B 因子（藥物組合）的檢定

　　因為檢定統計量 2.758105<臨界值 9.779538，所以接受虛無假說，拒絕對立假說，表示使用不同的藥物組合，其治療效果均相同，亦即 $p>0.01$

7. (1) A 因子（不同性別）的檢定

　　因為檢定統計量 23.33443>臨界值 7.822871，所以拒絕虛無假說，接受對立假說，表示不同性別的人，其療效也不同，亦即 $p<0.01$

　B 因子（不同藥物）的檢定

　　因為檢定統計量 61.70881>臨界值 5.613591，所以拒絕虛無假說，接受對立假說，表示使用不同的藥物，其療效也不同，亦即 $p<0.01$

　(2) A 因子與 B 因子間交互作用（不同性別與不同藥物間的交互作用）的檢定

　　因為檢定統計量 0.756431<臨界值 5.613591，所以接受虛無假說，拒絕對立假說，表示不同性別與不同藥物之間沒有交互作用（即兩因子之間互不影響），亦即 $p>0.01$

第 13 章　簡單線性迴歸分析

1. 「決定係數」為「相關係數」的平方

2. 皮爾森積差相關係數 $r = 0.97$

3. 皮爾森積差相關係數 $r = 1.00$，即糖化血色素值和平均血糖值完全(100%)正相關

4. (1)皮爾森積差相關係數 $r = 0.9141$；(2)此樣本之預測最小平方迴歸線的 y 軸截距(a) = 18.64、斜率(b) = 1.75 及決定係數(r^2) = 0.84

第 14 章　無母數分析

1. 因為檢定統計量$Z_w = -3.03$<左邊的臨界值-2.58，所以拒絕虛無假說，接受對立假說，亦即兩組樣本的母體分布有顯著性的差異($p<0.01$)

2. 因檢定統計量 $Z= -1.82$，落在接受域中（顯著水平 $\alpha=0.01$，在雙尾的情況下，臨界值為±2.58)，所以接受虛無假說 H_0，拒絕對立假說 H_1，亦即沒有顯著性差異（$p>0.01$）

3. 經查表，在三組樣本數分別為 5、4、3 的條件下，當臨界值為 7.449 時，p 值為 0.01，或當臨界值為 5.6564 時，p 值為 0.049。因為檢定統計量 $H=0.91<5.6564$，所以不論在顯著水平 $\alpha=0.01$ 或 $\alpha=0.05$ 的情況下，p 值均大於 0.05，即接受虛無假說 H_0，吃素對於尿酸值沒有影響

4. 因為$p = 0.022 < \alpha$ （此題之顯著水平 $\alpha=0.05$），所以拒絕 H_0，亦即該疾病與 X 基因的突變有關

5. 因檢定統計量$x^2 = 3.018 <$ 臨界值$x^2_{(1, \ 0.01)}$6.635，所以接受虛無假說 H_0，拒絕對立假說 H_1，亦即實驗前後，觀察對象的某項特性沒有改變($p>0.01$)

6. 費雪精確性檢定(Fisher's exact test)

7. McNemar 檢定

8. $\kappa=0.4$，所以 A 與 B 的一致性尚可

第 15 章　基礎品管學與統計分析

1. 品質保證(quality assurance, QA)涵蓋的範圍較廣

2. 全面品質管理(total quality management, TQM)涵蓋的範圍最廣

3. 「財團法人全國認證基金會」(Taiwan Accreditation Foundation, TAF)，採用 ISO15189 的標準

4. (1) 檢查前（pre-examination 或 pre-test）、檢查中（examination 或 test）及檢查後（post-examination 或 post-test）等
    (2) 由品質管制(quality control, QC)負責

5. (1)樣本平均數($\bar{x}$)：實驗室 A = 201.29，實驗室 B = 199.86 (2)樣本標準差(s)：實驗室 A = 7.80，實驗室 B = 2.41 (3)變異係數(CV)：實驗室 A = 3.88%，實驗室 B = 1.21%　(4)變異係數比(CVR) = 3.21，因 CVR≥2.0：代表實驗室 A 必須找出對於該項檢驗精確度不好的原因，並且進行改正措施 (5)標準差指數(SDI) = 0.51，因SDI ≤ 1.25，代表實驗室 A 血液總膽固醇檢驗的品質可以接受

6. 品管的七大工具(The Seven Basic Tools of Quality)如下：
    (1)魚骨圖(cause-and-effect diagram) (2)查檢表(check sheet) (3)管制圖(control chart) (4)直方圖(histogram) (5)柏拉圖(Pareto chart) (6)散布圖(scatter diagram) (7)層別法(stratification)

索 引│INDEX

MEMO

國家圖書館出版品預行編目資料

圖解式生物統計學：以 EXCEL 為例 / 王祥光著.
-- 二版. -- 新北市：新文京開發, 2020.06
　　面；　公分

ISBN　978-986-430-627-5（平裝）

1.生物統計學

360.13　　　　　　　　　　　　　109007285

圖解式生物統計學
－以 EXCEL 為例（第二版）　　　　（書號：B395e2）

總 校 閱	李宏謨	
作　　者	王祥光	
出 版 者	新文京開發出版股份有限公司	
地　　址	新北市中和區中山路二段 362 號 9 樓	
電　　話	(02) 2244-8188（代表號）	
F　A　X	(02) 2244-8189	
郵　　撥	1958730-2	
初　　版	西元 2015 年 08 月 20 日	
二　　版	西元 2020 年 06 月 20 日	

New Wun Ching Developmental Publishing Co., Ltd.

New Age · New Choice · The Best Selected Educational Publications — NEW WCDP

新文京開發出版股份有限公司

NEW
WCDP

新世紀・新視野・新文京 — 精選教科書・考試用書・專業參考書